丹麦自行车交通手册

HÅNDBOG I CYKELTRAFIK

［丹麦］巴勃罗·塞利斯（Pablo Celis）　著

胡　莹　袁海燕　王书灵　臧金萍　译

中国建筑工业出版社

著作权合同登记图字：01-2023-4340 号

审图号：GS 京（2023）1622 号

图书在版编目（CIP）数据

丹麦自行车交通手册/（丹）巴勃罗·塞利斯（Pablo Celis）著；胡莹等译. — 北京：中国建筑工业出版社，2023.11

ISBN 978-7-112-29150-2

Ⅰ.①丹…　Ⅱ.①巴…②胡…　Ⅲ.①自行车 – 交通规划 – 丹麦 – 手册　Ⅳ.① U491.2-62

中国国家版本馆 CIP 数据核字（2023）第 175772 号

责任编辑：李玲洁　段　宁

责任校对：张惠雯

丹麦自行车交通手册

HÅNDBOG I CYKELTRAFIK

[丹麦] 巴勃罗·塞利斯（Pablo Celis）　著

胡　莹　袁海燕　王书灵　臧金萍　译

*

中国建筑工业出版社出版、发行（北京海淀三里河路 9 号）

各地新华书店、建筑书店经销

北京雅盈中佳图文设计公司制版

建工社（河北）印刷有限公司印刷

*

开本：787 毫米 × 1092 毫米　1/16　印张：24¹/₂　字数：472 千字

2024 年 6 月第一版　2024 年 6 月第一次印刷

定价：**150.00**元

ISBN 978-7-112-29150-2

（41756）

译者序

在众多自行车友好的国家中，丹麦无疑是最受瞩目的国家，他以出色的自行车基础设施和骑行文化闻名于世，拥有"自行车王国"的称号。自行车在丹麦不仅是一种交通工具，也是一种生活方式的象征。

2017年，北京市开始启动自行车专用路的研究工作，为论证自行车专用路的适用性和设计方案技术特点，北京交通发展研究院在北京市交通委员会路政局（现北京市交通委员会）的支持下举办了"绿色交通基础设施国际研讨会"，本手册作者巴勃罗·塞利斯（Pablo Celis）先生受邀赴北京参加了本次大会，并作为嘉宾出席北京市"昌平回龙观至上地软件园自行车专用路"的专题讨论会，听取了北京市市政工程设计研究总院有限公司和北京交通发展研究院对该条专用路的可行性分析和设计方案介绍。会上，巴勃罗·塞利斯（Pablo Celis）先生介绍了其编写的《丹麦自行车交通手册》（以下简称"手册"），他表示书中汇总了丹麦自行车交通规划、设计及后期管理养护的各类要素、要点，对于北京市开展自行车交通系统的规划设计起到一定借鉴作用，但是手册全书为丹麦语，需要专业的团队在对内容理解的基础上开展翻译工作。

会后，北京市市政工程设计研究总院有限公司和北京交通发展研究院就"昌平回龙观至上地软件园自行车专用路"方案进行深入研究，通过学习《丹麦自行车交通手册》，发现该手册不仅是一本规范标准，更是集合了规范指标、设计经验、典型案例，系统地介绍了丹麦自行车交通规划、设计、养护管理等内容，是一本综合性书籍。书中将丹麦自行车交通网络分为城市地区、开阔乡村地区以及城市和乡村衔接区域，系统介绍了不同区域自行车交通的规划、道路线形设计、路口交通组织、道通行能力、交通标志标线等内容；此外，书中还就自行车交通系统的交通管理、道路照明及养护维修等进行了单独说明。手册全面印证了丹麦成为自行车交通设施最优国家的原因，其各个细节都贯彻着自行车交通文化。

自2012年党的十八大以来，我国进一步强化了"以人为本"的发展理念，提出了交通强国发展战略，其中也明确指出自行车是交通强国的重要组成部分。以北京市为代表的大城市甚至提出了"慢行优先、公交优先、绿色优先"的发展理念，将"慢行优先"提到了城市交通发展中的首位。

为了更好地借鉴国际经验，有效地指导相关工作，进而提升我国的骑行环境水平，北京市市政工程设计研究总院有限公司和北京交通发展研究院组成的研究团队结合我国实际工作的经验对手册进行全文翻译和整理工作。希望通过本手册能够帮助自行车交通系统规划、设计、管理等相关领域的工作者，在了解丹麦自行车交通文化的同时，更深刻地理解自行车交通系统，体会设计管理的精细化内涵。本手册内容包括丹麦自行车交通案例、交通政策等诸多领域，希望对国内自行车交通发展有借鉴作用。

北京市政工程设计研究总院有限公司的臧金萍和北京交通发展研究院的王书灵在自行车专用路建设和手册的翻译工作中作出了巨大的贡献；北京交通发展研究院的胡莹、北京市政工程设计研究总院有限公司的袁海燕结合实际工作，对标国内行业标准，对手册内容进行了深刻理解和系统梳理，采用更清晰、更专业的表达方式对翻译稿进行了多次统稿审核，付出了巨大的努力。同时北京市政工程设计研究总院有限公司李懿、葛伟、张连普、袁辉、苑广友、荀阳阳、曲乐永，北京交通发展研究院卢霄霄、马洁、孙福亮、张哲宁、全硕以及北京交研都市交通科技有限公司的孙海瑞，对各章节前期的编译作出了大量的工作。在翻译过程中，在丹麦就学就业的赵春丽博士结合丹麦当地情况对书中的部分案例进行了答疑解惑！同时感谢李玲洁、段宁编辑的耐心编校工作为保证本手册阅读的流畅度作出了重要贡献！

由于本手册涉及丹麦自行车交通各专业、交通政策、管理养护等诸多领域，而我们的水平十分有限，错误之处在所难免，敬请读者批评指正。

《丹麦自行车交通手册》编译团队

2023 年 7 月 20 日

注：书中出现的"市政道路管理局"和"当地道路管理机构"统称为"道路管理局"。

前　言

丹麦是一个"自行车国家"，有许多令人自豪的传统。一百多年来，我们的自行车文化塑造了丹麦的城市和基础设施的布局。

凭借如此悠久的自行车文化，我们在如何更好地为自行车骑行者设置基础设施方面拥有宝贵的经验，这些宝贵的经验不仅能够为我们自己所用，也可以为其他国家提供参考。这些宝贵的经验都被收集在丹麦的"道路规则"[1]中。

"道路规则"是丹麦一系列道路法律规章制度的汇总，旨在支持整个丹麦道路部门的路网和骑行路径的规划、需求分析、设施建设和运营管理工作。

"道路规则"有助于确保丹麦道路网络畅通无阻且安全运行，重点关注环境、气候和可持续性。该规则由整个道路行业经验丰富的专业人士和专家参与起草。

但是，目前"道路规则"仅提供电子版本，且内容复杂，涵盖了大量不同的主题手册，除了与公共交通相关的规则被单独设置外，其他内容没有按道路使用者群体进行划分。因此，如果想了解某个与自行车相关的内容，通常必须在几本主题手册中分别查找相关信息，这将给使用造成不便。由于自行车相关的规则没有收录在一本手册中，从而导致自行车交通的某些重要内容被忽视。

因此，本手册将与骑行相关的所有交通规则及设计技术标准进行汇集，让读者可以更便捷地查询具体内容，找寻最佳设计方案，从而为骑行者提供更安全、更便捷的设施。

祝您阅读愉快！

主管：巴勃罗·塞利斯（Pablo Celis）

塞利斯咨询机构

---

1 "道路规则"是国家道路管理局为了支撑丹麦道路规划、设计和管理而建立的电子网站，通过该网站可以找到丹麦国家道路工作相关的各项规则。

编者自述

手册——非教学用书

在本手册中，我们将不同类型的道路规则进行直接汇编，涉及自行车设施的规划、建设和运营等多个重要的领域。

本手册不是以传统教学用书的形式进行编写的。摘录的条文与现行有效的相关规范中的文字内容相同。因此，本手册的结构看起来似乎不太规范，但很多对照出现的部分是为了更直观地解释各章节中的相关规范内容。如果有需要，可以在本手册轻松获取更多的信息。

时效性

道路规范是不断变化的，本手册只涵盖丹麦 2014 年 5 月以前的与自行车领域相关的道路规范概况。

附加信息

更多有关道路规范的信息，请访问丹麦"道路规则"网站。

编译具体分工

篇名	部分	章名	参译人员	工作单位
前言			王书灵	北京交通发展研究院
编者自述				
第一篇 城市区域交通设施和规划	A 部分 城市区域规划	第1章 自行车交通规划	胡莹	北京交通发展研究院
	B 部分 城市区域的道路线形设计	第2章 道路线形设计要素	李懿	北京市政工程设计研究总院有限公司
		第3章 横断面		
		第4章 天桥的几何设计	张连普	北京市政工程设计研究总院有限公司
	C 部分 城市区域的交叉口	第5章 道路交叉口	袁海燕	北京市政工程设计研究总院有限公司
			荀阳阳	
		第6章 道路和小径之间的交叉口	胡莹	北京交通发展研究院
		第7章 小径交叉口		
	D 部分 城市区域的交通限速	第8章 交通限速	卢霄霄	北京交通发展研究院
	E 部分 城市区域的停放区	第9章 自行车停车设施	孙海瑞	北京交研都市交通科技有限公司
		第10章 公交停靠站处的自行车道设置		
第二篇 乡村区域交通设施与规划	F 部分 开阔乡村区域的道路和小径规划	第11章 开阔乡村区域的自行车道路网规划	胡莹	北京交通发展研究院
	G 部分 开阔乡村区域的道路线形设计	第12章 开阔乡村区域的道路横断面	葛伟	北京市政工程设计研究总院有限公司
		第13章 开阔乡村区域的道路几何线形		
	H 部分 开阔乡村区域的道路交叉口	第14章 开阔乡村区域的道路交叉口规划	曲乐永	北京市政工程设计研究总院有限公司
			荀阳阳	
		第15章 开阔乡村区域的信号控制交叉口	李懿	
		第16章 开阔乡村区域的环形交叉口	荀阳阳	
第三篇 城市和乡村区域交通设施与规划的通用要求	I 部分 其他通用基础条款	第17章 交通区域的设计基础	马洁	北京交通发展研究院
		第18章 道路安全要点	张哲宁	北京交通发展研究院
	J 部分 和自行车相关的公交设施设置	第19章 和自行车相关的公交设施设置	仝硕	北京交通发展研究院
	K 部分 通行能力和服务水平	第20章 通行能力和服务水平	马洁	北京交通发展研究院
	L 部分 交通量检测	第21章 自行车交通量检测	孙福亮	北京交通发展研究院

篇名	部分	章名	参译人员	工作单位
第四篇 设施和规划——交通管理	M 部分 道路交通标志标线	第 22 章 道路标志标线分类及基本要求	袁辉	北京市政工程设计研究总院有限公司
		第 23 章 警告标志		
		第 24 章 让行标志		
		第 25 章 禁令标志		
		第 26 章 指示标志		
		第 27 章 信息标志		
		第 28 章 辅助标志		
		第 29 章 边缘标志和立面标记		
		第 30 章 临时性道路标志		
	N 部分 路线指引	第 31 章 自行车道上的路线指引	胡莹	北京交通发展研究院
	O 部分 车道标线标记	第 32 章 车道标线标记	苑广友	北京市政工程设计研究总院有限公司
	P 部分 占道施工的标记	第 33 章 占道施工的标记		
		第 34 章 在开阔乡村地区道路施工交通导行示例图	袁海燕	北京市政工程设计研究总院有限公司
		第 35 章 在城市地区道路施工交通导行示例图		
	Q 部分 交通管理系统	第 36 章 交通信号		
第五篇 道路设备与养护	R 部分 道路设备	第 37 章 道路照明设施	卢霄霄	北京交通发展研究院
	S 部分 道路养护	第 38 章 道路和小径的操作		

目　录

第一篇
城市区域交通设施和规划

A 部分　城市区域规划

第 1 章　自行车交通规划　　　　　　　　　　002
　1.1　自行车道路网规划　　　　　　　　　003
　1.2　自行车道路网的规划要求　　　　　　005
　1.3　道路交叉口的解决方案　　　　　　　009

B 部分　城市区域的道路线形设计

第 2 章　道路线形设计要素　　　　　　　　　012
　2.1　纵坡　　　　　　　　　　　　　　　012
　2.2　竖曲线　　　　　　　　　　　　　　013
　2.3　平曲线　　　　　　　　　　　　　　013
　2.4　横坡　　　　　　　　　　　　　　　014

第 3 章　横断面　　　　　　　　　　　　　　015
　3.1　道路规范　　　　　　　　　　　　　016
　3.2　横断面类型　　　　　　　　　　　　016
　3.3　横断面要素　　　　　　　　　　　　019
　3.4　纵向安全岛　　　　　　　　　　　　023
　3.5　中央分隔带和外侧设施带　　　　　　024
　3.6　路缘带　　　　　　　　　　　　　　025

第 4 章　天桥的几何设计　　　　　　　　　　025
　4.1　整体功能性要求　　　　　　　　　　025
　4.2　线形和坡道　　　　　　　　　　　　029
　4.3　竖向设计　　　　　　　　　　　　　034
　4.4　横断面　　　　　　　　　　　　　　035
　4.5　与几何设计相关的其他布局要素　　　042

C 部分　城市区域的交叉口

第 5 章　道路交叉口　　　　　　　　　　　　　　048
　　5.1　车道　　　　　　　　　　　　　　　048
　　5.2　公交车道　　　　　　　　　　　　　051
　　5.3　自行车道　　　　　　　　　　　　　052
　　5.4　环形交叉口的几何要素　　　　　　　062
　　5.5　平面交叉口　　　　　　　　　　　　066
　　5.6　轨道交叉口　　　　　　　　　　　　067
　　5.7　排水　　　　　　　　　　　　　　　067
　　5.8　交叉口的可视范围　　　　　　　　　067

第 6 章　道路和小径之间的交叉口　　　　　　075
　　6.1　关于道路和小径之间交叉口的位置和设计的
　　　　 一般信息　　　　　　　　　　　　　075
　　6.2　交叉口类型　　　　　　　　　　　　077
　　6.3　路口要素　　　　　　　　　　　　　084
　　6.4　道路 / 小径交叉口的视距　　　　　　090

第 7 章　小径交叉口　　　　　　　　　　　　092
　　7.1　关于小径之间交叉口的位置及设计基本信息　092
　　7.2　小径交叉口类型　　　　　　　　　　094
　　7.3　小径交叉口要素　　　　　　　　　　097
　　7.4　可视范围要求　　　　　　　　　　　101

D 部分　城市区域的交通限速

第 8 章　交通限速　　　　　　　　　　　　　104
　　8.1　关于交通限速的设置说明　　　　　　104
　　8.2　交通限速设计要素概览　　　　　　　105
　　8.3　自行车和小型轻便摩托车的交通限速设施　109

E 部分　城市区域的停放区

第 9 章　自行车停车设施　　　　　　　　　　115
　　9.1　自行车停车设施　　　　　　　　　　117
　　9.2　停车设施建设标准　　　　　　　　　119

第 10 章　公交停靠站处的自行车道设置　　　120
　　10.1　优先权　　　　　　　　　　　　　120
　　10.2　事故　　　　　　　　　　　　　　121
　　10.3　设计要求　　　　　　　　　　　　121

F 部分　开阔乡村区域的道路和小径规划

第11章　开阔乡村区域的自行车道路网规划　　　　124
　　11.1　现状资料搜集　　　　124
　　11.2　路网功能分类　　　　126
　　11.3　小径网络的要求　　　　127
　　11.4　实例——道路网规划　　　　129

G 部分　开阔乡村区域的道路线形设计

第12章　开阔乡村区域的道路横断面　　　　131
　　12.1　横断面要素　　　　131
　　12.2　新建道路和小径的基础横断面　　　　138
　　12.3　特殊横断面　　　　146

第13章　开阔乡村区域的道路几何线形　　　　147
　　13.1　路线设置要求　　　　147
　　13.2　纵断面　　　　152
　　13.3　超高及横坡　　　　153

H 部分　开阔乡村区域的道路交叉口

第14章　开阔乡村区域的道路交叉口规划　　　　155
　　14.1　交叉口范围内带有高差隔离、铺装差异的自行车道
　　　　　和划线隔离的自行车道　　　　155
　　14.2　自行车区域的一般要求　　　　157
　　14.3　交叉口可视范围要求　　　　177

第15章　开阔乡村区域的信号控制交叉口　　　　188
　　15.1　命名法　　　　188
　　15.2　信号灯设置的前提条件　　　　188
　　15.3　交叉口的几何设计　　　　190

第16章　开阔乡村区域的环形交叉口　　　　194
　　16.1　总体要求　　　　195
　　16.2　双车道环形交叉口　　　　196
　　16.3　自行车区域　　　　196
　　16.4　分隔带和外侧设施带（路肩）　　　　197

第三篇
城市和乡村区域交通设施与规划的通用要求

I 部分　其他通用基础条款

第 17 章　交通区域的设计基础　　　　　　　　　　　　　200
　　17.1　通行能力和服务水平　　　　　　　　　　　200
　　17.2　设计的一般规定　　　　　　　　　　　　　203
　　17.3　交通参数要求　　　　　　　　　　　　　　207

第 18 章　道路安全要点　　　　　　　　　　　　　　209
　　18.1　引言　　　　　　　　　　　　　　　　　　209
　　18.2　几何设计　　　　　　　　　　　　　　　　209
　　18.3　交通管理　　　　　　　　　　　　　　　　211

J 部分　和自行车相关的公交设施设置

第 19 章　和自行车相关的公交设施设置　　　　　　　218
　　19.1　公交车道　　　　　　　　　　　　　　　　218
　　19.2　横断面　　　　　　　　　　　　　　　　　219
　　19.3　公交停靠站设置　　　　　　　　　　　　　220

K 部分　通行能力和服务水平

第 20 章　通行能力和服务水平　　　　　　　　　　　223
　　20.1　自行车道的通行能力和服务水平　　　　　　223

L 部分　交通量检测

第 21 章　自行车交通量检测　　　　　　　　　　　　224

M 部分　道路交通标志标线

第 22 章　道路标志标线分类及基本要求　　　　228
　　22.1　一般规定　　　　228
　　22.2　道路标志的相关要求　　　　232

第 23 章　警告标志　　　　238
　　23.1　警告标志的一般规定　　　　238
　　23.2　自行车交通警告标志　　　　238

第 24 章　让行标志　　　　243
　　24.1　让行标志的一般规定　　　　243
　　24.2　与自行车道相关的让行标志　　　　244

第 25 章　禁令标志　　　　247
　　25.1　禁令标志的一般规定　　　　247
　　25.2　与自行车相关的禁令标志　　　　247

第 26 章　指示标志　　　　248
　　26.1　指示标志的一般规定　　　　248
　　26.2　与自行车相关的指示标志　　　　248

第 27 章　信息标志　　　　257
　　27.1　信息标志的一般规定　　　　257
　　27.2　与自行车相关的信息标志　　　　258

第 28 章　辅助标志　　　　262
　　28.1　辅助标志的一般规定　　　　262
　　28.2　与自行车相关的辅助标志　　　　263

第 29 章　边缘标志和立面标记　　　　264
　　29.1　边缘标志和立面标记的一般规定　　　　264
　　29.2　设置位置要求　　　　264

第 30 章　临时性道路标志　　　　265
　　30.1　与临时性道路标志相关的一般规定　　　　265
　　30.2　临时性行车道标记　　　　266

N 部分　路线指引

第 31 章	**自行车道上的路线指引**	**268**
31.1	骑行者、骑马者和行人的路线指引	268
31.2	路线和路线识别	274
31.3	单一路线指引标志	281
31.4	骑行者、骑马者和行人偏离路线时的指引标志	299
31.5	导览系统	302
31.6	标志示意图	305
31.7	丹麦国家自行车路线	307
31.8	远端和近端目标地的信息目录示例 ——国家自行车路线 3	309

O 部分　车道标线标记

第 32 章	**车道标线标记**	**311**
32.1	交通标线标记	311
32.2	纵向标线	313
32.3	导向箭头标记	316
32.4	交叉口标线	317
32.5	文字和图形标记	320
32.6	尺寸	321
32.7	实例	322

P 部分　占道施工的标记

第 33 章	**占道施工的标记**	**326**
33.1	规划和施工	326
33.2	道路标志的设置要求	327
33.3	标记材料等	334
第 34 章	**在开阔乡村地区道路施工交通导行示例图**	**339**
34.1	自行车道和行车道施工交通导行 ——采用交通标志标线进行导行	339
34.2	自行车道和行车道施工交通导行 ——采用交通信号灯进行导行	340
第 35 章	**在城市地区道路施工交通导行示例图**	**341**
35.1	自行车道施工交通导行 ——采用自行车交通与人行道混用的方式导行	341

35.2 自行车道施工交通导行——采用压缩机动车道，
自行车交通占用机动车道的方式导行   342

35.3 自行车道施工交通导行——采用自行车交通与
人行道共享的方式导行   343

35.4 机动车道和部分自行车道施工导行
——采用压缩机动车道的方式导行   344

35.5 自行车道和行车道施工交通导行
——采用交通标志标线进行导行   345

35.6 自行车道和行车道施工交通导行
——采用交通信号灯进行导行   346

Q 部分   交通管理系统

第 36 章   交通信号   347

36.1 交通信号的应用领域   347

36.2 交叉口交通信号设置的相关要求   348

36.3 交叉口的信号规范的技术原则   349

36.4 道路交叉口的交通信号灯设置及配时   356

36.5 特殊冲突下的交通信号设计   360

R 部分　道路设备

第 37 章　道路照明设施　　　　　　　　　　　　364
　　37.1　城市建成区域照明规定　　　　　364
　　37.2　开阔乡村道路的照明规定　　　　366

S 部分　道路养护

第 38 章　道路和小径的操作　　　　　　　　367
　　38.1　道路管理局的义务和责任　　　　367
　　38.2　冬季服务　　　　　　　　　　　369
　　38.3　清洁　　　　　　　　　　　　　371
　　38.4　附录　　　　　　　　　　　　　373

第 一 篇
城市区域交通设施和规划

A 部分
城市区域规划

第 1 章　自行车交通规划

A

B 部分
城市区域的道路线形设计

第 2 章　道路线形设计要素

第 3 章　横断面

第 4 章　天桥的几何设计

C

C 部分
城市区域的交叉口

第 5 章　道路交叉口

第 6 章　道路和小径之间的交叉口

第 7 章　小径交叉口

B

D

D 部分
城市区域的交通限速

第 8 章　交通限速

E

E 部分
城市区域的停放区

第 9 章　自行车停车设施

第 10 章　公交停靠站处的自行车道设置

A
部分
城市区域规划

/ 第1章 /
自行车交通规划

　　自行车是一种绿色的出行方式，既有利于公共健康，又能缓解交通拥堵。自行车出行主要取代的是短距离小汽车出行，同时也在长距离出行中发挥一定的作用，主要体现在公共交通的接驳和居民日常的锻炼健身中。

　　交通调查结果显示❶，在丹麦，自行车出行占城市出行量的17%，其中，2km以内的出行中自行车占28%，2~6km的出行中自行车占21%，6~10km的出行中自行车占9%。在丹麦，自行车出行受到了高度重视，相当多的城市通过免费提供自行车、提供有效的自行车出行信息和组织自行车骑行活动等方式来推广和普及自行车。

　　由于自行车服务的群体多样化，包括了在居住地附近购物、休闲的短途骑行者，也包括了在家和公司之间进行快速通勤的骑行者，同时也有参加竞技运动的自行车运动员，还有一些采用自行车骑行的方式进行游览观光的人。因此，我们应从满足不同类型骑行者需求的角度进行自行车交通规划设计。

　　目前在丹麦很多城市，自行车使用者的数量在快速增长，部分自行车道出现了容量不够、拥堵的情况，因此在规划时应该充分考虑承载力的预留。此外，在自行车交通规划中除了考虑人力自行车骑行者，还需要考虑符合标准的小型轻便摩托车骑行者❷，因为他们与人力自行车骑行者使用相同的自行车道路网络。

❶　居民出行交通方式调查是一项访谈式的交通出行调查活动，目的是了解丹麦人的交通出行方式和行为。调查主要针对居住在丹麦境内10~84岁的居民，记录他们1天的出行方式和行为。丹麦技术大学交通研究所负责收集、处理和分析数据。文本中的数据基于2006—2011年的调查。
❷　小型轻便摩托车是指形体和普通自行车非常相似，后座加装电池，可以脚蹬，也可以助力的车辆。

1.1　自行车道路网规划

在自行车道路网规划中，可把自行车道按照功能分为如下两类：

◎　主要干道，是指交通流量较大的道路。

◎　地区性道路的连接路线，是指便于自行车骑行者从主要通道通往目的地的道路。

在自行车道路网规划中，道路的连贯性很重要，主要是利用自行车道把骑行者的主要目的地连接起来。主要目的地包括工作区、住宅区、商业中心、市中心和枢纽点。为了保证自行车与其他交通方式有效衔接，需要将自行车道顺畅地接入交通枢纽，这一点尤为重要。

在规模较大的城市地区规划自行车道路网时，可构建"通勤自行车道路网"或"高等级自行车道路网"，该道路网能够为长距离骑行者提供一个直达而便捷的出行服务，同时，也是为了吸引更多的小汽车出行者使用自行车作为通勤出行工具。

以休闲为主的自行车道是自行车道路网中重要的一部分。它不强调线路的直达性，更多强调的是休闲和健身功能。它可以自成一体，也可以同时承担交通通勤的功能。

自行车道路网由以下几个部分构成：高等级自行车道、独立自行车道、沿机动车道设置的自行车道、穿越社区的自行车道。自行车道路网规划示意图如图 1.1 所示。

当自行车道与机动车道交叉时，必须设置安全通过区域，具体参见第 1.3 节中的规定。

城市自行车道路网的交通网格一般在 400~500m 之间。但是，城市规模差异较大，区域间的空间结构也不同。因此，必须对每个区域所需要的交通网格大小进行重新评估。例如，城市中心区吸引点分布较多，需要设置密路网。

在日常通勤的自行车道路网 / 高等级自行车道路网上，自行车道应设置独立路权（与机动车、行人分开），从而保障其快速性和便捷性。同时，为保障可达性，在通过交叉口时还应设置自行车交通的信号系统。

奥胡斯市政府在市辖区制定了自行车道路网规划，规划了 5 类自行车道。自行车道路网连接了较大的住宅区和其他主要目的地（包括学校、文化和教育机构、大型商业区、体育设施和交通枢纽），包括城市各个社区以及自然休闲区域，具体如图 1.2 所示。

此外，首都哥本哈根地区基于与区域内 22 个市辖区政府的合作，制定了自行车高速路网规划，该路网共规划 26 条线路，这些线路是根据骑行者的需求制定的，全线采用高标准建设，自行车高速路示例如图 1.3 所示。

0.5km

文化活动区域

车站

学校

运动区域

━━━ 高等级自行车道
━━━ 独立自行车道
──── 沿机动车道设置的自行车道
▬ ▬ ▬ 穿越社区的自行车道

图 1.1 自行车道路网规划示意图

主要交通干道
次要交通干道
山地路线
休闲路线
交通和休闲路线
线路方向
（有待更详细的规划）
○ 确定的平交路口
● 未来可能设置的平交路口

图 1.2
奥胡斯市政府在市辖区制定的自
行车道路网规划

图 1.3　自行车高速路示例
（图片来源：厄休拉·巴赫）

1.2　自行车道路网的规划要求

在自行车道路网规划时，需要考虑以下原则。

1.2.1　直达性

自行车使用者与机动车使用者的出行习惯一样，期望通过最短路径到达终点，因此在自行车道路网规划时必须保证道路的终点与骑行者的目的地以最短距离相连。此外，在规划自行车道时，也应充分考虑自行车停放设施的规划。例如在奥胡斯北部的 Lystrup 城，奥胡斯市政府在高速公路服务站第一个停车场内设置了自行车停放设施，该设施靠近一条自行车高速路，如图 1.4 所示。具体停放设施的规划可参见第 9 章中的规定。

骑行者对绕行非常敏感，只有起点和目标点之间的骑行路径如他们所预期的那样是最短的，他们才会按照既定的路线骑行。否则，他们宁愿冒险在没有设置自行车道的机动车道上骑行，也不愿意在一条安全但是需要绕行的自行车道上骑行。

自行车交通网络中的道路应该连成一个网络。没有贯通的道路就会导致绕行，从而降低交通网络的使用效率。因此，在自行车道路网规划时，应对现状自行车道的情况进行调查，标出断头路位置，并对其连通的可行性进行评估。

在规划自行车道路网时，对于跨越城市边界的道路应该尤为重视，需要付出更多的沟通工作，确保跨界区域道路的连续性。

1.2.2   可达性 / 快捷性

骑行速度对于个体骑行者来说非常重要，同时，也是提升自行车与小汽车竞争力的关键影响因素。在自行车道上的骑行速度，取决于可在该路段骑行的速度限制、交叉口的延误时间以及骑行过程中的绕行弯道等因素，也就是说取决于道路的实际长度与起终点之间直线距离的比例。

图 1.4   奥胡斯北部 Lystrup 城的自行车停放设施图

减少延误时间可以提高骑行速度。可以通过减少交叉口的数量、自行车道交叉点和减速带的数量以及在信号灯控制交叉口的等待时间等措施来减少延误时间。

提升骑行速度的方式有很多，例如统一骑行方向、加宽自行车道、允许超车、设置"绿波带"和将骑行者引导至无信号系统控制的外部路径等。

1.2.3   道路通行能力

在大城市中，十字交叉口会出现自行车拥堵的情况，导致通行能力下降。因此，在自行车道宽度设计以及信号配时设计时，需要对道路通行能力进行充分评估。

1.2.4   安全性

轻型交通使用者❶在交通行为中受伤的可能性要大于机动车辆使用者。因此，应重点关注并提高轻型交通使用者的安全性，其中包括骑行者。

相比于将自行车交通系统与道路系统一并设置而言，在地块中单独设置自行车交通系统能够更好地保障骑行的安全性。然而，在现有的城市地区，通常不可能建立单独的骑行路径，并指定其使用的位置和路线。

因此，当自行车骑行者利用道路系统进行骑行的情况下，应通过以下方式确保骑行者的安全性：

◎ 在速度超过 40km/h 的道路旁时，应设置带有高差、铺装差异、与机动车道有显著区别的自行车道。

◎ 在社区级道路以及速度在 40km/h 及以

❶ 轻型交通使用者包括行人和骑行者，其中骑行者包括小型轻便摩托车和人力自行车使用者等，主要类型见第 17.2.1 节的具体类型。

下的道路，控制小汽车的通行数量和速度。

◎ 对轻型交通使用者与机动车交叉的区域进行精细化的设计，以确保轻型交通使用者的安全。比如，在卡车上司机可能很难看到快速通过的骑行者，从而导致事故。

◎ 设置保护措施，用以确保轻型交通使用者之间的安全性。比如当骑行者与公交车下车乘客出现交叉时，快速骑行者试图超越慢速骑行者时，或者骑行者和行人出现混行或者交叉时都应该更加关注。

如果某条几乎没有骑行者的道路上，骑行者的数量大量增加，则需要提高这条道路的安全性。因为骑行者的数量越多，与汽车的交织也会越多。

1.2.5　安全感

与安全性一样，安全感也是自行车道路网规划的一个重要先决条件。如果想要提高自行车交通系统的使用量，提高安全感十分重要。

交通事故是影响骑行者安全感的原因之一。因此，采取既可以确保安全性又可以给予骑行者安全感的措施非常重要。

道路周边的环境也会影响人们对于犯罪行为的恐惧感，从而影响骑行安全感。因此，单独的骑行路径在设计时要尤其注意这一点，重点关注道路周边的视野、照明和位置，该类自行车道应尽可能地设置于较多人群活动的热闹区域。

除此之外，在骑行者较多的城市中，骑行速度差也是影响骑行安全感的主要原因之一。道路上快速骑行者和慢速骑行者之间可能会产生不安全感，如小型轻便摩托车会导致人力自行车骑行者不安全感一样。

1.2.6　体验感

提供不同的骑行体验可以使人们觉得路线很短，从而提升骑行的吸引力。因此，道路的设置应更靠近建筑物和活动区域。或者也可以反过来说，活动区域、装饰性建筑、植被区应与自行车道路网密切联系。

1.2.7　防风

自行车道规划时应避开盛行风向，同时也尽量避免在高楼大厦之间的狭长通道间设置。在自行车道两旁种植行道树，可以起到一定的挡风效果。

1.2.8 标识系统——标牌、路线指引和标记

标识系统应便于管理，同时也应易于识别。应与城市空间布局相统一，独立路径的自行车路线标识系统中应标明居住区，同时也应标注道路名称，便于使用者清晰定位和找寻方向。

标识系统应标明主要的目的地，同时标明距离，如图 1.5 所示。设置

图 1.5　自行车道旁的道路指引牌，包含目的地和距离
（图片来源：延斯·埃里克·拉森）

一个明确的标志标线指引系统非常重要，因为本地的骑行者和外地游客都会迷失方向，尤其是在独立自行车道上。具体自行车道上的线路、指引见第 31 章。

道路指引牌必须清晰易懂。标识标牌和照明设施周边的植被应及时清理。

在道路因为施工不能通行时，必须利用标识标牌引导轻型交通工具使用者到其他的路径。特别是正在施工的路段，必须在其周边区域设置禁止通行标志。此外，标识标牌应确保不被遮挡。

1.2.9 照明设施

自行车道的照明设施对于确保交通安全、防止犯罪行为十分重要。

在自行车道路网规划时，必须确保充分的照明，照明设施对独立的自行车道和沿着公路设计的自行车道都非常重要。除此之外，车站、枢纽和自行车停放区域也应配备良好的照明条件，这样能够增强使用者的安全感。

1.2.10 自行车附属服务设施

在自行车道路网规划时，应充分考虑自行车附属服务设施的配置，例如自行车打气筒、饮用水、修理铺、轮胎自动售卖机、桌子和长凳、自行车计数器、地图等。

1.2.11 运行和养护

自行车道的清洁和养护是保障自行车道正常运行的重要因素。自行车道表面应该涂上平滑耐磨的材料，并且要定期涂新。此外，为了确保轻型交通使用者的安全性、安全感、

可达性和快捷性，必须要确保骑行者可以清晰地辨别出前方的自行车道，尤其在冬天路面有积雪时，清晰的程度要至少达到和机动车道一样的标准。

1.3 道路交叉口的解决方案

自行车道路网从形式上包括以下几种类型：独立自行车道、沿机动车道设置的自行车道、人流较少区域或社区级道路上设置的自行车道。同时，自行车道路网也包括一些具有特殊需求的道路，例如步道上允许骑行者双向行驶通过，如图 1.6 所示。

确保骑行者在交叉口的安全非常重要。

机动车道和自行车道的交叉口有以下几种类型：

◎ 非平面交叉口（隧道或桥梁）。

◎ 由信号灯控制的交叉口。

◎ 采取减速措施的交叉口。

图 1.6 位于奈斯特韦兹 - 铁路大道的自行车道（图片来源：奈斯特韦兹市政府）

◎ 机动车需要让行的交叉口。

◎ 自行车道接入点。

具体类型设置方法详见本手册"道路和小径之间的交叉口"部分（参见第 6 章）。

自行车道信号灯交叉口规划设计方法详见本手册"道路交叉口"部分（参见第 5 章）。

交叉口类型和特殊施工条件下临时道路类型的影响因素很多，例如交叉口级别、自行车流量、机动车流量、车辆行驶的速度、经济因素等。具体道路类型在第 3.2 节中有更详细的描述说明。

为了保证交通网络的连通性。在某些情况下，自行车交通网络也包括一些没有自行车通行设施的道路和沿着地区道路设置的自行车路线。而这些地方从实际角度而言，是无法保障自行车道单独的物理空间的，例如非常狭窄的街道上。

如果需要将机动车道和地方性社区级的道路纳入自行车道路网，则该处的机动车交通流量和速度都必须保持在较低的水平，从而确保骑行者在其上通行时的安全性和可靠性。

图 1.7 中提供了骑行者与机动车在同一区域通行时，道路上的非机动车流量和设计速度与自行车道类型之间的关系。如果相交小路需要进一步限制速度时，那么在缓冲设施设计时应优先考虑骑行者的可通行性，具体可参见第 8.3 节中的说明。

一种较新的道路类型采用的是"2+1"道路模式，如图 1.8 所示。这类道路宽度的一般较窄，两条车道的车流量被并行到一条车道，在车辆交会时则需要借用一旁的路侧区进行错车。路侧区实际是可以使用的，但是作为自行车道是不合法的。因此，在某些情况下，取消"2+1"道路模式可以作为自行车道路网规划中的一部分。

然而，道路管理者应该意识到，这种道路上会出现因错车、机动车借用自行车道而导致骑行者被挤出路面甚至被迫绕行的情况，同时自行车在路侧区骑行也会增加与停放车辆碰撞的风险。

步行区以及生活休闲区由于无法保证骑行者足够的可通行性，可不纳入自行车道路网中。但是部分小径或者宅间路在某些时段行人不多时，应允许骑行者通行，可归类为允许自行车进入的步行街道。

因此，步行区以及生活休闲区在特定时期也可以作为社区性自行车道路网的一部分。

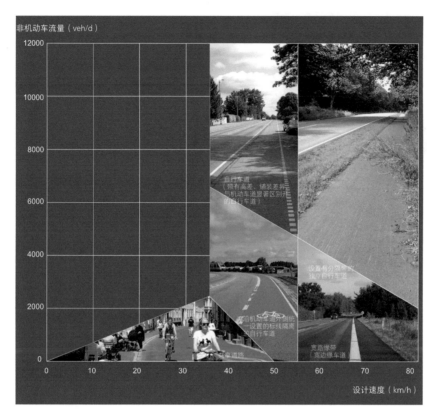

图 1.7 非机动车流量、设计速度与自行车道类型之间的关系 [图片来源：巴勃罗·塞利斯（原始版"道路规则"中的数字简化版）]

图 1.8 位于阿勒罗德的托克约博大街，采用"2+1"道路模式，限速为 30km/h（图片来源：莱姆布尔）

/第2章/
道路线形设计要素

在本章中, 介绍了对道路线形设计起决定性作用的要素。

2.1　纵坡

2.1.1　定义

对于道路的坡度, 可以理解为纵向的下降率或上升率。坡度以千分位表示, 如果是上升则为正值, 如果是下降则为负值, 计算方向为交通行进方向。

2.1.2　相关规定

对于拥有独立横断面的自行车道, 其纵坡与最大坡长的选取应符合表2.1的规定, 纵坡越大, 越不利于连续骑行。对于道路两侧的自行车道, 路段如果较长, 纵坡均很大, 需考虑纵坡与最大坡长之间的关系, 新建一条具有独立线形的自行车道。

表2.1　纵坡与最大坡长选取的相关规定

纵坡	最大坡长（m）	高差（m）
50‰（1：20）	50	2.5
45‰（1：22）	100	4.5
40‰（1：25）	200	8.0
35‰（1：29）	300	10.5
30‰（1：33）	500	15.0

2.2　竖曲线

表 2.2 列出了只允许自行车通行和允许小型轻便摩托车通行的自行车道上竖曲线的最小半径和推荐最小半径。

表 2.2　竖曲线的最小半径和推荐最小半径

道路类型	最小半径（m）	推荐最小半径（m）
只允许自行车通行的自行车道	175	340
允许小型轻便摩托车通行的自行车道	300	580

根据第 17.3 节中给出的交通参数要求，最小半径可以确保凸曲线上的停车安全。这类半径只能在特殊情况下且在单个路径上使用。

推荐最小半径则是常规情况下道路采用的最小半径。这一数值可以最大限度地从美观的角度确保会车和通行的条件。

2.3　平曲线

道路的平曲线通常由单个或复合圆曲线组成，也可以由回旋曲线和圆曲线组成。

只允许自行车通行和允许小型轻便摩托车（无需登记的轻便摩托车）通行的自行车道上的平曲线半径如表 2.3 所示。

表 2.3　平曲线半径

道路类型	极限最小半径（m）	最小半径（m）	一般半径（m）	推荐半径（m）
只允许自行车通行的自行车道	16	40	60	210
允许小型轻便摩托车通行的自行车道	20	70	105	360

极限最小半径指的是在干燥道路情况下，可以保证自行车能够以 25km/h 的速度，或者轻便摩托车以 30km/h 的速度安全通行的最小半径。在纵坡超过 30‰的路段，必须采用大于极限最小半径的数值。

如果外轮廓自由宽度 b 为 1.0m，那么根据第 17.3 节中的交通技术参数，以及图 2.1 中给出的假设，最小半径可以确保骑行者安全停车。如果外轮廓自由宽度 b 为 0.3m，一般半

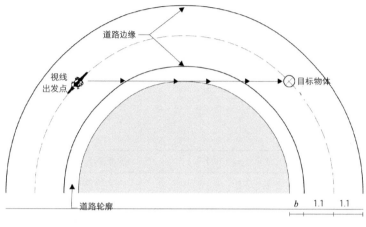

图 2.1 宽度为 2.2m 的单向路径在计算道路轮廓时的示意图

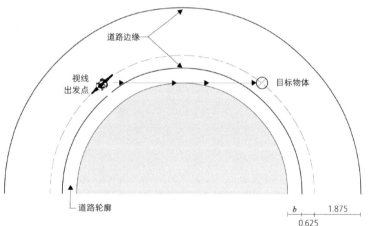

图 2.2 宽度为 2.5m 的双向路径在计算道路轮廓时的示意图

径可以确保骑行者安全停车。由于最小半径和一般半径只能确保安全停车，因此，只能在单向行驶的道路上使用。例如，可以在公交站、停车位或隧道下坡中使用。

如果需要确保道路的外轮廓自由宽度 b 为 1.0m，那么应采用推荐半径，可以确保在图 2.2 中的假设情况下，达到令人满意的效果。推荐半径是双向车道中能够使用的最小值，除非道路的线形设计能够在其他方面确保安全性，或者双向交通彼此之间能够通过安全岛进行分隔。

2.4 横坡

2.4.1 目的

设置横坡的目的主要有两个：①有利于道路表面的排水；②抵消离心力的作用。

排水量取决于道路的表面结构、坡度以及径流长度。抵消离心力的目的是最大限度地减少行驶速度下道路产生的横向摩擦力。横坡坡度以 $i‰$ 表示。

2.4.2 自行车道、人行道和路肩横坡

1. 自行车道

自行车道的横坡坡度通常在 20‰~40‰ 之间。当平曲线半径小于 50m 时，必须设置向中心倾斜的横坡。这种小半径容易出现在独立路径的自行车道，在这种情况下，横坡坡度一般在 30‰~45‰ 之间，最大不应超过 60‰。如果自行车道需要供轮椅使用，横坡坡度不得超过 25‰。

沿着道路设置的自行车道，在某些情况下（如公交站、交叉口等），很难确证采用适宜的超高横坡坡度。因此，必须根据实际需求解决相应的问题，同时考虑到排水、美观和经济方面等因素。

根据骑行习惯，骑行者在这些地方自然会减速，但是如果位于某些特殊路段，例如道路纵坡大于 30‰，曲线半径小于 25m，则应事先设立警告标志及路面标识。

2. 人行道

人行道的横坡坡度一般在 20‰~25‰ 之间。如果横坡坡度超过 25‰，则会给使用轮椅的行人造成不便。从便于轮椅使用者的角度设计，则应在人行道上设置两种横坡坡度，两种横坡坡度的宽度一般分别占道路宽度的 1/6 和 5/6（图 2.3）。

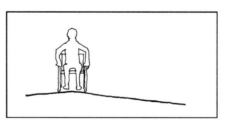

图 2.3 两种横坡坡度示意图（图片来源于：《适合残疾人使用的道路设计手册》）

3. 路肩

对于路肩来说，沥青层的坡度通常为 25‰~40‰，砾石和草坪表层的坡度通常为 30‰~100‰。

/ 第 3 章 /
横断面

第 3.2 节中对主要横断面类型进行了描述，第 3.3 节中列举了横断面的各个不同要素，

即车道、自行车道、分隔带等，并给出了各个要素在宽度选择等方面的说明。

本章中所有的参数均仅供参考。此外，在多数情况下，都给出了一般值和最小值。这是因为本手册提供的参数一般适用于现有的城市区域，而在受条件限制的区域往往无法满足每个要素对宽度的要求。

在一般情况下采用最小值作为标准，需要提示的是与标准期望值相比，采用最小值可能会对道路使用者群体带来一定影响。

3.1　道路规范

本章中的以下三节内容应作为规范执行。它们是：

◎ 沿着道路两侧设置的自行车道宽度（第3.3节）；

◎ 行车道和双向自行车道之间的分隔带设置（第3.5节）；

◎ 行车道和双向自行车道之间的分隔带宽度（第3.5节）。

本章中的其他规范均供参考。

3.2　横断面类型

3.2.1　主要要素

横断面类型由不同的要素组成：

◎ 行车道；

◎ 公交车道；

◎ 停车位／带；

◎ 自行车道；

◎ 人行道；

◎ 安全岛；

◎ 中央分隔带；

◎ 其他分隔带；

◎ 路缘带／路肩。

横断面中必须包含的要素以及每个要素的宽度，一部分由以下条件决定：

◎ 道路等级、服务功能，即在市政规划或地方规划中的定位；

◎ 交通流量；

◎ 设计速度。

另一部分考虑实际情况，根据适用的区域来选定。

由于城市地区的复杂性，导致无法建立一个关于横断面类型的索引目录为某些特定环境下的横断面类型提供有效的依据。但是，基于道路功能及使用群体，可以给出一个相对清晰的分类结果，参见下一节中所述。

基于每个部分的功能，可以细分为 17 种主要类型。

首先，按照功能，道路主要可以分为以下几类：

◎ 主要干道；

◎ 连接道路；

◎ 设置了公交车道的道路；

◎ 小径。

其次，也可根据道路是否设置停车带 / 位、自行车道和公交车道来进行细致划分。

根据每种道路使用者的不同标准需求以及现场的实际条件，可以组合成多种道路横断面类型。对主要类型的道路中不同的要素进行了分组，并在下文示例集合中进行了说明。

第 3.2.2~3.2.3 节中列出的主要类型，以 1：250 的比例尺进行记录，但是道路横断面中各类要素的宽度关系并非是绝对的，因为在设计时需要通过改变各类元素的宽度，选取适合的道路横断面类型。

图 3.1~ 图 3.3 中的字母分别表示：

B：公交车道	C：自行车道	F：人行道
H：安全岛	K：行车道	M：中央分隔带
P：停车带 / 位	S：分隔带	Y：外侧设施带（路肩）

3.2.2　主要干道

1. 设有自行车道的主要干道

图 3.1 中显示了设有自行车道的主要干道的横断面类型。以下 4 种横断面将涵盖目前为止大多数城市常用的道路类型。

2. 设有公交车道的主要干道

图 3.2 中显示了设置公交专用道的主要干道的横断面类型。一般来说，目前为止设有

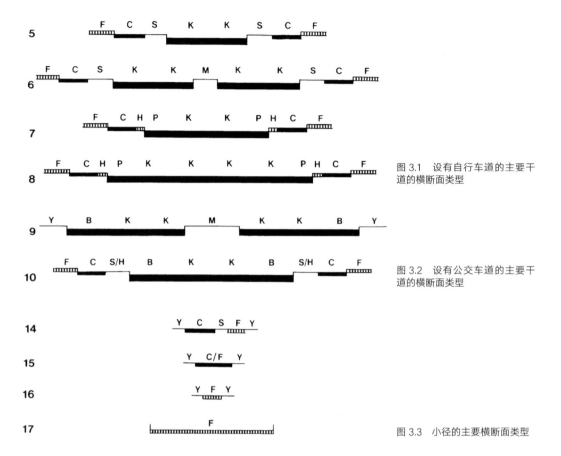

图 3.1 设有自行车道的主要干道的横断面类型

图 3.2 设有公交车道的主要干道的横断面类型

图 3.3 小径的主要横断面类型

一条公交车道的主要道路类型共有 8 种，由于公交车道的使用频率很低，同时具备公交车道和停车带 / 位的交通干道几乎不存在。因此，将设有公交车道的主要干道的横断面类型归并为 2 类，即设有自行车道的和不设自行车道的。

3.2.3 小径

图 3.3 中显示了小径的 4 种主要类型，包括步行街。横断面类型 14 通常在骑行者和行人共同通行的道路上采用。横断面类型 15 主要用于骑行者和行人均较少的路段，以及地区道路中允许骑行者通行的路段。横断面类型 16 主要用于不允许骑行者通行的地区道路。横断面类型 17 则用于不同特征的步行街。

3.2.4 注意事项

一部分自行车道可以如图 3.1 所示，设计成双侧单向自行车道，利用隔离带 / 安全岛将行车道和人行道分隔开。另外也可以采用以下方式：

◎ 设计成单侧或者双侧的双向车道；

◎ 部分共享道路，其中省略了自行车道和人行道之间的分隔带，同时，它们之间的区分仅采用简单的标识，标明其使用部分或者带状区域（有特殊需要可以混行）；

◎ 共享混用道路（行人与非机动车混行道路）；

◎ 标线隔离的自行车道。

3.3 横断面要素

3.3.1 自行车道

重要的自行车交通区域，或者自行车通行需求量大的地区，应设置自行车道。针对城市区域规划有分离交通的新建设施，应设置单独路径的自行车道。对于未规划分离交通的城市区域或规划未实现的城市区域，应在道路边侧设置自行车道，并依托主要交通道路和地区性道路，形成自行车道网络。

如果道路的速度等级为"高"，那么自行车道与机动车道之间必须设置至少一个分隔带。同样，如果道路的速度等级为"中"或者"低"，但自行车交通流量大，也应考虑为自行车交通设置一条带有高差或铺装差异的自行车道。

1. 沿着道路设置的自行车道可以设置为：

◎ 双侧单向自行车道（利用高差、铺装等方式设置的自行车道）；

◎ 双向自行车道（单侧 / 双侧）；

◎ 部分共享道路；

◎ 双向或单向共享混行道路；

◎ 利用标线隔离的自行车道。

如果没有足够的空间设置带有高差或铺装差异的自行车道或利用标线隔离的自行车道时，作为一个权宜之计，可以设置一条"自行车带"，如图 3.4 所示。

（1）双侧单向自行车道：在大多数情况下，对于交通中的轻型交

图 3.4 "自行车带"示例

通使用者来说，双侧单向自行车道被认为是最安全的解决方案，因此，通常在自行车、行人的交通流量相对较大且二者在道路交通构成中均占据重要位置时，会采用这种设计模式。

（2）单侧双向自行车道：只有在非常特殊的情况下才能采用，例如骑行者的出发地和目的地均在一条交通繁忙的道路的同一侧，且没有人行道或交叉口等过街设施，但是单侧双向车道不适用于城市中心区域。

（3）双侧双向自行车道：对于车辆交通密集、同时骑行者过街的可能性很低的道路，应考虑在双侧均设置双向自行车道。

（4）部分共享道路：如果自行车和行人的交通流量相对较小且道路的空间区域有限，那么可以采用部分共享道路，也就是说，自行车道和人行道位于同一水平面上，仅使用简单的标识标线，标明其使用部分或带状区域的区别。对于视力受损的人来说，这种标识标线或涂层应是有明显差异的。

（5）共享混行道路：如果行人非常少且空间有限，那么可以设计成共享道路，即骑行者和行人使用同一通行区域。

（6）通过标线隔离的自行车道：如果骑行者非常少，当地的空间狭窄且资源有限，可以设立一条标线隔离的自行车道，与机动车道之间设置一个30cm宽的连续边缘线进行分隔。该类自行车道上的停车问题是一个特殊问题。如果没有明确说明，任何情况下都不允许在该区域停车，但事实上，该类自行车道上的停车现象非常普遍，需要根据停车需求和空间条件，禁止在该处停放车辆或中途停车，应在附近地点提供停车场，或者在道路边线之外建造一个停车区。

（7）自行车带：指的是最靠近车道边缘的一条不同颜色（如红色）的车道。在空间和标识规则不允许对自行车道进行标识的情况下，针对少数骑行者，这种自行车带是一种权宜之计的解决方案。这种标识了颜色的车带并不是一种道路类型标志，所以它不能作为一条自行车道，而是用来提醒车辆驾驶员适当远离车道边缘的视觉信号，并提醒骑行者可以尽可能靠近它。由于车辆的停放和中途停车都必须在路边进行，在设置自行车带时应考虑是否有必要在该路段禁止停车。

标准

沿道路设置的单侧双向自行车道宽度至少应为2.5m，单侧双向共享混行车道的宽度至少为3.0m。

表 3.1 列出了沿道路设置的单向自行车道的参考宽度（最小宽度）。但是，在自行车交通流量较大的情况下，自行车道的宽度应参照第 17.1.2 节中列出的通行能力影响因素进行设计。

表格前两行的最小宽度只有空间有限的条件下可以使用。如果道路变得更窄，例如出现了单个障碍物，那么可以采用更小的值，但必须根据实际情况进行慎重考虑。行车道的速度等级达到"高"和"中"时，道路两侧的自行车道不能使用最小宽度。此外，外侧有停车区域的自行车道上也不能使用。

表 3.1　沿道路设置的自行车道的参考宽度（最小宽度）

沿道路设置的自行车道类型	参考宽度（最小宽度）
单向自行车道或共享混行道	2.20m（1.70m）
部分共享的自行车道	1.70m（1.50m）
标线隔离的自行道（包括 30cm 的边缘线）	1.50m（1.50m）

在任何情况下，如果采用最小宽度进行设计，可能会导致安全性和可通行性方面的问题，但是最小宽度仍然能够满足车道使用功能。

研究表明，沿道路设置的自行车道能够普遍减少车辆和骑行者之间的道路交通事故，但是如果道路上也设置了公交车道，涉及行人的交通事故会有所增加，包括骑行者和公交车乘客之间的事故数量。

这一点应该在设计人行道、自行车道、安全岛的过程中纳入考虑范围。同时，也应在常规自行车道、部分共享道路和共享混行道路中一并考虑。

2. 独立路径的自行车道可以采用以下三种形式：

◎ 自行车道；

◎ 部分共享道路；

◎ 共享混行道路。

以上三种形式的设置条件与"沿道路设置的自行车道"相同。

3.3.2　闸口位置

出于规划考虑，例如从交通通行能力和限高的角度考虑，某些道路只适用于小客车通行，或者某些路段需要禁止机动车通行但允许自行车通行时，可以通过缩窄行车道或通行空间的方式达到这一目的。此类措施仅适用于速度等级为"低"或"极低"的道路。

闸口宽度

行车道和通行空间的闸口宽度参考值如表 3.2 所示。

自行车道的宽度也必须允许一辆拖拉机通过。闸口处必须根据标识规则进行标记。

表 3.2 闸口宽度参考值

车辆类型	行车道宽度（m）	通行空间宽度（m）
乘用车（小客车、房车）	2.00	2.20
自行车	1.30	1.60

3.3.3 一般宽度和最小宽度

表 3.3 中显示了不同横断面要素的一般宽度和最小宽度。

表 3.3 横断面要素的一般宽度和最小宽度

横断面要素		一般宽度（m）	最小宽度（m）
行车道	速度等级为"高"	3.50	—
	速度等级为"中"	3.25	3.00
	速度等级为"低"	2.75	—
	速度等级为"极低"	2.50	—
	包含公交车道的行车道	3.50	3.00
	公交车车道	3.50	3.00
	自行车通行辅助车道	+1.00	—
停车带/位	卡车和公交车	2.60	—
	客运车辆	2.00	1.80
沿道路设置的自行车道	单向自行车道	2.20	1.70
	单向共享混行车道	2.20	1.70
	双向自行车道	2.50	2.50 *
	双向共享混行车道	3.00	3.00*
	部分共享车道	1.70	1.50
	标线隔离的自行道	1.50	1.50

续表

横断面要素		一般宽度（m）	最小宽度（m）
人行道	常规人行道	2.50	1.50
	部分共享车道	1.30	1.00
安全岛	中央安全岛	2.00	2.00
	行车道和自行车道之间	1.00	0.80
分隔带	中央分隔带	—	2.00
	带植被的分隔带	2.00	1.50
	行车道和双向自行车道之间	—	1.00*

* 这些宽度都是最小宽度，不是常规标准。

3.4 纵向安全岛

3.4.1 一般规定

纵向固定式的安全岛，可以设置为中间岛，或者设置为位于行车道或停车带与自行车道之间的安全岛。在中速或低速的道路上，存在很大的行人过街需求。如果通过单个安全点的引导，无法满足这种行人过街的需求，那么可以设置一个固定式的纵向安全岛，确保行人可以根据具体的交通流量情况，选择适当的位置过街，并且可以分成两个阶段过街。

这种安全岛的设置可以是中断的，从而能与支路连接。根据行人过街的不同位置，在某一段道路中，可以取消设置固定式的纵向安全岛，转而采用通用式的中央分隔带。

如果因为设置纵向安全岛，导致行车道变窄，那么，必须通过加设独立自行车道的方式，来确保骑行者的正常通行。在那些既允许停车又建有独立自行车道的地方，由于上下车乘客和车门开启可能造成的干扰，在行车道或停车带和独立自行车道之间，设置一个固定式的纵向安全岛是非常重要的。在那些车道狭窄且正在建设纵向安全岛的地方，应将安全岛的边缘建造成喇叭形，并以合适的方式固定安全岛，使其能够承受重型车辆在穿越时的压力，从而允许农用车辆通行。应慎重考虑设置交通标志的位置以及其他相关事宜。

3.4.2 宽度

纵向中央安全岛的宽度至少为 2m。行车道或停车带与自行车道之间的纵向路侧分隔带的宽度应设置为 0.8~1.0m。

3.5　中央分隔带和外侧设施带

3.5.1　一般规定

> **标准**
>
> 　在行车道和单侧双向自行车道或混用道路之间，必须设置分隔带。

如果空间条件允许，单向自行车道或人行道也应通过分隔带的方式与高速或中速的机动车道分开。然而，分隔带可能会导致机动车驾驶员对自行车道路况的了解程度降低，尤其是采用种植树木或设置道路设施的分隔带。

因此，采用种植树木的方式设置的分隔带最好位于自行车道和人行道之间。如果是存在行人过街需求的路段，分隔带应进行硬化处理，即采用纵向安全岛的形式，参见第3.4节。在没有行人的路段，可以增设分隔带取代人行道。

3.5.2　宽度

分隔带的宽度需要根据整体评估确定，需要考虑以下因素：

◎ 可用空间；

◎ 与固定物体的距离要求；

◎ 视距要求；

◎ 绿化需求。

> **标准**
>
> 　行车道与双向自行车道或共享车道之间的分隔带至少应达到1m宽，除非采取了其他具体措施，例如加设护栏或者安全岛。

如果计划种植树木，那么分隔带宽度至少应达到1.5m。如果种植的是小树，则可以采用1.0m宽的分隔带。然而，冬天对道路进行养护时需要用到盐，这样狭窄的宽度对于树木、灌木和篱笆来说，不能提供令人满意的生长条件。

3.6 路缘带

3.6.1 一般规定

一般来说，在自行车道或人行道与行车道之间，应设置路缘带作为分隔边界。在空间允许的情况下，可以设置分隔带或者安全岛，参见第 3.4 节和第 3.5 节中的说明。

在自行车道和人行道之间，应设置路缘带作为分隔边界（参见第 3.3.1 节中对"共享道路"的描述说明）。

3.6.2 缘石高度

一般情况下缘石高度应达到 7cm 以上，但不能超过 12cm。

但考虑到排水的需要，缘石高度应根据实际情况在一定范围内进行调整，自行车道和人行道之间的缘石高度应达到 5cm 以上，但不能超过 9cm。

为了便于轮椅使用者通行，必须在辅路、商店入口等其他有适用空间（最多 500m）的范围内，建造坡道或者方便下行的缘石坡道（最大坡度为 1∶10），并在部分草坪的面层上进行硬化处理。

/ 第 4 章 /
天桥的几何设计

4.1 整体功能性要求

天桥一般建造于两方向或多方向交通流不能平面交叉的地段，或者需要保证某方向或多方向交通流更直接、更安全地通行的地段。它对规划者提出了更高的要求，必须让所有类型的轻型交通使用者都能够使用。因此，在确定天桥的设计方案时，必须考虑多种因素。

4.1.1 使用者

天桥的使用者与其他小径的使用者相同，即行人、骑行者和小型轻便摩托车使用者。在天桥的规划阶段，应始终确保满足所有类型使用者的可通行性和安全性等要求。使用者包括如下类型：

  ◎ 儿童；

  ◎ 老年人；

  ◎ 轮椅／电动滑板车使用者；

  ◎ 存在视力障碍的人士；

  ◎ 带拖车的电动自行车／自行车使用者。

如果无法建造必要的坡道等设施以供所有类型的道路使用者使用，应考虑为无法满足的这些道路使用者提供其他的替代解决方案。如果在技术上无法通过其他解决方案进行替代，才能选择采用修建梯道的方式进入天桥。

在确定几何形状时，应考虑具体的情况，必须保证清扫车和除雪车能够通行。此外，应考虑天桥是否存在车辆通行的可能性，尤其是较长的天桥，或者与道路网络相连接的天桥。

4.1.2   无障碍

重要的是，从规划阶段就需要考虑所有类型使用者的可用性，因为一旦建成，改变坡道和桥梁的布局就会变得很困难。无论是坡道还是桥梁，都应始终遵守道路法规可用性中对坡度、栏杆、照明等的要求，请参阅"无障碍手册"，可以访问"道路规则"网站。针对跨越车站区域的铁路桥梁，请参见《通用可操作性技术规范的要求——残障人士的无障碍设置要求》。如图 4.1 所示，设置的坡道和梯道过于狭窄，且纵坡较大，这种桥梁的可使用对象范围较小，通用性较差。

如果在天桥上能够将人行区域和驾驶区域通过不同颜色和铺装材料进行区分，将达到最佳的无障碍效果。尤其涉及较长的桥梁和坡道，应确保在整个桥梁和坡道区域内设置平台，能够提供短暂停留的空间，例如供轮椅使用者进行停留的区域，具体可参见"无障碍手册"中的要求。如图 4.2 所示为一个通用性较好的桥梁。在坡度平缓的桥梁上，为了保障视觉障碍者的权益，在人行道和车行道之间采用颜色对比和不同材料的涂装。

如果不能设置足够平缓的坡度，那么可以考虑在天桥的每一端都设置一个垂直电梯，以便于行动不便的人使用。但是这一解决方案的成本很高，同时，需要进行大量的养护工作。因此，只有在确实无法通过其他方式实现可通行性的情况下，才能考虑采用这一解决方案。

图 4.1　通用性较差的桥梁

图 4.2　通用性较好的桥梁

同时，必须确保坡道、桥梁和栏杆上都涂装了涂层，更详细的说明可参见第 4.5.2 节"铺装"以及第 4.5.1 节"扶手栏杆"部分中的描述。涂层中应确保有清晰的线条以及合适的对比度，并且在某些情况下应设置边缘防护设施，从而防止轮椅使用者滑出道路或者从坡道上摔落，具体内容请参阅《无障碍手册》。如果轮椅坡道的坡度超过 1∶25 时，必须采取相应的安全防护措施。

4.1.3　可靠性和安全性

天桥可能会带来一定的不可靠性，最有可能的原因往往是狭窄的横断面以及没有应急通道。这会导致一部分道路使用者不选择天桥，因此，采取一些措施来减少不安全因素非常重要。

首先，对于道路使用者来说，一座天桥的设计应该简洁且功能明确，确保能够一目了然地看到天桥上发生了什么，并且最好在另一侧的连接处也可看清。此外，天桥本身应该提供充足的照明（参见第 4.5.4 节中关于照明的规定），相关设计应保证光线的辐射范围和亮度。此外，大部分的桥梁由于存在一定不安全性和不可靠性，在设计时需要采取多种安全性措施。因此，桥梁上应确保不同道路的横断面、涂装和照明尽可能明显。通常来说，步行和机动车交通需要保持分离，具有各自独立的行驶区域，会比混行道路更为安全。通过设置护栏的方式也可以提高道路使用者的安全感，因为这样可以确保汽车等交通工具不会突然驶入天桥的慢行区域。

4.1.4　美学景观设计

大多数天桥的建造是为了满足过街需求，但是，尤其是在城市里，桥梁的设计变得越来越美观。目前，很多天桥设计都影响到区域景观，设计必须融入城市的空间环境，或者通过提供更好的视觉效果吸引更多的人选择自行车出行。然而，天桥最重要的还是作为交通系统的一部分，它的美观性绝对不能超越其功能性。因此，美学景观设计绝对不能以牺牲交通功能为代价，例如安全性、可用性和舒适性。早期的桥梁设计见图 4.3，较新的桥梁设计见图 4.4。

采用通道式，即全封闭式侧墙和罩棚方式建造天桥是很罕见的，因此本节中不予讨论。

图 4.3　哥本哈根的嘉士伯桥

图 4.4　哥本哈根的布鲁格桥

4.2 线形和坡道

桥梁的线形通常与周围的路网和区域一起确定，而这些通常会对桥梁的线形设计产生重大影响。考虑到具体的结构，天桥通常在直线或者曲线半径较大的情况下进行建造，而通常在受周边环境约束较小、半径较小的情况下设置坡道。

但是，桥梁和坡道的路线设置都应以自然合理的方式相互适应，便于道路使用者的使用。如果不能实现统一和均衡处理，那么应当设置恰当的过渡段，以便不同元素之间的过渡不会过于突兀。

带有坡道的桥梁是专为自行车通行设计的，因此不应有急转弯，而带梯道的天桥上则可以设置较为平缓的弯道。如果由于环境因素，导致坡道必须建造急弯，例如 90° 的转弯，应确保符合平曲线最小值的要求，以便骑行者可以在持续骑行的过程中，不会有与其他道路使用者或护栏碰撞的风险。图 4.5 中桥梁和坡道之间以 90° 弯道过渡，桥梁和坡道都具有足够的宽度，骑行者可以轻松地进行转向。

图 4.5　桥梁和坡道之间以 90° 弯道过渡

4.2.1 平曲线半径

对于桥梁，最小平曲线半径推荐值已在表 4.1 中列出。

表 4.1 最小平曲线半径推荐值（另见第 2 章"道路线形设计要素"）

道路类型	推荐半径（m） （外轮廓自由宽度为 0.3m）	推荐半径（m） （外轮廓自由宽度为 1.0m）	一般半径 （m）	最小半径 （m）	极限最小半径 （m）
只允许自行车通行的道路	370	210	60	40	16
允许小型轻便摩托车通行的道路	630	360	105	70	20

一般半径可以确保骑行者在外轮廓自由宽度为 0.3m 的桥梁上安全停车，而最小半径则能确保骑行者在外轮廓自由宽度为 1.0m 的桥梁上安全停车，如图 4.6 所示。但是，这些半径只有在无法设置推荐值的道路上才能使用。因此，应考虑是否采取一定措施降低骑行者的速度，或者是否可以通过增加桥梁横断面面积来提供更大的空间。

极限最小半径指的是最急弯道的半径，即干燥的道路上，允许自行车以 25km/h 的速度或者小型轻便摩托车以 30km/h 的速度安全通过。而在坡度超过 30‰ 的道路上，应增加半径，参见第 2 章"道路线形设计要素"。

由于大多数桥梁都采用双向设计，因此考虑到对向交会时的道路安全性也是十分必要的，因此必须采用推荐值。

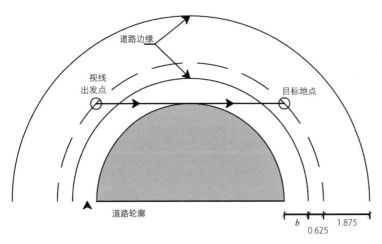

图 4.6 当外轮廓留出的自由宽度 *b* 为 0.3m 时栏杆阻挡视线的区域示意图

在会车时，通常会考虑在道路外轮廓外留出 1.0m 的自由宽度，确保足够的视野。但这种宽度一般无法在桥梁上实现，因为栏杆的高度通常高达 1.2m，可能会阻挡视线。但是，骑行者通常可以越过栏杆观察情况，视野不会受到限制，如图 4.7 所示。

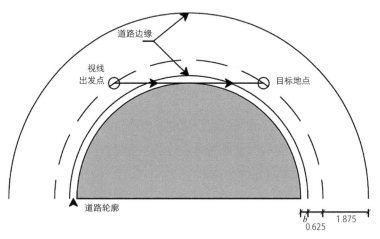

图 4.7 当外轮廓留出的自由宽度 b 为 1.0m 时栏杆阻挡视线的区域示意图

第 11.1 节，关于桥梁扶手和栏杆的设置规定

在步行道和自行车道区域，扶手必须设置为至少 1.2m 高，保护行人或骑行者不会从桥梁扶手上翻落。

资料来源：《指令》第 9428 号，2006 年 7 月 4 日

如果能在天桥上实现 1.0m 的外轮廓自由宽度范围，那么可以采用推荐半径，参见表 4.1 中的规定。否则，应考虑采用 0.3m 的外轮廓自由宽度，这对于骑行者与栏杆之间的安全性来说，是一个可靠的距离。

4.2.2 坡道和梯道的整体设计

天桥的利用率很大程度取决于使用它的方便程度。因此，为了便于所有类型的道路使用者都能够轻松地进入人行天桥，应建造坡道和梯道，并且将它们连接到道路使用者所需要使用的周围道路或者梯道。坡道和梯道应该是桥梁本身的一种自然延伸，因此，其横断面和纵断面都应在连接中进行正常的过渡。关于坡道和梯道设计的细节要求，请参阅《无障碍手册》。针对跨越车站区域的铁路桥梁，请参见《通用可操作性技术规范的要求——残障人士的无障碍设置要求》。

对于专用的天桥，设置较小弯道半径的狭窄坡道，比起整个桥梁都是梯道的结构，更容易让人接受。在这方面，应考虑到坡道的整体坡度。

坡度大的坡道会导致骑行者在上行的过程中出现摇晃，并在下行的过程中速度较快。这也就意味着骑行者将很难对突发情况和道路线形变化作出反应。因此，设计中应确保坡道上留出必要的空间，骑行者可以减速，并在必要时转弯和掉头。由于可能导致危险情况的发生，最小竖曲线半径不应与大坡度同时出现。竖曲线半径的相关事宜将在第 4.3 节中进行讨论。

4.2.3 与桥梁和道路相连接的坡道

作为道路网络中的一部分，桥梁上的道路使用者类型越多，桥梁与道路使用者之间关联性越大，道路使用者会自然而然地将桥梁视为道路网络中的一个组成部分，说明桥梁与周围环境之间的融合程度就越紧密，桥梁的使用率更高。

因此，不仅横断面和线位设置需要确保桥梁和坡道的自然过渡，其涂层的外观颜色和质感、照明、交通标志等元素也需要保证连贯性。其他设计内容相关的部分，在第 4.5 节中有更为详尽的描述。然而，如果希望将桥梁视为单独的交通元素也是可行的，但这必须以不影响交通组织或者干扰交通流向的方式进行。

如果坡道与现有道路垂直相交，形成一个 T 形交叉口，那么坡道必须以一个平坦的路段作为过渡，在与道路相交之前应保证其端部的平顺。过渡部分可以用来确保骑行者有足够的时间进行减速，同时也能确保安全骑行位置，如图 4.8 所示。

如果桥梁在其自身的线位上与一条主干道相交，通常会设置一条连接道路，以便道路使用者方便地使用桥梁。为此，需在交叉口设置附加的坡道和带自行车道的梯道。此处设置这些坡道和梯道，目的是使得道路使用者从道路到桥梁的距离尽可能短，同时应考虑到坡度不应超过建议的最大值，参考第 2 章 "道路线形设计要素" 中的规定。图 4.9 ~ 图 4.14 为不同的过渡段示例。

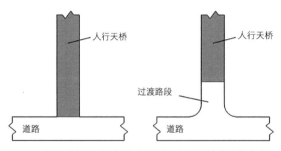

图 4.8 在 T 形交叉口相交时，设置和不设置过渡路段的方案

图 4.9　道路网络和桥梁之间的良好过渡

图 4.10　道路网络和桥梁之间的良好过渡（路面宽度、栏杆、铺装类型都延续在了斜坡上，在急弯处人行道和骑行道之间加了护栏）

图 4.11　人行道和自行车道在桥前汇合成一条共享道路，从而形成一个连接桥梁的过渡段

图 4.12　连续弯道中的道路和桥梁提供了一个良好的过渡段

图 4.13　桥梁和相邻自行车道之间的短小过渡段

图 4.14　非常狭窄的斜坡路段

4.3 竖向设计

天桥的竖向设计主要涉及坡度。天桥的坡度不应该超过道路规范中建议的坡度，参考第 2 章"道路线形设计要素"中的规定。因此，坡度、最大坡长和高差最好不要超过表 4.2 列出的推荐值。

表 4.2 坡度、最大坡长和高差的推荐值

坡度	最大坡长（m）	高差（m）
50‰（1：20）	50	2.5
45‰（1：22）	100	4.5
40‰（1：25）	200	8.0
35‰（1：29）	300	10.5
30‰（1：33）	500	15.0

（数据来源：第 2 章"道路线形设计要素"。）

出于无障碍的角度考虑，坡度应小于 50‰，确保轮椅使用者也能在桥梁上通行。70‰ 的坡度必须被视为绝对上限。对于坡度超过 40‰ 的坡道，应在桥梁或者坡道的纵向长度上，每 10m 建造一个长度为 1.5m 的平台，参考《无障碍手册》和《SBi 指令》第 230 号（2010 年建筑法规说明）中的规定，如图 4.15 所示。

如果桥梁在整体竖曲线上是一个连续的曲面，则会存在一些困难。因此，建议不要在坡度超过 40‰ 的桥梁上设置平曲线，不过通常情况下不存在这个问题。一般只有在坡道上才会出现如此大的坡度。

同样的，建议天桥的竖曲线设计标准可参考允许自行车和小型轻便摩托车通行的道路标准，见第 2 章"道路线形设计要素"中的规定。这意味着，表 4.3 即为竖曲线半径推荐值。

表 4.3 竖曲线半径推荐值

道路类型	推荐的最小半径（m）	最小半径（m）
只允许自行车通行的道路	340	175
允许小型轻便摩托车通行的道路	580	300

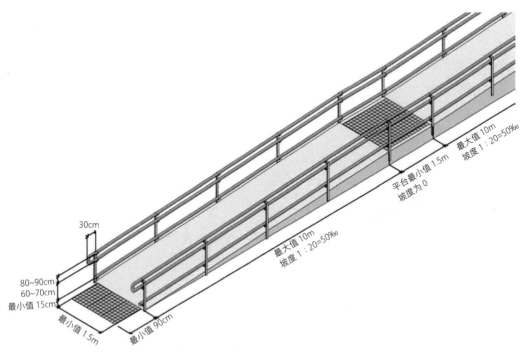

30cm

80~90cm
60~70cm
最小值 15cm

最小值 1.5m

最小值 90cm

平台最小值 1.5m
坡度为 0

最大值 10m
坡度 1：20=50‰

最大值 10m
坡度 1：20=50‰

图 4.15　轮椅坡道设计（图片来源：《无障碍手册》）

推荐的最小半径通常表示应该采用的最小竖曲线。半径的设定应考虑停车安全视距并尊重美观设计。最小半径仅能确保安全停车，只能在特殊情况下使用。桥梁和坡道的纵断面应均匀过渡，从而避免坡度的突然变化导致意外事故的发生，例如，由于坡度陡然上升而导致骑行者受到惊吓。

4.4　横断面

此章节中介绍了在不同的天桥类型下，确定桥梁的横断面时应考虑的最重要的因素，天桥类型有：

◎ 只有步行的人行天桥；

◎ 具有混行道路的天桥；

◎ 具有共享道路的天桥；

◎ 具有分隔设施的天桥。

确定不同横断面的依据，参见第12章"开阔乡村区域的道路横断面"，以及第3章"横断面"。以下列出了一些可能影响桥梁本身横断面宽度变化的因素，具体有：

◎ 道路使用者和交通类型组合数量；

◎ 桥梁的长度；

◎ 桥梁的坡度；

◎ 连通性；

◎ 停车的可能性。

4.4.1　确定桥梁宽度的一般规定

对于单一交通功能的道路类型，建议的桥梁最小宽度包含了所需的交通区域和可用空间的要求。道路使用者和栏杆之间的净距应为：骑行者 0.3m，行人 0.15m，参见第17章"交通区域的设计基础"。

建议的桥梁最小宽度指的是对向道路使用者可以正常通行的宽度，而不是同向的两个道路使用者并行的宽度。考虑通行特性或流量大小，需要道路使用者能够并排通行，那么应根据极限最小宽度的标准，考虑增加横断面的最小宽度。

4.4.2　只有步行的人行天桥的宽度

人行天桥通常只设置梯道作为连接路径，这也意味着从设计上来说应满足行人的需求。因此，对于此类天桥来说，其一般净宽为 1.5m，能够允许两个对向而行的行人可以同时通过。针对跨越车站枢纽铁路的桥梁，最小净宽必须为 1.6m，请参见《通用可操作性技术规范的要求——残障人士的无障碍设置要求》。图 4.16 是为学龄儿童建造的带楼梯的人行天桥。

针对已经设置了坡道的人行天桥，建议将轮椅使用者或电动滑板使用者视为正常尺寸设计下需兼顾的道路使用者。考虑这一要求以及侧向空间要求，桥梁最小净宽需达到 2.2m，参考第17章"交通区域的设计基础"，该横断面如图 4.17 所示。

图 4.16　为学龄儿童建造的带楼梯的人行天桥

采用坡道作为连接路径的人行天桥很有可能也会被骑行者使用，这也应该纳入设计考虑范围内。

4.4.3 具有混行道路的天桥的宽度

在一条混行道路上，行人和骑行者将同时通行。这意味着，人们可以骑带有拖车的自行车或者货运自行车，它们会比轮椅略宽，同时速度也会更快。两辆货运自行车或者一辆货运自行车和一位轮椅使用者或者拐杖使用者必须能够同时相向而行。一位拐杖使用者和一辆货运自行车同向而行需要的宽度最大，因此，这种通行状态对桥梁的净宽设计起到了决定性作用。

因此，一座天桥如果设置了混行车道，则其最小净宽必须达到 3.0m（图 4.18），参考第 17 章"交通区域的设计基础"，从而确保慢速和快速道路使用者均能安全通行。这同时也符合双向自行车道的规则，参见"关于沿道路建造双向自行车道"的规定。图 4.19 中桥梁已经具有足够的宽度，但是当有大量道路使用者交会使用时，看起来仍然很窄。图 4.20 中桥梁的宽度合适，足以确保行人和骑行者的通行安全。

4.4.4 具有共享道路的天桥的宽度

具有共享道路的天桥指的是为行人和骑行者提供单独通行区域的道路，通过道路使用者可以穿越的标线进行区分。因此，如果必要的话，道路的整体宽度也可以作为转弯空间，例如两位相向而行的轮椅使用者可以顺利通过。

然而，桥梁的横断面还应该在宽度上允许同向而行的道路使用者在大多数情况下都能够顺利通过，也就是说，两个普通行人应该能够同时在人行道区域顺利通过，且两个骑行

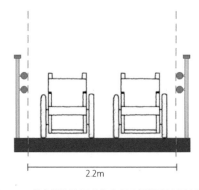

图 4.17　考虑轮椅使用者的人行天桥的建议最小净宽

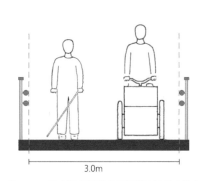

图 4.18　具有混行道路的天桥的建议最小净宽

图 4.19 3.0m 宽的混行道路，带墙式护栏

图 4.20 5.0m 宽的混行道路，带轻型栏杆

者也能够同时顺利在自行车道区域通过。因此，人行道和自行车道区域的净宽分别应不小于 1.5m 和 2.5m，也就是说整个通行区域的净宽应该达到 4.0m（图 4.21），参考第 12 章"开阔乡村区域的道路横断面"。

在道路上采用分隔标线进行区分的设置方式能保障各类使用者灵活穿越使用整个区域，此外为了确保视觉障碍的行人通行，步行道和骑行道之间的分隔带必须具有触觉上的特征，从而与普通地面进行区分，如图 4.22 所示。

4.4.5 具有分隔设施的天桥的宽度

如果步行道和自行车道之间存在物理隔离，例如，在两者之间架设栏杆或者路缘石，那么应采用以下步行道和自行车道的宽度标准：步行道的最小净宽为 2.2m，自行车道的最小净宽为 3.0m。这可以确保两类道路使用者在各自的道路上都有足够的空间可以顺利地相向而行。因此，整体通行区域的空间最小净宽应达到 5.2m（图 4.23）。

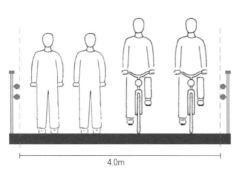

图 4.21 具有共享道路的天桥的建议最小净宽

图 4.22 3.0m 宽的步行道和 4.0m 宽的自行车道的共享道路

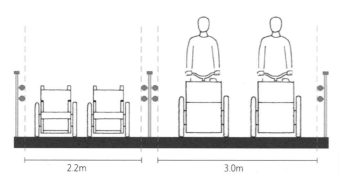

图 4.23　具有分隔设施的天桥的建议最小
净宽

　　在通过栏杆之类的物理隔离设施进行分隔的道路上，骑行者可能会因为无法穿越隔离设施使用其他道路使用者的区域而选择放弃使用桥梁。因此，在采用分隔设施的天桥上，尤其重要的是应设置清晰且明确的标志或其他指示牌，对每个部分的用途进行说明，即行人使用区域和骑行者使用区域。步行区域可以设置阻车设施，阻止骑行者使用这部分区域。然而，这些阻车设施不能阻碍轮椅使用者在桥梁上的顺利通行，具体如图 4.24 所示。

图 4.24　具有 3.0m 宽的步行区域和 4.0m 宽的骑行区域的分隔道路（道路的两个部分被一个中央分隔带物理隔离，分别供行人和骑行者使用）

4.4.6   交通流量

桥梁的建议最小宽度，是基于交通分布和流量预测进行确定的。实际通行能力需要根据桥梁的尺寸进行计算，参见第 20 章"通行能力和服务水平"。

如果预测使用量较大，那么应考虑增加桥梁的宽度来避免出现拥堵现象。同时，如果仅在部分时段出现大量行人，桥梁的设计也应该考虑这一部分的需求。尤其是车站、商场、学校等区域，交通流量往往会在短时间内达到一个高峰状态。

行人可能会并排通行，在桥梁设计的过程中也应考虑这个问题。通行者的数量以及各个时间内的流量分布与不同的道路类型相关。例如，两个最常见的类型——混行道路和共享道路，每种类型都有它的优缺点，在设计阶段应该进行权衡。

混行天桥提供了相当大的灵活性，适合在不同类型交通流情况下使用。缺点是可能会导致部分道路使用者觉得拥挤和不安全，例如，道路上突然出现了很多骑行者，可能会导致行人觉得不舒服。

即使存在大量的使用者，具有共享道路的天桥和具有分隔设施的天桥都提供了相当大的安全感。但是缺点也很明显，尤其是针对设置了分隔设施的天桥，特别是高峰时段，桥梁空间利用方面缺少灵活性。

4.4.7   桥梁的长度

桥梁的长度也会影响它应该具有的宽度。桥梁较长时，由于各类道路使用者的速度不同，因此需要考虑到超车的需要。这就意味着，长桥在其宽度上必须确保实现超车的可能性。

在一座具有相当长度的桥梁需要进行改造时，本节不可能提供确切的解决办法，但在任何情况下，都应考虑桥梁的长度导致对横断面需求的增加。尽管没有可参考的明确指南，但在非常长的桥梁上，应该考虑设置休息区的可能性。如果不考虑其他因素，桥梁的坡度以及桥梁是否有附加休闲功能，都应该纳入考虑范围。

4.4.8   桥梁的坡度

桥梁所设置的坡度不应比道路规范中所要求的更大，参见第 4.2 节中的规定，但是坡度对横断面尺寸的选取会有影响。较小的坡度对桥梁上的交通拥堵影响不大或几乎没有影响。反之，较大的坡度则可能会导致慢速和快速道路使用者之间的速度差异更为明显，比如骑行者，他们在骑行过程中会出现左右摇晃。

因此，在设计桥梁时，应考虑坡度是否会影响到道路使用者的行为，包括骑行者对道路的需求也会受此影响，从而导致桥梁整体宽度的增加。

4.4.9 宽度变化

由于桥梁在建造的过程中，存在一些设计和结构的偏差或者其他物理因素，这对道路使用者的行为也存在影响。但是，重要的是在规划和设计时，就必须确保这些因素不会给道路使用者带来危险或造成损失。

如果道路使用者被迫需要转向，或者必须绕过结构部件阻碍时，需要在横断面宽度上进行加宽，以提供足够的空间，比如道路使用者的彼此避让需要。此外，必须提供必要的安全通行距离，具体如图 4.25 所示。

4.4.10 桥梁沿线的停靠点设置

在确定横断面时，应考虑在桥梁上设置停靠点。如果该桥梁还提供特殊的使用功能，例如提供观景平台，或者桥梁本身非常长，那么应考虑设置停靠点。

在水上的桥梁也会吸引垂钓者，因此在设计阶段就应将这一点考虑在内。桥梁上用于停靠的区域应与通行区域进行区分。

图 4.25　边缘变窄，对机动车区域和安全距离提出了要求

4.5　与几何设计相关的其他布局要素

本节中介绍了许多特定几何条件之外的其他布局要素，这些要素在人行天桥的设计中也是必不可少的，且与常规的自行车道规划有所区别。

4.5.1　扶手栏杆

对于桥梁来说，栏杆是非常重要的组成部分。无论是身体上还是心理上，它都能为使用者提供安全屏障，保护其不会从桥上坠落。因此，确定栏杆的正确高度以及结构十分重要。栏杆的设计应为道路使用者提供安全感和稳固感。许多新型桥梁喜欢强调轻盈感，导致其栏杆设计也变得十分单薄。但在设计阶段应考虑道路使用者对栏杆的感受，也许可以将轻盈的新型桥梁设计得比普通桥梁更宽一些。

很多情况下，桥梁可能只设置了栏杆，尤其是较为狭窄的桥梁，这意味着骑行者和小型轻便摩托车驾驶者可能存在正面碰撞栏杆的风险，或者可能在错误的一侧通行。这会导致严重的交通事故，因此，桥梁两端的栏杆应设计为"八"字形，从而为桥梁和坡道之间提供一个良好的过渡，如图 4.26 所示。

栏杆的高度必须设计为 1.2m 以上，以防止道路使用者坠落。同时，栏杆上不应设置任何结构部件使得儿童容易或者吸引他们爬上栏杆，因为这会造成严重的坠落事故。

图 4.26　坡道和桥梁之间的"八"字形过渡栏杆

第 11.1 节，关于桥梁扶手和栏杆的设置规定

在步行道和自行车道区域，扶手必须设置为至少 1.2m 高，保护行人或骑行者不会从桥梁扶手上翻落。

资料来源：《指令》第 9428 号，2006 年 7 月 4 日

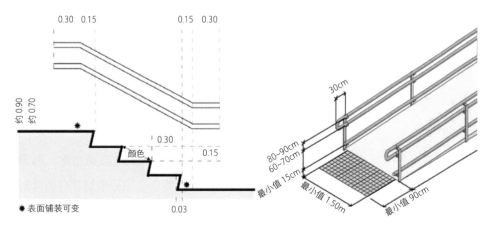

图 4.27　扶手的设计原则（图片来源：《无障碍手册》）

对于行走困难的人群，应设置上下两层的扶手，下层扶手高度约为 0.7m，上层扶手高度约为 0.9m，具体可参见《无障碍手册》，可访问"道路规则"网站进行查询。扶手的设计原则见图 4.27。

栏杆的高度设计必须确保安全性和通透性之间的充分平衡。最小高度为 1.2m，但是如果是骑行者数量较多的路段，可以设置更高的栏杆。除非栏杆是透明的，否则，从通透性的角度来说，不推荐在桥梁上设置高于 1.4m 的栏杆（图 4.28）。对于横跨铁路线路且带有车道的桥梁，除非建造有其他足够可靠的保护屏障，否则栏杆的高度应设置为 1.8m。

其他因素，例如栏杆和桥梁表面是否存在空隙、立柱之间的距离以及材料的选择，在很大程度上都会反映在使用者对桥梁的感觉和评价上。而栏杆上一定不能存在过大的缝隙或者漏洞，否则，儿童或者宠物可能会从中穿过而坠落。

除非栏杆下边缘与桥梁是完全连接状态，否则应设置一个 8~10cm 高的地袱。地袱可以防止物体从桥梁上滚落，比如桥梁上的物体，包括雪和冰，不会被桥梁使用者意外踢落而给桥梁下方的道路使用者带来危险。

图 4.28　简易栏杆（扶手的位置过高）

第 11.2 节，关于桥梁扶手和栏杆的设置规定

　　使用的部件必须为夜光栏杆竖向立柱，彼此的最大间距为 120mm，或者其他更紧密的结构。

资料来源：《指令》第 9428 号，2006 年 7 月 4 日

4.5.2　铺装

　　铺装的选择应考虑相邻道路的面层，以便尽可能地让桥梁的过渡更自然、明确。比如，桥梁的铺装应与相邻道路的颜色和表面结构相一致。然而，也必须确保在桥梁的既定坡度下，表面能够提供足够的摩擦力。

　　桥梁道路上，经常使用的是特殊类型的沥青铺装或塑胶铺装，这一面层铺装能与沥青路面更好地融合。它们的表面一般比较粗糙，可以为来自其他道路的使用者提供必要的摩擦力，也能从外观上引起他们的注意。

　　同时，也存在一些没有铺装的混凝土桥梁和木桥，例如，在自然景区应考虑与森林景观的协调性。但是，在潮湿环境下，木桥通常会变得湿滑，这对行人和骑行者的安全通行来说，都是一个问题。但是，可以通过增加桥面铺装纹理或者在木料上采取更多防滑措施来降低这一风险。

　　桥梁表面也可以设计为钢格栅结构。至于木桥，并非必须进行排水处理，因为雨水一般会直接流过。但是钢格栅桥梁由于能够透视，可能会导致部分道路使用者产生不安全感。视觉障碍人士也可能很难在钢格栅桥梁上使用盲杖，同样的，宠物和穿高跟鞋的行人，在这类桥梁上行走可能也会存在麻烦。

　　出于桥梁结构的防水性考虑，砾石和瓷砖表层不适合在桥梁上铺设。此外，这样的结构还会给桥梁增加不必要的荷载。坡度较大的桥梁和坡道需重点考虑表面铺装的摩擦力，如图 4.29 和图 4.30 所示。

4.5.3　排水

　　对桥梁进行充分的排水是十分重要的，以便确保桥面区域内没有

图 4.29　从沥青面层过渡到具有良好摩擦力的人工铺设涂层

图 4.30　木桥的摩擦力较差，尤其是在潮湿的环境下　　　图 4.31　直接通过桥面进行排水（桥的表面由毛毡带制成）

积水或水坑。通过足够的横向和纵向坡度来合理排水。

　　横断面的设计必须确保道路使用者不会感到不便。对于轮椅使用者来说，横断面的坡度必须是双向的且不能超过 25‰。此外，任何的排水沟 / 水槽都应设置在通行区域外。可以设计为多个排水沟，这样桥梁上的水可以顺着流到坡道，并且可以经由坡道收集到排水系统中。

　　对于某些桥梁，可以直接通过桥面进行排水，或者当桥面为非透明的材质时，可以采用毛毡带，如图 4.31 所示。

4.5.4　照明

　　必须确保桥梁获得充分的照明，但同时也必须与周围环境相协调，使得桥梁与相连的道路网络及其所在的城市区域保持同等光照水平。因此，建议对桥梁、坡道和道路采用相同的照明方式和亮度。道路标志等照明，也应包括在桥梁照明系统中。

　　光照的均匀性是十分重要的，事实证明，采用由亮至暗的过渡光是导致交通事故的安全隐患之一。对于骑行者来说，当习惯在黑暗中骑行后，突然的光照会影响骑行，特别是在骑行速度相对较高或在陡坡和急弯上行驶时，发生严重事故的风险很高。

　　桥梁上可以设置特殊的照明设施，或者在桥梁交叉口使用灯杆照明。独立照明可以采用灯杆照明或者内置于栏杆中的灯具。但无论选择哪一种类型的照明方式，都必须符合道路规范中的要求，参见第 37 章 "道路照明设施"。

　　通常在与道路连接的位置，可采用灯杆照明的方式。桥梁上的照明，可采用内置于栏杆中的方式，因为该种照明方式更注重于桥梁景观设计以及周围环境的融合，如图 4.32 所示。

图 4.32　内置于扶手中的照明装置　　　　　图 4.33　桥梁延伸部分地面标线应贯穿整座桥梁

值得注意的是，使用率较低的桥梁往往是因为栏杆处的照明不足，因为它们遮挡了光线，也阻碍了光线按照预期的设计进行照射。

4.5.5　交通标志

人行天桥也是道路的组成部分，因此必须按照公共道路的原则设置标识，参见 M 部分"道路交通标志标线"的内容，即第 22~30 章。

周围的道路和路网决定了适用的交通规则，也适用于桥梁上的规则。因此，为了防止道路使用者产生疑惑和不安全感，必须确保桥梁上设置正确的标识。

在项目初期，应结合桥梁结构本身设置标志，并在桥梁上增加标线，这一点很重要。因为桥梁一旦建成，再对其设置符合要求的标志，将变得十分困难和昂贵。

桥梁延伸和分支部分都必须按照道路规范中的要求，采用规定的标识进行区分，同时必须沿着道路进行清晰且明确地设置，对道路使用者来说，交通标志必须设置在合适的位置且没有遮挡，如图 4.33 所示。

4.5.6　吊杆闸门

在开启式桥梁上，必须设置吊杆闸门。根据不同的桥梁长度和关闭方式，吊杆闸门可以设置在连接处或者桥梁上。在所有情况下，都应确保道路使用者能够停留，从而确保相邻道路上的交通拥堵不会加剧和混乱。

开启式桥梁一般设置在较少使用的路径上，例如运河和游艇码头。在某些地方，会由水手负责操作吊杆闸门和桥梁的开启和关闭，而在另一些地方，会设置一个桥梁管理人员。

一般来说，吊杆闸门必须确保在桥梁开启时，道路使用者不会因为进入桥梁而存在受伤或落入水中的风险。一般不利用闸门来防止行人进入桥梁，但是如果存在落水的风险，那么建议设置闸机，从而确保行人在非必要时间段内不进入。

根据不同的摆动方向，存在两种闸门类型，即水平和垂直。建议采用垂直闸门，因为这类闸门将始终处于可视状态，无论在哪种位置状态下都可以被看见。由于水平闸门通常是内外摆动的，向外摆动时，很难被道路使用者察觉，因此容易被忽视而击中道路使用者。

吊杆闸门还应设置闪烁系统，由两个彼此相邻的红色灯条组成。对于是否设置声音信号器，无特殊规定，但是对视觉障碍的行人建议使用。

> **道路标志标线使用的通告，第 227 条**
> 　　对于开启式桥梁，应设置两个并排放置的闪烁红灯，交替接通和关闭。
> 　　　　　　　　　　　　　　　　　资料来源:《指令》第 783 号，2006 年 7 月 6 日

闸门也可以设置在道路桥梁的两端，用来防止车辆驶入。设置闸门时，需要确保轮椅、电动滑板车和婴儿车可以使用桥梁。闸门应该是可以打开的，以便除雪车进入，同时，也应保证消防和救援车辆可以通行。

4.5.7　风力条件

桥梁上的风力条件也应纳入考虑范围。范围较广的横向风力可能会对桥梁的横断面以及栏杆的高度产生影响，而沿着桥梁的纵向风力则会影响骑行者的速度。在设置人行天桥的位置时，通常会有一个主风向，并且在规划中应考虑其对道路使用者可能产生的影响。

/ 第 5 章 /
道路交叉口

如图 5.1 所示，展示了交叉口中的主要几何要素。

在第 5.1~5.8 节中，详细描述了交叉口主要几何要素与自行车交通之间的关系，给出了各个元素的常规尺寸以及几何设计要素。经调查，所有环形交叉口设计要素与之相同，在第 5.4 节中列出了环形交叉口要素示意图。

5.1　车道

5.1.1　环形交叉口

为了保障安全性和可靠性，当环形交叉口有轻型交通使用者时，其相交道路应设置一条出口车道和进口车道。

当环形交叉口的进口车道或出口车道位置设置了双向自行车道时，建议自行车道与机动车道设置铺装高差。如果无法做到这一点，在距离交叉口至少 10m 处取消自行车道，此外，从双向自行车道进入交叉口的自行车，在通过交织区时，应让行离开交叉口的机动车。

5.1.2　宽度

对于自行车流量较小的进口车道，其宽度要求满足表 5.1 中所示的区间范围。一般来说，交叉口直行车道的宽度应与路段的车道宽度相同。

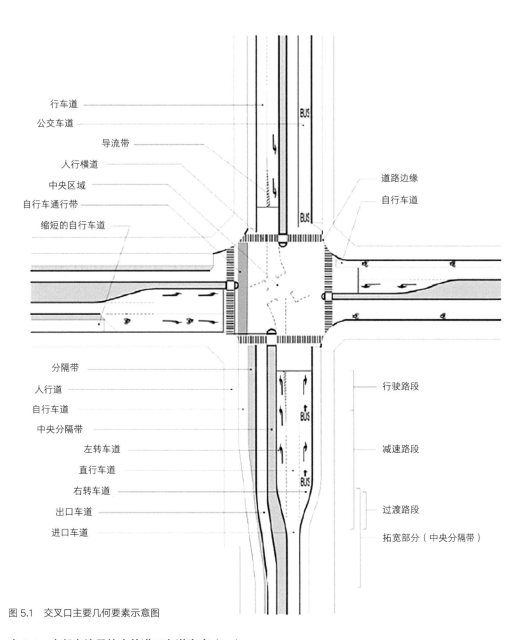

图 5.1　交叉口主要几何要素示意图

表 5.1　自行车流量较小的进口车道宽度（m）

不同情况	速度等级			
	高 （60~70km/h）	中 （50km/h）	低 （30~40km/h）	极低 （10~20km/h）
在信号灯控制的交叉口或者主干道具有优先级的交叉口的直行车道上 [3]	3.50	3.00~3.25	2.80~3.00 [1]	2.75 [1]

续表

不同情况	速度等级			
	高 （60~70km/h）	中 （50km/h）	低 （30~40km/h）	极低 （10~20km/h）
在信号灯控制的交叉口的转向车道，主干道具有优先级的交叉口的转向车道，或者环形交叉口的进口道车道[2]	2.75[1]~3.00			
在具有优先级的二级干道上的进口道车道[3]	2.75[1]~3.50			

注：[1] 两条道路之间或者道路和路缘之间的车道宽度至少应为2.75m，除非通行速度极低（10~20km/h），并且道路上大型车辆极少的情况。参见道路标志标线使用的通告，第134条。

[2] 宽度是指道路内侧边缘之间的宽度。应考虑到具有较大活动空间需求的车辆，例如长度为13.7m的公交车。

[3] 宽度不包括与转弯车道边界线的宽度和辅道的宽度（即内部和外部边界线之间的距离）。

道路标志标线使用的通告，第134条

第2节，两条车道标线之间或一条车道标线与路缘石之间的距离至少为2.75m（即车道宽度至少为2.75m）。当道路交通运行速度较低（10~20km/h）且大型车辆很少时，或设置了车辆限宽标志"C41"的道路，该宽度要求不适用。

资料来源：《指令》第783号，2006年7月6日

在速度等级为"中"特别是"高"的直行车道上，有自行车交通需求时，车道宽度应增加1.0m。

出口车道应与进口车道的宽度设置相同。在靠近交叉口的路段上，转弯位置的设计尺寸决定于通过车辆的尺寸。

图5.2为根据车道线设置的车道宽度示意图。

对于两边都有路缘的车道，路缘之间的宽度应达到3.5m。

如果交叉口区域的自行车道缩短了，则右转车道宽度应设置为3.5m（含标线部分）。这样可以保证直行的骑行者保持在右转机动车的左侧，但是这一宽度并不能使直行的骑行者感觉到他们其实可以在右转机动车的外侧行驶。

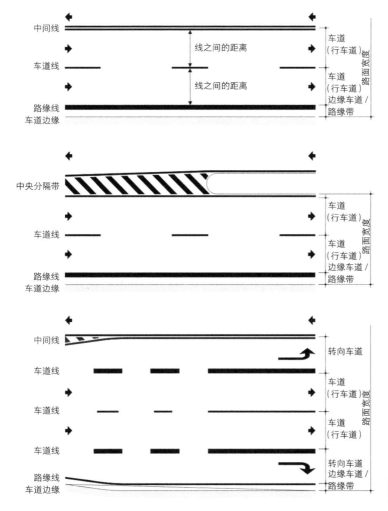

图 5.2 根据车道线设置的车道宽度示意图

5.2 公交车道

为了确保公交车能够在交叉口范围内顺利通行，在进口车道及交叉口范围内可设置一条公交车道。

公交车道的设置形式包括：

◎ 在右转车道旁设置并行车道；

◎ 与自行车和小型轻便摩托车共用的车道；

◎ 独立的直行车道；

◎ 独立的左转车道。

宽度

公交车道的宽度一般为 3.5m，最小宽度应为 3.0m。如果限速在 40km/h 或者更低的情况下，公交车道的宽度最小可设置为 2.75m。

如果道路的最右侧是一条公交车道，而不是自行车道，那么公交车道必须允许骑行者使用。在这种情况下，公交车道的宽度必须增加 1.0m，以便骑行者使用。

> **道路交通法案 第 49 条**
>
> 第 2 节，骑行者必须始终保持在道路交通通行方向的最右侧。必要情况下，可使用相邻车道超车，前提是骑行者不能右转。
>
> 资料来源：《指令》第 984 号，2006 年 9 月 5 日

5.3   自行车道

本节中的自行车道均为带有高差、铺装差异或与机动车道有显著区分的自行车道。

针对单侧或双侧设置自行车道的交叉口，为了给骑行者提供适宜的设施，应遵循以下原则：

（1）在规划交叉口的骑行路线时，应尽可能地减少弯道，在不影响整体交通条件的前提下，任何不合理的路线都应暂缓设置或取消。

（2）只有在交叉口既没有左转也没有直行骑行者的情况下，才能在交叉口内设置带有高差、铺装差异的自行车道。

（3）自行车道在进入交叉口时应平稳过渡，不应存在任何高差和不平坦的部分。如果存在高差，则应将其拆除。

5.3.1   信号灯控制交叉口的自行车道

在信号灯控制的交叉口，最佳解决方案往往取决于交叉口的设计方案以及交通流量的组成，包括右转车交通流量以及骑行者、行人的交通流量。

在信号灯控制的交叉口，最安全的解决方案是遵循"机动车和自行车无冲突通行"的调控原则。但是，这一调控原则常常受到空间布置和交通组织等因素影响，在城市区域常

常无法满足。

如果不能满足"无冲突通行"的原则，为了保证道路交通安全，最好能为机动车设置一条独立的右转车道。首先，推荐采用以下两种解决方案：

（1）延长式自行车道和独立的右转车道。

（2）缩短式自行车道和独立的右转车道。

1. 延长式自行车道和独立的右转车道

在这一解决方案中，设置了延长式自行车道和右转车道，机动车的停止线应相对于骑行者的停止线后移 5m（停车等候区），如图 5.3 所示。这样可以确保右转的货车司机能够看到在停止线上等候的骑行者。

此外，自行车道应紧邻行车道设置，在靠近停止线 30~50m 范围内，不应设置任何类型的棚屋、绿化带、停车区或类似设施，一是出于交叉口的整体延续性考虑；二是为了方便右转机动车的驾驶员可以通过右侧的后视镜观察自行车道的情况。另外，建议后方设置 70m 的可视范围，从而确保卡车在穿过自行车道时，小型轻便摩托车能够在不需要使用紧急刹车的情况下及时发现卡车。可参见第 5.8.3 节"自行车道的右转可视范围"。

这种解决方案适用于自行车交通量较大的路段。

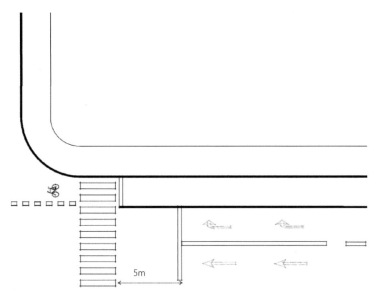

图 5.3　信号灯控制的交叉口的延长式自行车道和独立的右转车道示意图

2. 缩短式自行车道和独立的右转车道

在缩短式自行车道上，自行车道在距离停止线15~25m处中断，自行车道与右转车道需合并设置，并设置右转箭头和自行车标识，参见图5.4。

该方案允许骑行者和右转的机动车在右转车道混合通行，因此直行的骑行者可以在右转车辆的左边。

如果此交叉口对自行车交通进行独立调节，则不能采用缩短式自行车道。在这种情况下，必须将自行车道延伸至停止线。

3. 在右转车道和直行车道之间设置标线隔离的自行车道

如果希望为直行的骑行者提供更好的通行性和更大的空间，在右转机动车和右转自行车共用区域内侧设置标线隔离的直行自行车道，参见图5.5。

该方案存在右转机动车与直行自行车发生交织的可能，因此需要保证右转机动车保持较低的速度。该方案不建议在设计速度为70km/h的路段使用，设计速度为60km/h的路段也应谨慎使用。

4. 独立设置的直行和右转自行车道

如果交叉口的右转机动车数量较多，并且有足够的道路宽度，可分别设置直行和右转自行车道，并且右转自行车道应设置在机动车道外侧，不受交通信号灯的影响，参见图5.6。

如图5.7所示，直行骑行者在信号灯调控中，首先应受右转机动车信号控制，然后才应考虑一并通行的机动车。

然而，上述解决方案中应注意行人的通行条件，尤其是要保障盲人或视觉障碍者的通行。

建议将人行横道设置为穿过自行车道的形式，从而确保行人首先注意到右转的骑行者，然后注意由交通信号灯控制的机动车。

5. 直行和右转车道混用的延长式自行车道 / 标线隔离的自行车道

设置直行带右转车道混用的延长式自行车道 / 标线隔离的自行车道的形式，通常被认为是交通安全性较差的解决方案，不推荐在新建道路使用。

在既有的交叉口和无法保证安全的新建道路中，采用此方案时，应尽可能地降低右转机动车带来的事故风险。

与延长式自行车道和独立右转车道的解决方案类似，降低此种事故风险的方法包括将机动车的停止线后移5m，参见图5.8。

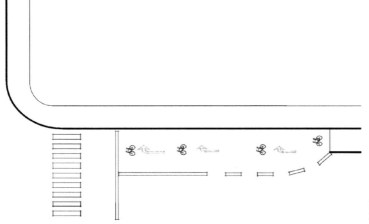

图 5.4　缩短式自行车道和独立的右转车道示意图

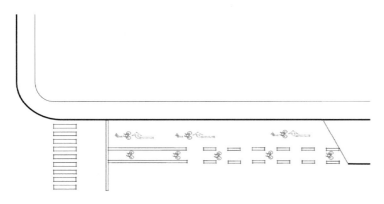

图 5.5　在设置有独立右转车道并且由信号灯控制的交叉口，设置一条标线隔离的直行自行车道示意图

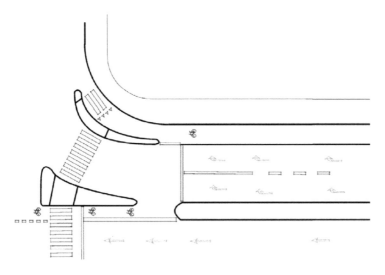

图 5.6　在设有右转专用机动车车道的信号交叉口，对直行和右转自行车进行控制的设计方案示意图

图 5.7   通过自行车设置分车道的形式，设置直行带左转和右转自行车道示例

此外，自行车道设置应紧邻车行道，设置在靠近停止线 30~50m 范围内，不应放置任何类型的棚屋、绿化带、停车区或类似设施，一是出于交叉口的整体延续性考虑，二是为了方便右转机动车的驾驶员可以通过右侧的后视镜观察自行车道的情况。

另外，建议在此位置后方设置 70m 的可视范围，从而确保卡车在穿过自行车道时，小型轻便摩托车在不需要使用紧急刹车的情况下能够及时发现卡车，参见第 5.8.3 节，自行车道的右转可视范围。

机动车驾驶员和骑行者都需要相互注意，例如，在骑行者数量很少的情况下，则可以采用图 5.9 所示方案，即带有高差的自行车道在交叉口前的 20~30m 处中断，并转变为较窄的采用标线隔离的自行车道（宽度为 1.2~1.7m）。

穿过交叉口的自行车道和自行车通行带都应标记自行车标识"V21"。对于机动车驾驶员来说，所有车道的停止线都向后移了 5m。

这使得骑行者和机动车驾驶员距离较近，并且自行车和机动车在同一高程中，此时，需要右转的机动车驾驶员可以从后视镜中看到骑行者，且后移的停止线也保证了驾驶员在绿灯亮起时能够看到骑行者。

图 5.8 和图 5.9 所示方案的另外一种形式是将机动车停止线后移 1~3m，同时为骑行者提供一个停车等候区。它能够在提供等效的安全性和可靠性的同时，提高交叉口的通行能力。

能够改善通行能力的原因是，骑行者通过绿灯等待区，不影响右转机动车行驶，同时缩短了交叉口各个方向的通行时间。

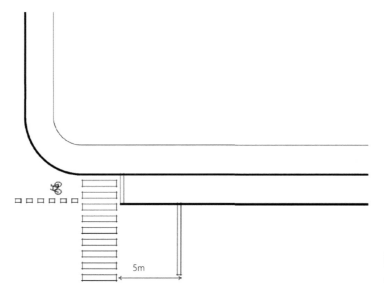

图 5.8　直行和右转车道混用的交叉口，采用延长式带有高差隔离的自行车道以及后移了机动车停止线的设计方案示意图

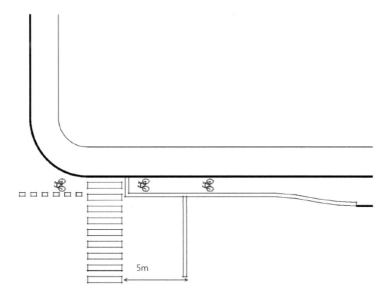

图 5.9　在进入带有交通信号灯调节的交叉口时，将带有高差的自行车道取消变为较窄的采用标线隔离的自行车道，且机动车道停止线后移的设计方案示意图

5.3.2　自行车通行带

通过在交叉口设置自行车通行带也是降低骑行者交通事故风险的合理措施。但是，穿行交叉口的自行车通行带必须谨慎设置，只有存在特殊需求时才能采用穿行交叉口的自行车通行带。

5.3.3　出入口

无论采用哪一种解决方案，都应尽量避免在交叉口区域中设置出入口。

5.3.4　无信号灯控制交叉口的自行车道

在无信号灯控制的交叉口，交叉口处的自行车道可以中断也可以连续（与交叉口的侧边小道进行连接），参见图 5.10 和图 5.11。

如果出于对骑行者的安全考虑，那么几乎不需要在这两种原则中进行选择。在任何情况下，采用与交叉口侧边道路相连的方式都是安全的。而对于小型轻便摩托车驾驶员来说，中断式自行车道则是最安全的。

如果自行车道在穿行交叉口时，采用连续式自行车道（图 5.11），那么在进入交叉口之前的 30~50m 处，自行车道应紧邻行车道设置，以便右转机动车的驾驶员可以通过右侧的后视镜观察后方的骑行者。另外，为保证机动车穿行自行车道时，易被小型轻便摩托车发现且不用紧急刹车，建议设置 70m 的可见范围，参见第 5.8.3 节。

通常情况下，考虑到骑行的连续性，主要道路上的骑行者在穿过次要道路不应被要求让行。但在特殊情况下，可以通过后移或者改建自行车道等方式，重新设置道路通行权。此外，后移的自行车道与路口之间的距离应尽可能大，其距离应至少达到 10~40m，从而确保穿过次要道路的后移自行车道不会被视为交叉口的一部分（自行车道后移示意图参见图 14.5）。

然而，在城市区域，由于道路空间条件有限，将严重限制后移式自行车道方案的设置。

图 5.10　中断式自行车道

图 5.11　连续式自行车道

5.3.5 环形交叉口

在环形交叉口，自行车道应尽量设置在靠近车行道的位置。自行车道应该沿着进口车道一直延伸到交织区，从而确保骑行者免受右转机动车的影响。

5.3.6 双向自行车道

通常应避免在交叉口范围内设置双向自行车道。

然而，如果双向自行车道必须通过交叉口，应进行信号灯控制或设为环形交叉口。图 5.12 示意了包含双向自行车道的环形交叉口。重要的是，双向自行车道上的转向车道应该与环形交叉口的转向方向一致。不应让驶离交叉口的机动车驾驶员认为骑行者为转向的机动车让行。

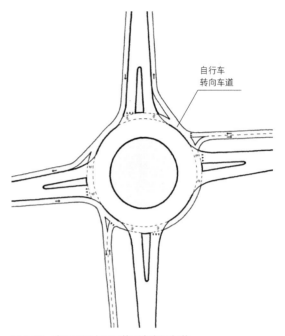

图 5.12 穿行环形交叉口的双向自行车道

此外，同样重要的是，双向自行车道应延伸至交叉口。如果在双向自行车道的出口道设置安全岛并增加右转自行车转向车道，对于骑行者来说更安全。

关于在道路上设置双向自行车道的通知（节选）

b）城市地区的双向自行车道

2）必须在自行车道和机动车道之间设置隔离带。除非对道路使用者采取了特殊的保护措施，例如栅栏、防撞护栏或类似措施，否则，隔离带的宽度至少应达到 1m。

3）在侧道上设置右转车道能够为道路使用者提供更好的安全保护。在设置右转车道时，与机动车道之间的隔离带的宽度可以缩减至 0.5m，或者采用路缘石替换。在信号灯控制的交叉口，隔离带的宽度应根据实际情况进行缩短。

4）在道路交叉口，第 2）点中涉及的隔离带宽度不应超过 6m。交叉口必须留有足够的空间，从而确保驾驶员能观察到骑行者，并确保骑行者顺利通过。

7）如果主要道路的双向自行车道与次要道路相交时，且主要道路的双向自行车道上的交通量较大，那么双向车道可以直接穿越次要道路。这一穿越方式不能在信号灯控制的主干道交叉口使用。

资料来源：CIR 第 95 号，1984 年 7 月 6 日

关于在道路上设置双向自行车道的通知（节选）

c）信号灯控制的交叉口的双向自行车道

2）当双向自行车道位于机动车道的右侧且该处存在右转车辆的交通需求，同时，两种类型的道路使用者对绿信号灯存在一定时间的共用，那么双向自行车道的宽度必须至少为 3m，可能设置的与机动车道之间的隔离带最大宽度为 0.5m。

4）可以通过为右转机动车或自行车单独设置相位的方式，解决右转机动车和对向自行车以及左转机动车和同向自行车之间的冲突。如果上述情况均不适用，则必须为转向的机动车设置一条机动车道，且直行机动车禁止使用这条车道。此外，必须对所有情况下可能出现的冲突做到充分了解。在任何情况下，都必须设置明确的交通标志和标线，自行车道的照明至少应满足 1979 年 9 月 26 日关于道路照明的通知中第 2.1.7 条第 4 段以及第 2.2.4 条的规定。后续将增加自行车道区域彩色涂层的详细规范。

资料来源：CIR 第 95 号，1984 年 7 月 6 日

更多关于穿越信号灯控制的交叉口的双向自行车道的细节信息，可参见第 36 章"交通信号"中的说明。

5.3.7　带有高差的自行车道的连接坡道

带有高差的自行车道需要通过平滑等形式设置坡道与道路进行相连。因此，在道路和带有高差的自行车道之间应该平顺过渡消除高差。如果在这些位置存在高差或类似障碍物，则应该被移除。

5.3.8 标识等

在自行车道中断处，需要特别注意骑行者和驾驶员可能存在冲突的路段，可采用宽虚线标记自行车道，并辅以自行车标记。

道路标志标线使用的通告，第 160 条

　　第 1 条　在具有指定让行义务或者右转让行义务的情况下，不得为骑行者和小型轻型摩托车设置自行车带。

　　第 2 条　自行车带必须使用宽虚线进行标记。自行车带的左侧边界必须标记至与横向道路交叉的终点部分。但是，如果自行车带使用蓝色标记，那么该虚线可以省略，并且自行车带将直接延伸通过交叉口。

　　　　　　　　　　　　　　　　　资料来源:《指令》第 783 号，2006 年 7 月 6 日

在交通量大或者有骑行者需要明确路权的情况下，除了宽虚线标记之外，整个自行车通行带都可以使用蓝色标记。这一点也适用于在次要道路上的双向自行车道。

但是，应谨慎使用蓝色自行车通行带。针对蓝色自行车通行带对自行车安全影响的分析显示，在交叉口建立多个蓝色自行车通行带会降低道路安全性。双向自行车道的标记在第 22~30 章的"道路交通标志标线"中有详细说明。

自行车道上的连续上坡和下坡路段，尤其是 T 形交叉口，应设置清晰的标线，从而保证对向的道路使用者在黑暗中也能清晰地看到坡道的位置和宽度。图 5.13 显示了此类坡道的示意图。

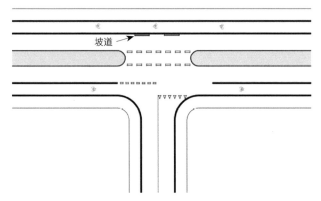

图 5.13　自行车道与 T 形交叉口处的进出坡道示意图

5.4　环形交叉口的几何要素

在城市区域应尽可能采用小半径的中心岛。主要原因是：

◎ 中心岛半径能保证机动车顺利进行转向，留有足够的车道宽度。

◎ 车道的宽度不仅满足环形交叉口中各道路使用者的使用要求，也要保证机动车能够在交叉口顺利通行。

考虑到轻型交通使用者的安全性和可靠性，每条相邻车道均只设置一条进口车道和一条出口车道。设有中心岛的小型环形交叉口，允许大型机动车部分或全部通行，称为迷你型环岛。环形交叉口的几何要素见图 5.14。

根据设计通行能力可设置双车道环形交叉口。如果有骑行交通的需求，任何情况下机动车进口道都不能超过一条。

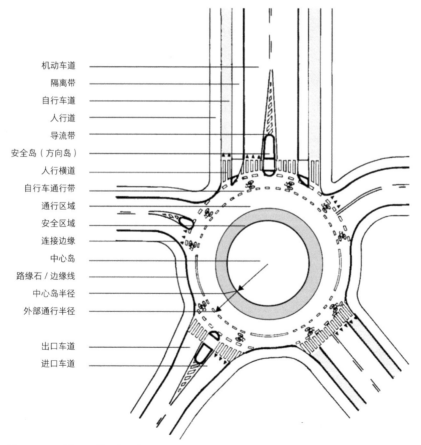

机动车道
隔离带
自行车道
人行道
导流带
安全岛（方向岛）
人行横道
自行车通行带
通行区域
安全区域
连接边缘
中心岛
路缘石 / 边缘线
中心岛半径
外部通行半径

出口车道
进口车道

图 5.14　环形交叉口的几何要素

5.4.1　中心岛

环形交叉口的中心岛通常为圆形，即圆心为相邻道路的中心线相交的中心点。如果中心线无法在同一点进行交叉，那么中心点应设置在不同交叉点之间的中间位置。

如果中心岛的形状特殊为椭圆形时，短轴和长轴之间的比例应至少为 3/4。中心岛半径应在 5~10m 之间。如果半径明显大于 10m，那么环形交叉口对于交通压力的缓解效果将会降低。

因为较小半径的中心岛无法为车辆的转向提供足够的空间，不能保证车辆快速通行，特别是迷你型环岛的中心岛，当其半径小于 5m 时，中心岛容易被忽视，并且可能引起驾驶员不恰当的转向操作。当五条或更多条道路相交时可能存在锐角交叉口，交叉口设置时需要考虑车道最大宽度、车辆的使用性要求等因素，且存在交叉口设置两条车道的情况，因此需要较大半径的中心岛。

为了保证车辆进入环岛后顺利通行，中心岛和进口车道的尺寸设计应使得入口处和环岛内的骑行速度相互协调，从而确保道路使用者可以准确判断在环岛中的行驶速度。

中心岛的设计要保证所有道路使用者能够清楚地看到交叉口。同时，中心岛的高度和形式不得遮挡通行区域和最近的进口道车道的视野。在所需的视线区域内，如第 5.8 节中的说明，中心岛比相邻路面的高差宜在 0.5~0.75m 之内。在视野范围外，应有意识地通过绿化等方式对中心岛进行造型，但是此种方式将会打断（通行者的）视线。设置在中心岛最外部的设施应该符合要求。

考虑到排水和舒适性的要求，环形交叉口区域应设计在同一水平面之上，任何地形高差的变化都应按照交叉口规范要求，在交叉道路上解决，请参阅手册第 2 章 "道路线形设计要素"。

5.4.2　通行区域

通行区域应设计为机动车道，其宽度应符合该区域对车道的尺寸要求。

为了确保小型机动车能够以合理的低速在环形交叉口通行，应将最靠近中心岛的通行区域部分设计为安全区域，可以使用不同的涂料，并与通行区域的其余部分之间设置一个 4~5cm 高度差的斜面坡，或者与行车道相比，对该车道采用具有颠簸感的铺装材料。

根据车辆尺寸对转弯半径的要求，以及车辆在环形交叉口所需的最大转弯面积，进行整体通行区域的设计。常规车辆所需面积一般按照小客车的弯道面积需求进行计算，如果考虑公交车通行，则应根据公交车对弯道面积需求进行计算。在某些情况下，长度为

13.7m 和 15m 的公交车对弯道面积的要求可能会比半挂车更大。

在设置带有高差或铺装隔离的自行车道或标线隔离的自行车道的路段，宽度至少应达到 1.7m，包括路缘石或边缘线。

为了确保中心岛的可见性和排水顺畅，中心岛周围应设置坡度为 25‰的横坡。如果车道区域的内部被设置为安全区域，那么这一坡道的坡度应为 60‰，从而确保其能够与其他车道区域清楚地区分。

这一点同样适用于迷你型环岛的中心岛。但是必须确保地面距离车辆底盘的间距达到 10cm，从而避免与中心岛地面发生擦碰。

5.4.3   人行横道和自行车道

通常应将人行横道和自行车道或标线隔离的自行车道设置在靠近通行区域的路段。沿进口道和出口道的路段，自行车道应设置相应的自行车通行带延伸至通行区域，从而避免骑行者受到右转机动车的威胁。

转弯进口车道应设置在人行横道之前。

将步行区域和 / 或自行车道后移，要考虑到通行区域中可能存在的、不可预见的车辆行驶中带来的风险，可参考在双向自行车道通过环形交叉口时的相关特殊设计条件要求。

如果有必要，此交叉口处步行区域和骑行道的后移距离应至少为 10~40m，出于道路安全的原因，自行车交通必须给相关路段的机动车辆交通让行，可以通过设置减速带或闸门等方式辅助实现这一目的。后移的人行横道和自行车道将不会被视为环形交叉口的自然组成部分，也不需要遵守环形交叉口的通行条件要求。

如果后移距离过大，可能存在风险，因为骑行者可能会直接使用机动车道直行而不使用后移自行车道来通过交叉口。因此，重要的是确保后移的自行车道能够被视为常规自行车道的部分。

环形交叉口上发生的事故数量，尚不足以提供相关信息，供设计人员在"独立设置的自行车道""施划标线隔离的自行车道"或"不设置自行车道"这三者之间作出选择。

在自行车道上设置路缘边界（例如物理隔离、铺装或者路缘石等）的依据如下：

◎ 为骑行者提供更高的安全性；

◎ 减少机动车出现交通拥堵的风险；

◎ 减少自行车抄近道的可能性；

◎ 使得沿着一条或多条道路设置自行车道线形更自然；

◎ 更窄的设计和外观，从而降低机动车的速度。

在机动车交通流量少的路段，自行车道和人行道的高程可以保持与机动车道一致，参见第 5.5 节。

如果在环形交叉口设置自行车道或设置标线隔离自行车道，则应在未设置自行车道的交叉道路上，设置一段延伸自行车道。设置延伸自行车道对交叉口进口道尤为重要。

如果骑行者数量较多，并且地形和空间条件允许，机动车交通和自行车交通可以在其各自平面通行，参见图 5.15。

图 5.15 双层环形交叉口

5.4.4 标记、照明和绿化

环形交叉口的标记将参照本手册中的车道标线标记（第 32 章），道路交通标志标线（第 22~30 章）以及自行车道上的路线指引（第 31 章）中的规定进行设计。将既有交叉口改为环形交叉口时，必须在改造后的一段时间内，在原主要道路上放置警告标志。参见本手册中临时性道路标志（第 30 章）中的规定。

如果通行区域内存在自行车道或标线隔离的自行车道，那么应在道路上标记自行车通行带。自行车通行带必须包括一条或两条自行车导向线（导向线为虚实线，线段和间隔长度为 0.5m）。此外，必须在进口和出口车道设置驾驶员都能清楚看到的自行车标识。

道路标志标线使用的通告，第 160 条

　　第 3 条　自行车通行带上必须始终标记自行车标识"V21"。

资料来源：《指令》第 783 号，2006 年 7 月 6 日

除了其他因素外，由于存在发生单一事故的风险，针对道路照明的位置和类型也应该进行特殊选择，根据本手册中的道路照明规则确定。在环形交叉口的建设计划中进行整体考虑，也应考虑到交叉口的实际情况。

5.5　平面交叉口

设置平面交叉口处，一般中央隔离带或人行道需要连续，将其作为人行道或自行车道在主干道上的延伸段。平面交叉口的高程必须比主要道路的水平面略高，且与人行道、自行车道或隔离带的高度保持一致。

对次要道路的交通来说，因为存在高差，通过平面交叉口时，需要与机动车道之间设置连接坡道。延伸段可以采用人行道铺装，也可以采用具有明显区分度的铺装涂层。在适当情况下，也可缩小次要道路的路口宽度。在这种情况下，可以省略设置道路优先级的标志，参见本手册中的第24章"让行标志"的内容。

此类设计的实例参见图 5.16。

平面交叉口和主要机动车道路之间的高度差应为 10~12cm，为了对右转机动车起到有效的减速效果，坡道坡度应达到 300‰。但是，从骑行者和轮椅使用者的角度来说，坡道坡度应尽可能小，参见表 5.2。次要道路与机动车道之间的高差应尽可能更小，同时适用于骑行者的坡道坡度可以采用表 5.2 中给出的数值。

考虑到骑行者的舒适性，自行车道路面必须确保平整。同样的，对于行人来说，人行道上的路面也必须保持平整。因此，应避免在自行车道和人行道上使用鹅卵石作为路面材料。

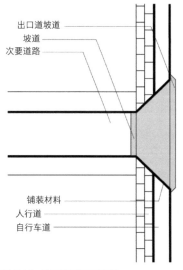
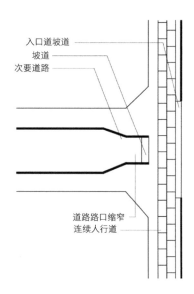

图 5.16　平面交叉口示意图

表 5.2 适用于骑行者的交叉口连接处的坡道坡度限制值

坡道高度（cm）	坡道坡度（‰）
6~8	300
8~10	200
10~12	150

5.6 轨道交叉口

轨道交叉口，即轨道和机动车道或自行车道之间的交叉口，从骑行者的角度考虑，斜交时的交叉角度应设计为 80°~120°。

5.7 排水

交叉口应进行有效的排水，尤其是针对行人和骑行者来说，一是因为机动车经过可能会造成飞溅，二是为了保证通行安全。排水功能应作为交叉口设计中的一部分。必须确保道路的横坡度足够大，使水流在路面快速流动，并且雨水口应设置在道路最低点，且不能设置在人行道内。

5.8 交叉口的可视范围

本章中，主要从次要道路停车位置和主要道路的左转和右转情况这两个方面，介绍了交叉口的视距需求。针对环形交叉口的特殊条件，将在本节末尾的第 5.8.4 节中进行详细探讨。

对于新建交叉口，应根据具体情况确定可视范围边界、视距等要素。在现况街道和道路上，视距的确定与停车场、建筑物、道路区域内的固定物体等因素相关。同时这些因素对道路使用者的行为也会产生影响。因此，这些因素可能会影响可视范围的计算，包括正面影响及负面影响，但是这些因素本身也是计算可视范围的前提条件。

可视范围的确定必须按照上述要求进行，且每种情况需进行单独确定。在设计时特别需要注意的是，是否满足停车或驻车需求比是否满足视距要求更为重要。如果认为视距更重要，必须通过设置停车禁令的方式确保可视范围，也可以通过要求主要道路的使用者进行降速，确保满足交叉口的整体可视范围。

5.8.1 可视范围区域

交叉口的可视范围区域是一个三角形区域，在这一区域内，允许道路使用者穿过交叉口，并顺利到达车道，且需要确保在该区域内拥有必要的安全通行条件。

1. 道路使用权

在非信号灯控制的交叉口，可能存在指定让行义务或一般让行义务（让右义务）。指定让行义务是最符合道路使用者意愿和行为习惯的方案，从道路安全角度应优先考虑。这意味着道路交叉口的某些方向具有优先权，但需要指定主要道路和次要道路。

对于交通干道和连接道路相交的路口，交通干道属于主要道路，连接道路属于次要道路。在 T 形交叉口，直行道路属于主要道路。

只有重要性较低的地方性道路之间的交叉口上，才会考虑一般让行义务，强制要求给右侧让路。在这种情况下，可以在交叉口采取物理隔离措施来保障让右义务。

在信号灯控制的交叉口，应始终确保拥有足够的可视范围，以便保障道路使用者能够安全地穿越交叉口并到达相邻道路，最终确保道路使用者通行的安全性。

如果信号系统出现故障，采用让右义务，除非已经设置了特殊标志指定让行义务，如采用指定让行义务标志"B11"（见第 24.2.1 节）。

因此，在信号灯控制的交叉口，当信号系统出现故障时，应根据不同的实际情况，需要满足以下交通参与者的视距要求：

◎ 具有让行义务的骑行者和行人；

◎ 处于停车位置的机动车和骑行者。

2. 停止线位置的可视范围要求

在所有设置指定让行义务的交叉口中，应确保次要道路上的停止线位置拥有足够的可视范围。停止线位置应该能够看到主要道路上的机动车道以及可能设置有自行车道进口道路段。

对于设置一般通行权义务（让右义务）的交叉口，处于停止线的道路使用者应该能够看到所有进口道车道的情况。

此外，在重要的平面交叉口，例如通往商店的路段，即使是对该周边环境不熟悉的道路使用者，也应确保当他们处于交叉口停止线位置时，能够看到该处建筑。

出于道路使用安全的角度考虑，在对复杂条件下的交叉口视距范围设计时，两侧的视距范围条件应尽可能一致。

3. 设计可视范围区域的形状

针对指定让行义务的交叉口，可视范围区域由视距 l_p 和 l_s 确定，分别代表主要道路和次要道路的视距。在未设置中央分隔带和自行车道的主要道路交叉口中，可视范围示意图参见图 5.17。

在设置了中央分隔带但未设置自行车道的主要道路交叉口中，可视范围示意图参见图 5.18。

对于设置自行车道的主要道路交叉口，必须同时确保机动车道和自行车道的可视范围。如果无法满足这一要求，则必须按照道路标志行驶。自行车道的可视范围通常属于交叉口必要的可视范围区域，而重叠区域则是机动车道必须要保证的可视范围。在其他情况下，为自行车可视范围与机动车可视范围的重叠区域，具体参见图 5.19。

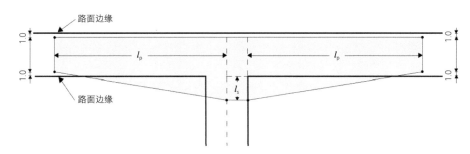

图 5.17　未设置中央分隔带和自行车道的主要道路交叉口的可视范围示意图

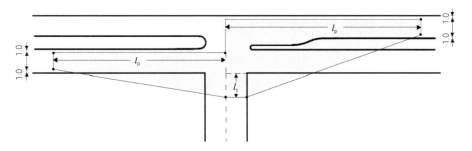

图 5.18　设置中央分隔带但未设置自行车道的主要道路交叉口的可视范围示意图

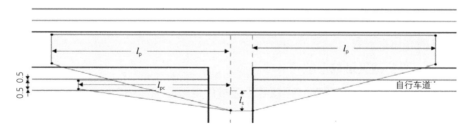

图 5.19　主要道路交叉口设置自行车道的情况下自行车与机动车可视范围重叠区域示意图

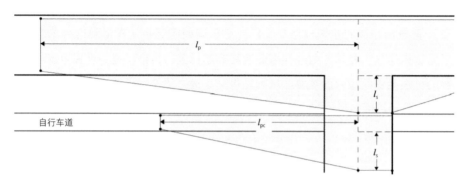

图 5.20　复杂条件下设置自行车道的主要道路交叉口的可视范围示意图

　　在无法保证足够视距的情况下，例如，在机动车道和自行车道之间的隔离带上存在大量绿化，那么对于次要道路的视距 l_s，应该从车道边缘算起，而不是从自行车道上的延续段进行计算，参见图 5.20。

　　但是，自行车道上的视野，仍然可能被前行的道路使用者挡住。对于沿主要道路设置的双向自行车道，必须确保左右两个方向的可视范围。由于在实际使用中，单向车道也经常被作为双向车道使用，提供双向可视范围可能是最有用的解决方案。

　　对于具有让右义务的道路交叉口，可视范围示意图如图 5.21 中所示。

　　环形交叉口的可视范围区域将在第 5.8.4 节中详细讨论。

4. 视距

　　如果是新建交叉口，在其他条件允许的情况下，视距 l_s 和 l_p 应满足以下要求：

　　l_s：2.5m，从具有让行线开始计算，此距离对应次要道路上道路使用者的视线位置。

　　主要道路上的视距 l_p（从停止线或让行线计算的长度），至少应满足表 5.3 中的数值。

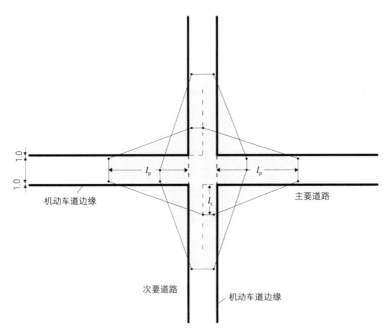

图 5.21　具有让右义务且未设置自行车道的道路交叉口的可视范围示意图

表 5.3　主要道路上的视距

设计速度（km/h）	70	60	50	40	30
视距 l_p（m）	145	120	95	75	55

主要道路上自行车道的视距 l_{pc} 应至少为：

◎ 允许小型轻便摩托车行驶的自行车道：55m；

◎ 仅允许自行车通行的自行车道：43m。

5. 前提条件

列出的视距必须同时确保机动车或自行车能够在以下条件下安全地交织：

◎ 主要道路上的机动车速度：即设计速度；

◎ 小型轻便摩托车的速度：30km/h；

◎ 自行车的速度：25km/h；

◎ 次要道路上机动车驾驶员定向反应时间：2.5s；

◎ 主要道路骑行者和小型轻便摩托车驾驶员的制动反应时间：2.0s；

◎ 机动车的减速度：3.5m/s^2；

◎ 小型轻便摩托车的制动距离：34m；

◎ 自行车的制动距离：26m。

虽然骑行者可能会出现更快的速度及更小的减速度，但是在实际使用中，高速度的骑行者可以通过很大的灵活性或更好的制动效果来调节弥补速度上的劣势。也就是说，可以忽略因车速增加而导致计算视距增加的情况。

6. 视线高度（目高）

视线高度是指道路使用者拥有足够可视范围的一个平面，该平面高度为道路使用者的目标。这一点的前提是，道路使用者的视线高度至少处于道路路面上方的 1.0m 处。

考虑到积雪、草地等原因，可视范围内的通行区域、自行车道和步行区域、交通岛、隔离带和外侧设施带（路肩），都必须至少在视线高度 0.2m 以下。这同样适用于可视范围内的道路设施，参见本手册中的"自行车道上的路线指引"（第 31 章）。

任何可视范围内的非道路区域，考虑到植物的生长情况等原因，应确保至少处于视线高度的 0.5m 以下。

不同道路区域的高度要求，参见图 5.22。

在可视范围内设置行道树，无论是新建成阶段，还是运行阶段，都需要确保必要的可视范围。因此，树冠的高度必须在其要求的视线高度以下。在这方面，应该假设卡车驾驶员的视线高度为 2.5m。

5.8.2　左转视距

左转的道路使用者必须具有充分的视距，从而确保能够安全穿越对向道路和自行车道。因此，必须确保两个相向而行的左转道路使用者不会遮挡彼此的可视范围。

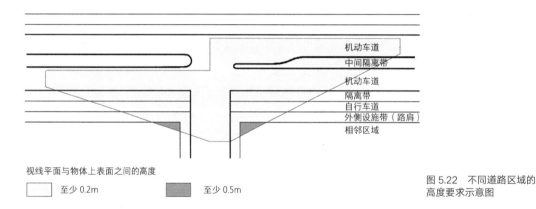

视线平面与物体上表面之间的高度

☐ 至少 0.2m　　　　■ 至少 0.5m

图 5.22　不同道路区域的高度要求示意图

视距

对于左转道路使用者，从停止线处应该在通行道路前方保证一定的视距，如表 5.4 所示。

表 5.4 对于左转道路使用者的通行道路前方的视距

设计速度（km/h）	70	60	50	40	30
视距（m）	115	100	85	65	50

对于对向自行车道的视距应为 70m。这一长度可以确保卡车安全地穿过对向机动车道或自行车道，而无需对方采取制动措施。

5.8.3 自行车道的右转可视范围

右转车辆驾驶员必须具有足够的可视范围，从而确保能够安全地穿过自行车道。

由于存在视线及后视镜盲区的情况，右转机动车尤其是货车和卡车，与直行的自行车尤其是小型轻便摩托车之间的冲突非常频繁。这是由于自行车和小型轻便摩托车的速度过高造成的。为了降低此类冲突的风险，在 30~50m 的距离内，应允许机动车道与自行车道并行。

在 70m 的完全可视范围内，能够确保卡车穿过自行车道，而无需小型轻便摩托车采取制动措施。

5.8.4 环形交叉口的可视范围

1. 交叉口的可视范围

每条相交道路都必须在转弯处设置停止线，其长度需根据行驶速度进行计算。如果这一点无法实现，必须根据道路标志使用指令中的要求设置标识。

2. 停止线位置的可视范围

停止线位置的可视范围，可以根据第 5.8.1 节中类似于交叉点的描述进行确定。然而，在环形交叉口，在进入弯道车道前 l_s=2.5m 处，人们应该能够看到相邻进口道弯道前 5m 处，以及长度为 l_p 的通行区域。l_p 将根据环形道路上的行车速度进行确定。

此处所述的可视范围示意图如图 5.23 所示。

对于如第 5.4 节中所述的环形交叉口，常规环形道路上的行车速度为 25km/h。与之对应的视距 l_p 为 20m，对于骑行者来说，l_c 为 26m。

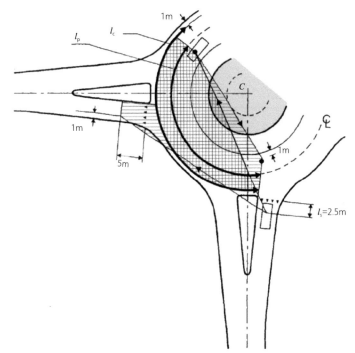

图 5.23　环形交叉口的可视范围示意图

3. 环形通行区域的可视范围

对于环形通行区域的道路使用者，通行区域中距离为 l_p 的目标物体应属于可视范围内，参见图 5.23。

5.8.5　直行道路上的可视范围

在直行道路上，必须设置停止线，用于作为道路使用者的等待区，可视范围应根据进入交叉口的设计速度进行确定。如果无法实现这一点，请按照《道路标志标线使用的通告》中的要求设置标识，参见第 32 章。

> **道路标志标线使用的通告，第 16 条，第 1）段**
>
> 　　如果在较为重要的道路上，视距条件较差，那么必须设置交通标志"A11"。如果视距小于表格中的数据，则认为视距条件不佳。

不同设计速度下相对于停止线的视距

设计速度（km/h）	90	80	70	60	50	40
视距（m）	145	120	95	75	55	40

上述表格中的设计速度，来自对 85% 的驾驶员的观察，但至少应满足允许的速度。

资料来源：《指令》第 783 号，2006 年 7 月 6 日

5.8.6　行人和骑行者的可视范围

根据第 7.4 节中的规定，确定道路使用者的视距。

/ 第 6 章 /
道路和小径之间的交叉口

6.1　关于道路和小径之间交叉口的位置和设计的一般信息

6.1.1　道路交通安全

行人与骑行者在道路交叉口发生事故的概率很大。此外，机动车和轻型交通使用者在交叉口处发生事故的概率也非常高。

在道路和小径之间设置交叉口时，开展交叉口类型及其周边环境详细设计都必须考虑道路安全这一前提条件。首先，必须确保道路和小径上的道路使用者了解丹麦《道路交通法》中相关规定。

机动车驾驶员和骑行者必须能够在足够远处看到交叉口，从而能及时采取相应的驾驶行为。鼓励行人和骑行者使用安全的路线过街，同时，还必须让其意识到过街可能存在的风险。

必须提供较好的可视范围，方便行驶者看清道路和交叉口。如果无法保证足够的视距，可通过提高注意力、降低道路使用者的行驶速度和设置其他能够起到阻碍作用的物理设施等措施。

下文列出了一般情况下，道路和小径交叉口的布设位置及设计要求。

6.1.2 交叉口的位置

在选择交叉口位置时，首先应确保尽可能多的行人和骑行者能够使用它，因此，它的位置必须尽可能与道路和小径相连，同时还需要考虑是否连接了沿路最重要的行人目的地。当交叉口和公交停靠站设置在同一位置时，综合多种原因来说是有利的。

此外，交叉口应尽可能设置在道路凹曲线的最低点处，至少不应设置在道路凸曲线的最高点处。优先设置在直行道路上，在任何情况下，都不应该设置在小半径曲线上。

设置交叉口的位置，必须满足第 6.4 节中规定的视距要求。不应将交叉口设置在辨识困难的地点附近。因此，小径开口位置距离道路交叉口宜控制在 30~40m 处。

6.1.3 交叉口的视觉标记

道路 / 小径交叉口，尤其是其周围环境，在设计时必须考虑与交叉口连接的路段在视觉上有明显不同。首先，不论是道路还是小径，从视觉上都必须有适当的中断。这种中断可以通过在视觉上缩小空间来实现，例如通过种植绿化，也可以通过设置栅栏、立柱以及有意识地使用诸如照明、标志标识之类的道路设施来实现。

此外，在道路上建造遮蔽物、渠化改造（如车道缩窄、延伸和平移）以及改变路面铺装等方式也有助于交叉口位置的视觉标记。

6.1.4 交叉口的设计

在进行交叉口设计时，必须同时考虑道路交通特征、周围环境和不同几何要素之间的关系。

因此，在设计中需要考虑以下几点要求：

◎ 必须根据道路和小径交通量预测值，选择交叉口的类型；

◎ 必须严格按照道路设计速度来确定；

◎ 道路和小径之间的交叉口必须尽可能垂直设置；

◎ 在建造一个交叉口时必须综合考虑各项相关因素；

◎ 尽量使用较少且易辨识的标识元素。

可以通过以下措施来降低交叉口的机动车速度：

◎ 抬升坡道（抬升平面和设置斜坡）（见后文图 6.11）；

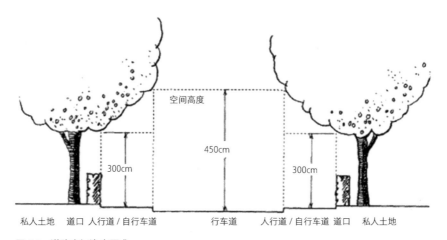

私人土地　道口　人行道 / 自行车道　　　　行车道　　　人行道 / 自行车道　道口　私人土地

图 6.1　道路空间净高要求

◎ 凸起减速拱（见后文图 6.12）；

◎ 安全岛；

◎ 车道偏移；

◎ 缩窄路口；

◎ 调节交通信号。

道路引导标志和车道标识，都应作为交叉口几何设计的组成部分：

◎ 道路引导标志标识（路面喷漆标识、道路指示板、道路标志牌和其他信号设施），都应方便道路使用者及时辨识；

◎ 道路附属设施（栏杆、防撞杆、路灯杆、候车亭、绿化带等）不应影响可视范围；

◎ 第 17 章中的净高需要满足相应要求，图 6.1 为道路空间净高高求；

◎ 其他道路指引标志可以按照其他道路规范中的要求进行设置。

6.2　交叉口类型

6.2.1　主要类型

道路 / 小径交叉口的基本设计取决于很多因素，例如：

◎ 机动车道数量；

◎ 是否设置独立自行车道；

◎ 是否设置人行道；

◎ 是否设置停车区；

◎ 道路水平高差；

◎ 信号控制灯；

◎ 可视条件；

◎ 道路路权；

◎ 交通安全岛；

◎ 坡道或凸起减速拱。

基于上述因素的组合变化，可以将交叉口划分为很多类型，主要划分为以下几种类型，即：

◎ 下穿通道；

◎ 上跨桥梁；

◎ 信号灯控制交叉口；

◎ 学校附近的闪烁信号灯交叉口；

◎ 设有交通缓冲措施的交叉口；

◎ 其他道路交通拥有优先通行权的交叉口；

◎ 道路连接处。

前两个交叉口类型不在同一水平面上，主要是因为地形条件，适用于交通分离的区域，以及高速公路或其他交通流量较大的路段。通常情况下，交叉口一般会设计在同一水平面上。

表 6.1 中，给出了交叉口主要类型和设计速度之间的关系。此外，道路 / 小径交叉口各要素的具体设计也需满足相应设计速度要求，参见第 6.3 节中的说明。

表 6.1   交叉口主要类型和设计速度之间的关系

交叉口类型	速度等级			
	高（60~70km/h）	中（50km/h）	低（30~40km/h）	极低（10~20km/h）
下穿通道	√	√		
上跨桥梁	√	√		
信号灯控制交叉口	（√）*)	√	√	
学校附近的闪烁信号灯交叉口		√	√	
设有交通缓冲措施的交叉口		√	√	√

续表

交叉口类型	速度等级			
	高 （60~70km/h）	中 （50km/h）	低 （30~40km/h）	极低 （10~20km/h）
步道交叉口		√	√	
其他道路交通拥有优先通行权 的交叉口			√	√
道路连接处	（√）**	√	√	√

注：*）信号控制在速度等级为"高"的路段，仅适用于 60km/h 的速度，同时不应被用于新建路段。
　　**）在速度等级为"高"的路段，道路连接处的风险性很大，因为左转骑行者可能试图越过马路，或在自行车道上逆行，甚至可能会穿过道路连接处。

6.2.2　下穿通道

下穿通道可以在速度等级为"高"的道路上使用，也可以在轻型交通的主要道路与机动车交通流量较大的道路的相交处使用，此外，还可以用于连接学校等建筑。

下穿通道在使用时，可以将机动车和轻型交通使用者完全隔离开，从而提高道路的安全性，见图 6.2。

为了吸引轻型交通使用者使用下穿通道，对下穿通道设计提出了很高的要求。必须保证通行条件的便利性和自然性，且使用通道时不需要绕行。

同时，为保证通道上方的道路便于通行，相交小径通常以下穿的形式通过道路下方。此外，使用下穿通道的道路与上方道路之间设置良好且直接的连接道路，且连接道路不能过于陡峭。

一般来说，下穿通道需要克服的高差比上跨桥梁小。但是，通道的建造可能会产生额外的用地需求，这导致下穿通道很难在城市地区建设。

此外，通道可能会造成一些不安全性，尤其是在晚上，因此其内部必须设置照明设施，且要保障视野清晰。

只有在可以建造连接匝道的路段才能使用通道交叉口，垂直距离每升高 1.5m，斜坡必须设置 10m

图 6.2　下穿通道

的长度，最大纵坡为1∶20。

下穿通道内的宽度应该比相连路段更宽，且通道越长，宽度应越大。通道宽度不能小于3m。

与通道相关的交叉口，必须提供足够的可视范围。道路交叉口的可视范围将在第7.4节中详细介绍。

6.2.3 上跨桥梁

上跨桥梁可以设置在速度等级为"高"的道路或其他交通量较大的路段。设置上跨桥梁可将机动车和轻型交通使用者完全隔离开，提高道路安全性，见图6.3。

考虑到天气和风向因素，轻型交通使用者在使用桥梁的过程中可能存在困难，从而导致他们更倾向于使用其他道路。

图6.3 上跨桥梁

为了满足机动车通行的净空要求，相比下穿通道而言上跨桥梁对高程的要求较高，此外供轻型交通出行者使用的上跨桥梁与其他道路连接时要求会更高。上跨桥梁通常也需要满足轮椅使用者要求，通常需要设置相当长的坡道。

因此，只有在有条件设置坡道的路段才能使用上跨桥梁的形式，最大的斜率为1∶20，垂直距离每升高1.5m，必须设置10m的长度。

设置上跨桥梁可能会增加事故风险，也可能会造成人身伤害，并且通常会有较高的维修养护成本。此外，在建筑物附近建造道路桥梁可能引发涉及隐私窥视的问题。因此，通常只能在地形条件或其他条件都满足要求的情况下，才会建造上跨桥梁。

6.2.4 信号灯控制交叉口

设置道路信号灯的交叉口，必须设置人行横道，同时只能在设计速度为60km/h及以下的道路上设置。信号灯控制的交叉口见图6.4。

满足以下条件中任意一项，即可设置信号灯控制：

（1）存在特殊事故风险：根据
意外事故调查，该路段具有特定等
级的事故风险，并且预估安装信号
灯可以降低事故发生概率。

（2）交通流量大：即行人和骑
行者流量较大，一天中 4h（无须连
续）最大流量超过 200 人次 /h，同
时，平均机动车流量超过 600 辆 /h。
如果设置安全岛，机动车流量可以
增加到 1000 辆 /h。所述数值仅为

图 6.4　信号灯控制的交叉口

参考值。靠近学校和其他建筑，如大型工厂地区等，可能会出现特殊情况，即短时间内机
动车流量或者非机动车流量较大。

（3）等待时间长：轻型交通使用者往往需要等待很长时间，才能穿过交通非常繁忙的
机动车道。

（4）增强道路协调性：信号灯可以协调整条道路速度。

（5）降低车辆行驶速度：连接道路上，车辆的实际通行速度往往大于该道路的设计速
度，这种情况下，可以通过设置交通信号灯的方式控制和降低车辆速度，在驾驶员等待红
灯时的可见视线范围内，通过标志标识提醒驾驶员注意道路方向和道路设计速度。

（6）但是需要注意的是，无论以上条件如何，其他考虑因素和当地的条件等往往会导
致设置信号调节变得不可行。

在这一方面，不要盲目相信设置信号灯所产生的效果，必须提高警惕。因为在特定情
况下，采用信号控制会对事故的预防起到积极作用，但也有可能导致新的事故。

特别是，只有当轻型交通使用者遵守信号灯规则，才可以在步行区域设置信号灯。而
如果行人不遵守交通规则，往往会产生更高的事故风险。

有信号控制的步行区域不应设置在无信号控制的交叉口的附近。

在考虑设置信号灯控制时，还应考虑轻型交通使用者之间的冲突，并采取必要的管控
调节。

6.2.5　学校附近的闪烁信号灯交叉口

学校附近设置闪烁信号灯是对交叉口进行调控的一种特殊方式。这种方式可以设置在

学校路段。该路段的闪烁信号灯并非始终需要对行人进行安全保护，学校闪烁灯交叉口适用于短时间内会出现大量的行人路段，只有在这样的路段中，采用这种特殊形式才是合适的。

　　学校附近的闪烁信号灯是由根据当地标准所规定的用于学校附近的并由标识牌、闪烁信号灯以及信息板组成。标识牌和信息板都必须同时配置闪光板和照明系统。照明

图 6.5　学校附近的闪烁信号灯

必须与闪烁信号灯相连接，以便同时连通或中断。学校附近的闪烁信号灯一般设置在学校两侧路段 50~100m 处，见图 6.5。

6.2.6　设有交通缓冲措施的交叉口

　　如果希望降低路段机动车的行驶速度，那么可以将其设置为具有交通缓冲措施的交叉口。

　　可以采取的交通缓冲措施有：

　　◎　在交叉口之前（之后）设置凸起减速拱；

　　◎　在交叉口上设置抬升坡道；

　　◎　道路偏移；

　　◎　车道收窄。

　　在任何情况下，如果要在道路水平面方向上进行改造，那么必须同时在垂直方向上采取一定的措施，例如种植绿化植物，设置篱笆围栏、隔离护栏或者标志标识，此外，必要时也需要同步对路面铺装进行调整。

　　在这种类型的交叉口，其他道路使用者应始终为过街骑行者让行，除非道路交通中明确了特殊道路使用权，需要确保道路通行连续性且其他道路使用者具有道路通行优先权，参见第 6.2.7 节。需要过街的行人应始终为机动车让行，除非该交叉口设置了人行横道。设有交通缓冲措施的交叉口见图 6.6。

　　在过街时，应该让骑行者意识到路权的重要性，可以通过标记让行标识或者设置与人行

道连接的斜坡的方式实现，也可以通
过在道路边缘中断表面涂层以及设置
闸门或类似装置的方式实现。

　　如果道路使用者具有优先权，
则该道路的凸起表面或者斜坡表面
应采用特殊的涂层材料，其颜色应
与交叉口以及人行道的颜色不同。

　　抬升坡道可以为轮椅使用者提
供过渡区域。

图 6.6　设有交通缓冲措施的交叉口

　　道路缓冲区的设计在第 8 章进
行了详细说明。

6.2.7　其他道路交通拥有优先通行权的交叉口

　　如果一条主要干道与地区的低速、低流量的连接道路相交，且轻型交通使用者具有优
先权，那么道路使用权可以优先考虑给行人和骑行者。

　　这一情况下，交叉口道路要求通行不间断，从而具有平面交叉口的特征。此外，道路
在交叉前和交叉中都必须作为共享道路使用。道路的机动车道两侧都应设置让行标识，且
道路上的人行道都必须在交叉口处中断。

　　这种交叉口只能在道路速度等级为"低"或"极低"的路段才能使用，此外，必须确
保机动车低速行驶。可以通过设置凸起或斜坡坡道来实现降速，且必须与交叉口保持一定
距离，从而确保机动车驾驶员在穿行交叉口时，能够对减速设施和其他道路使用者保持足
够重视。

　　要确保机动车驾驶员在穿行交叉口时有足够的可视范围，能够观察到骑行者，第 6.4.2
节有详细说明。

　　需要注意的是，住宅区和休闲区不应通过增加人行横道线或标记行人过街区域等方式
来限制行人的穿行。

6.2.8　道路连接处

　　如果一条小径与道路交叉，并且只有少量需要穿行的道路使用者，而不希望设置交叉
口或其他过街设施时，则应设置道路连接处，见图 6.7。

在道路交叉处应采取相应措施，向轻型交通使用者清楚地显示道路设施已经停止使用。例如，可以采用活动闸门，也可以采取其他合适的措施，包括门、杆、抬升区域、陡坡、自行车减速拱、道路窄化和路口渠化。

应采取适当措施确保骑行者无法顺利通过，但必须确保轮椅使用者可以顺利通过活动闸门，任何闸

图 6.7   道路连接处

门都必须设置发光设备，参照本手册中第 37 章 "道路照明设施" 中的说明。第 8 章详细说明了路障的尺寸以及设置距离。

6.3　路口要素

6.3.1　各要素说明

图 6.8 显示了信号控制交叉口的几何要素，图 6.9 显示了无信号控制交叉口的几何要素。这两幅图包含了道路 ∕ 小径交叉口的绝大部分几何要素构成。

下文将对各个元素、尺寸和一般的几何设计要求进行说明，除了图 6.8 和图 6.9 中所示要素外，与下穿通道和上跨桥梁相关的梯道和坡道也进行了相应说明。

6.3.2　机动车道

1. 车道数

指通往道路 ∕ 小径交叉口的车道数量，在速度等级为 "高" 和 "中" 的道路上，在交叉口处应对道路进行拓宽渠化。在速度等级为 "低" 和 "极低" 的道路上，如果设置道路交叉口是为了降低车速，则可以在交叉口处将两条车道合并为一条车道。但是，此设计只适用于高峰时段机动车流量少于 300 辆 ∕h 的路段。

2. 车道宽度

一上一下两车道道路的车道设计宽度可参考表 6.2 中所示值。

在速度等级为 "中" 和 "低" 的道路上，当有大量骑行者使用车道时，车道宽度应在

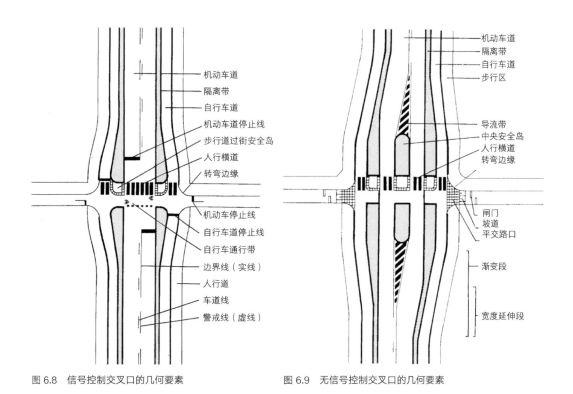

图 6.8　信号控制交叉口的几何要素　　　　　图 6.9　无信号控制交叉口的几何要素

现有宽度的基础上增加 1.00m；在速度等级为"高"的道路上，机动车道不允许骑行者通行；在速度等级为"极低"的道路上，不需要增加宽度。

表 6.2　车道设计宽度

速度等级	车道宽度（m）
高（60~70km/h）	3.50
中（50km/h）	3.00~3.25
低（30~40km/h）	2.75
极低（10~20km/h）	2.50

注：当道路上很少遇到车辆宽度超过 2.20m 的车辆时，车道宽度采用 2.50m。否则，车道宽度应至少达到 2.75m。对于宽度大于 2.75m 的车道，需要按照车道标志规范进行分配并标记道路。

　　如果将交叉口处的两条车道合并为一条车道，那么对于速度等级为"低"的道路，宽度应至少为 3.20m，速度等级为"极低"的道路，宽度至少为 2.95m。这些规定值允许机

动车和骑行者或者卡车同时通过。如果车道骑行量较大，或者机动车流量较大，那么道路
宽度应该在此基础上增加 0.8m。

在第 8 章中，对上述设计的缓冲带以及其他情况作了进一步说明。

6.3.3　沿道路设置的自行车道

如果道路路段上设有自行车道或施划标线隔离的自行车道，一般来说将其延伸作为交
叉口的一部分引导骑行者穿行交叉口。如果交叉口处的相交道路具有道路优先权，那么自
行车道在路口将被中断。

渠化路段的自行车道宽度应与路段自行车道宽度相同。

6.3.4　自行车过街

在自行车过街时，一般设置带
有自行车符号的自行车道。自行车
过街一般发生在具有信号控制的交
叉口以及机动车有通行权的交叉口。
此外，自行车过街也可能发生在有
人行横道的位置。有人行横道的自
行车过街见图 6.10。

图 6.10　有人行横道的自行车过街

设计要求

交叉口内自行车过街带宽度应
至少为 2.5m。在路缘石的边界处，
包括人行道边缘、自行车道边缘以及安全岛边缘，通过降低路缘石边缘或建立约 1 : 10 坡
道的方式，以消除路缘造成的高差。坡道在道路上至多留下一条狭窄的边界线，其延伸不
应超过 0.5m。

6.3.5　车道上的抬升坡道和凸起减速拱

如果车辆以 50km/h 或更低的速度在道路上行驶，需要在视觉上进行提醒，以降低机
动车的行驶速度，可以在交叉口处设置抬升坡道（图 6.11），并配合设计道路纵坡，也可以
在交叉口之前和之后设置凸起减速拱，参见图 6.12。

设置抬升坡道和凸起减速拱应与其他措施结合使用，包括为道路使用者设置必要的标

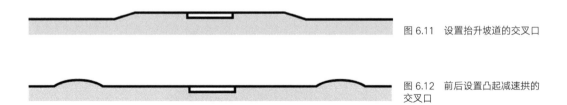

图 6.11　设置抬升坡道的交叉口

图 6.12　前后设置凸起减速拱的交叉口

志标识。此外，此类设计必须是在道路使用权毫无争议的情况下采用。道路抬升坡道和凸起减速拱通常不应用于信号控制交叉口。

设计要求

道路在纵向上抬升路面的高度范围至少与人行道自行车带的通行宽度对应，并且必须根据实地条件进行确定。如果设置抬升坡道或凸起减速拱时需要同时考虑公共汽车的通行，那么设计尺寸应与道路设计速度 40km/h 或 50km/h 的情况相匹配，同时可通过组合式凸起减速拱的方式来实现。

凸起减速拱的详细设计，包括组合式凸起减速拱以及带斜坡的减速拱（如图 8.10 所示），第 8 章"交通限速"中有详细说明。

6.3.6　安全岛

与道路 / 小径交叉口相关的安全岛：

◎ 允许行人和骑行者以不同速度通过；

◎ 降低机动车的通行速度；

◎ 为设置信号控制、标志标识和绿化种植提供空间。

设计要求

与道路 / 小径交叉口相关的安全岛必须设置路缘石，且从路缘石一侧至路缘石另一侧的净宽 a 最小为 2.0m。安全岛宽度 b 至少应包括人行横道宽度 b（如果有自行车通过，应包含自行车通过的宽度），此外，在安全岛的两侧应各增加至少 1.0m，如图 6.13 所示。

考虑到行人和轮椅使用者的舒适性，步道的穿行区应优先选用没有边缘落差的路段。如果为保证盲人和视力障碍者能够识别过街边缘而设置了路缘石，则高度应在 2.5~3.0cm 之间；如果没有设置路缘石，则可通过更换路面铺装材料或设置其他有形覆盖物的方式来标记边缘。自行车道通行带应与路段自行车道宽度一致，且不应设置路缘石。

图 6.13 安全岛示例
（图片来源：国家道路管理局）

在设计速度大于 40km/h 的道路上，路缘石边界也应采用车道标线。在安全岛之前，应设置导流线，引导车辆沿着安全岛边缘行驶，如图 6.13 所示。

6.3.7 路线偏移

车道在通过道路 / 小径交叉口时，应充分考虑与中央安全岛的关系，路线设置时可能发生线路偏移。一般通过路线偏移的方式对机动车的速度进行一定限制。路线偏移实际设置如第 8 章图 8.6 所示。

6.3.8 缩窄路口

如果需要降低交叉口的速度，可以在速度等级为"低"和"极低"且高峰时间段机动车流量小于 300 辆 /h 的道路上，在交叉口之前和中间，将两个车道进行缩窄，合并成一个车道。

在速度等级为"低"和"极低"，但高峰时段机动车流量超过 300 辆 /h 的道路上，交叉口的车道数量应与其延伸路段的车道数一致。

设计要求

路口缩窄后的车道宽度，可以在第 6.3.2 节中的表 6.2 中获取。但是，如果车道由机动车和自行车共同使用，在速度等级为"低"的道路上，车道宽度应该增加 1.00m。

6.3.9　闸门等其他措施

在自行车道的进口处，应采用物理措施，确保骑行者了解实际情况。在交通拥堵严重的交叉口，首先应在交叉口前阻止骑行者通过。根据不同的视距，进口处可以设计成强迫骑行者慢速通过和停车的形式。

设计要求

相应地可以采取如下措施：

◎ 采用闸门或绿化带使骑行者绕行；

◎ 道路与人行道的连接处设置上升斜坡；

◎ 连接道路的最后一段通过抬高路面形成高差；

◎ 设置闸门处始终满足照明要求，参照本手册第 37 章"道路照明设施"。

6.3.10　坡道和梯道

在空间条件和视觉环境允许的情况下，应通过设置坡道克服下穿通道和上跨桥梁之间的高差。如果无法或不希望建造坡道，则也可以使用梯道。

1. 坡道

考虑到轮椅使用者，坡道的斜率不应超过 50‰（1∶20），极限值为 70‰（1∶14）对于较长的坡道，应每间隔 10m 设置 1.5m 高的平台。

2. 梯道

每个梯道上至少有 3 个台阶，最多有 8 个台阶。台阶的高度不应超过 15cm，且梯道高度至少应为 35cm。对于垂直高度超过 1.20m 的路段，应设置至少 1.0m 长的平台休息区。

梯道宽度通常应符合两人婴儿车通过的要求（2 个坡道，内部距离为 35cm，一个宽度为 30cm，另一个宽度为 45cm。在 45cm 处，考虑了手推车的宽度）。

在紧急情况下，婴儿车使用者可以通过台阶（高度为 5~8cm，步长宽度为 80cm）且坡度为 1∶20 的梯道推行，但这种坡道不能保证轮椅使用者通行。

6.3.11　排水

道路和小径之间的交叉口必须实现有效排水，主要考虑行人和骑行者，一方面是因为他们可能在汽车经过时被溅到水，另一方面是他们也可能在道路上通行。

排水设施作为交叉口设计中的组成部分，必须确保坡道斜率足够大，能够保证水流在通行区域快速排出，并且下水道口应设置在局部区域的最低点，不能设置在人行道区域内。

6.4　道路 / 小径交叉口的视距

6.4.1　行人的视距

在无信号控制的行人过街处，或步行交通必须让行于机动车的道路 / 小径交叉口，行人视距应参考表 6.3 进行确定。

表 6.3　道路 / 小径交叉口的行人视距（单位：m）

交叉口的机动车道宽度（m）	设计速度（km/h）						
	70	60	50	40	30	20	10
4	80	65	55	45	35	20	10
6	115	100	85	65	50	35	15
8	155	135	110	90	65	45	20
10	195	165	140	110	85	55	30
12	235	200	165	135	100	65	35
14	270	235	195	155	115	80	40

在该视距下，能够保障机动车在无需减速的情况下，行人以 1.0m/s 的速度通过交叉口。交叉口行人穿行处需要设置人行横道。在设计视距时，车辆的视点高度为 1.0m 或 2.0m。

在道路非常宽的情况下，或是有许多老年人穿行且行人速度判定较低的地方，可以通过设置中央过街安全岛，来改善交叉口的条件，从而减少所需的视距。

6.4.2 机动车的可视范围

1. 可视范围区域

在道路 / 小径的交叉口，当机动车拥有无条件地对行人和骑行者让行义务时（见第6.2.7节），根据图 6.14，应沿主要道路的可视范围长度 l_{pc} 和次要道路的可视范围长度 l_s 建立可视范围区域。

2. 可视范围区域尺寸

如果是新建的交叉口，并且如果可能的话，可视范围的长度 l_{pc} 和 l_s 应满足以下要求：

◎ l_{pc}：55m，针对小型轻便摩托车通行的道路；

◎ l_{pc}：43m，针对仅骑行者通行的道路；

◎ l_s：2.5m。

l_s 的长度对应于在停止线位置的驾驶员的视距。在以下条件下，l_{pc} 的长度能够确保骑行者或小型轻便摩托车使用者可以在不具有道路优先权的车辆进行制动：

◎ 小型轻便摩托车的速度：30km/h；

◎ 自行车的速度：25km/h；

◎ 次要道路机动车驾驶员的定向反应时间：2.5s；

◎ 骑行者的制动反应时间：2s；

◎ 小型轻便摩托车的制动距离：34m；

◎ 自行车的制动距离：26m。

3. 视距

视距是指道路使用者的视线所及范围。道路使用者的视线平面应确保清晰、畅通、无障碍物。道路使用者的视线高度为主要、次要道路平面最低点至上方 1.0m 处。

考虑到积雪、草地等原因，视距范围内的机动车通行区域、自行车道、步行区域、中

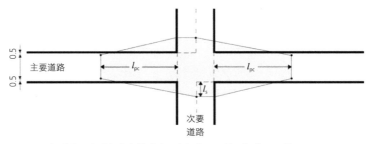

图 6.14　机动车具有让行义务的道路 / 小径交叉口的可视范围区域

央隔离带、隔离带和外侧分隔带，都必须至少在视线平面 0.2m 以下，视距范围内的道路设施也同样适用。

任何视距范围内的非道路区域，考虑到植物的生长情况等原因，应确保至少处于水平视线 0.5m 以下。

/ 第 7 章 /
小径交叉口

7.1　关于小径之间交叉口的位置及设计基本信息

7.1.1　道路安全

警方事故报告中很少包括小径交叉口意外伤害。但是，根据紧急事件事故记录和调查处理研究显示，在小径交叉口存在严重破坏性的意外事故。这些事故的原因包括：交叉口可识别度低、视距不足、标记不准确以及清洁养护不到位。

因此，应该设置一个方便道路使用者能够及时识别的交叉口，并且具有良好的视线范围。在选择交叉口类型和进行交叉口设计时，必须强调视线范围、道路使用权和几何设计之间的关系。具有较长坡道的路径对视线范围条件以及交叉口类型的选择和设计要求更为严格。

7.1.2　其他标准

道路使用者对弯道非常敏感。因此，对于通行者在具有明确起终点的情况下，不适宜的弯道设计可能减少道路的使用，甚至不会选择使用。

纵向设计也会影响道路使用者的选择。因此，道路的纵向设计应确保尽可能地避免上坡和下坡。

7.1.3　交叉口的位置

交叉口的设置应严格按照统一的道路设计进行，确保尽可能减少绕行，以便骑行者愿意使用这一道路系统。

交叉口应尽可能地设置在直线段上，尽量避免设置水平急弯。此外，还应避免在长坡路段设置交叉口。

同时，必须确保能够提供良好的视线范围。这意味着，道路使用者在接近交叉口时，能够清楚地识别交叉口及其他道路使用者，具体参见第 5 章。

当交叉口在隧道附近时，特别要遵守上述规定。

7.1.4　小径交叉口的类型选择

三向交叉口（T 形交叉口）应该优于四向交叉口。尤其是如果一条或两条小径均在交叉口处存在较长的坡段，则更应该如此。同时，在间距较小的路段设置两个相反的 T 形交叉口，也应该优于四向交叉口。

因此，在规划新区域的交通系统时，应尽可能地避免四向交叉口。在现有区域内，应该考虑对事故频发的四向交叉口进行改建，如图 7.1 中所示。改造后，不影响骑行者愿意选择小径系统通行。

7.1.5　交叉口类型、视线范围、道路使用权和设计之间的一致性

在规划和设计四向交叉口时，必须确保紧密的一致性。

◎ 小径交叉口（四向交叉口或 T 形交叉口）；

◎ 提供良好的视线范围；

◎ 根据所选交叉口的类型和视距要求，确定道路使用权；

◎ 注重细节设计，确保实现小径的相关功能。

在小径的四向交叉口应实施一般让行义务（让右义务），在 T 形交叉口应实施指定让行义务（一般让行义务和指定让行义务的定义及相关说明见本手册第 5.8.1 节）。

由于小径的设计标准和功能定位不能与道路相媲美，因此应确保小径上的四向交叉口和 T 形交叉口满足一般让行义务所需的视距范围。

图 7.1　四向交叉口的改建原则

如果在小径的四向交叉口无法满足视距要求，那么应该实施指定让行义务，并且进行相应的交叉口设计。

在第7.4节中，将对视距进行更为详细的介绍。

7.1.6　交叉口的设计

交叉口的设计是为了更好地识别交叉口，强调路口通行权，可以采用种植绿化、照明、围栏、护栏、标志标识、铺装变化等措施。特别为了明确路口让行义务，可以采用迫使道路使用者减速甚至停车的物理措施，例如设置坡道、闸门等。

必须确定小径的性质，以及与周围环境之间的建筑关系，确定设计时需要考虑的因素。

此外，针对小径交叉口的设计一般存在以下要求：

◎ 必须充分考虑到现状和未来的交通量大小；

◎ 尽可能使用较少的、可识别的设计元素；

◎ 两条小径之间的连接处应尽可能接近垂直。

关于设计的更详细说明，请参见第7.2节"小径交叉口类型"以及第7.3节"小径交叉口要素"中的介绍。

7.2　小径交叉口类型

7.2.1　主要类型

小径交叉口的设计主要涉及以下因素：

◎ 在交叉口的小径分支数量；

◎ 小径的使用者类型；

◎ 骑行者和行人之间是否需要分离；

◎ 道路的优先级情况。

基于上述所有因素的全部变化组合，可以将交叉口划分为多种不同的类型。但是，为了清楚起见，类型划分主要限于6种，如图7.2所示，每种类型都包括四向交叉口、交错交叉口和T形交叉口。

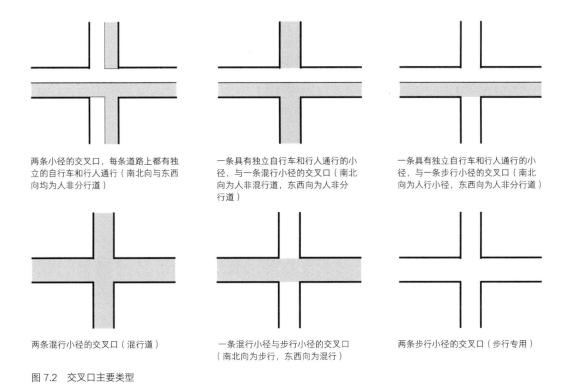

两条小径的交叉口，每条道路上都有独立的自行车和行人通行（南北向与东西向均为人非分行道）

一条具有独立自行车和行人通行的小径，与一条混行小径的交叉口（南北向为混行道，东西向为人非分行道）

一条具有独立自行车和行人通行的小径，与一条步行小径的交叉口（南北向为人行小径，东西向为人非分行道）

两条混行小径的交叉口（混行道）

一条混行小径与步行小径的交叉口（南北向为步行，东西向为混行）

两条步行小径的交叉口（步行专用）

图 7.2 交叉口主要类型

7.2.2 两条小径的交叉口，行人与骑行者分开通行（图 7.3）

在自行车交通量较大的道路上，行人与骑行者应分开通行，采用隔离带或者不同的铺装涂层的方式进行区分。

规划自行车网络设计中通常将小径作为学校道路，或作为大型住宅区或工作区与中心区的主要连接通道。

具有这一特征的小径交叉口可能会在一个特定的时间段内，承受巨大的交通压力，同时包括慢速和快速的道路使用者，因此，应重视路段的几何设计和视距要求。

图 7.3 两条小径的交叉口，行人与骑行者分离

图 7.4　两条小径的交叉口，一条为行人与骑行者分离道路，另一条为混行道路

应在视野有限的四向交叉口和 T 形交叉口实施让行义务，从而确保一条小径上的通行者可以获得通行权。

在指定为主要道路的小径上，人行道和自行车道应确保不间断，并且通过交叉口时也应保持不变，且应该在次要道路上标记自行车道的让行标志标识，可以在主要道路的自行车道上设置行人穿行带。

7.2.3　两条小径的交叉口，一条为行人与骑行者分离道路，另一条为混行道路（图 7.4）

骑行者通行量较小的道路，可以设计为自行车和行人通行者共同使用的交通区域，即采用混行道路的形式。但是，这种形式也可能位于重要的小径连接处，例如学校小径和区域中心小径。

因此，在一段时间内，混行道路也可能出现严重拥堵的情况。如果需要对这种交叉口类型定义优先权，那么使用混行道路的小径应被判定为次要道路。主要道路上的步行区应直接穿过次要道路，并且应在次要道路上标记让行标志。为了确保让行标志清晰，应设置可感知的设施进行提醒。

图 7.5　两条小径的交叉口，一条为行人与骑行者分离道路，另一条为人行道

7.2.4　两条小径的交叉口，一条为行人与骑行者分离道路，另一条为人行道（图 7.5）

只有行人通过的小径通常是社区道路，但也可能是城市中心区域或大型住宅区域的主要步行街。在四向交叉口，或者步行区域和人行道反向的 T 形交叉口，特殊情况下，可以设置一条穿越自行车道的步行带。

7.2.5　混行道路的交叉口（图 7.6）

　　两条混行道路的交叉口，往往允许使用者以较快的速度穿行。因此，提供必需的视距格外重要，并根据实际情况标记道路使用权。如果实施指定让行义务，则必须施划让行标记。如果实行一般让行义务（即让右义务），则可以通过坡道或特殊铺装材料来抬升路面等方式进行强调。

图 7.6　混行道路的交叉口

7.2.6　混行道路与人行道之间的交叉口（图 7.7）

　　行人流量较大的人行道与混行道路相交的四向交叉口，混行道路使用者需遵循指定让行义务。人行道应不间断地通过交叉口，可采用抬升坡道或修建步行区的方式通过混行道路。

图 7.7　混行道路与人行道之间的交叉口

7.3　小径交叉口要素

7.3.1　几何要素

　　图 7.8 为小径交叉口的几何要素，其中包括了交叉口的大部分要素（一般在实际情况中，所示的所有要素不会同时出现）。

　　下文中，对各个要素的尺寸以及几何设计进行了阐述。

7.3.2　自行车道和混行道路

1. 一般让行义务（让右义务）

在具有让右义务的小径交叉口，自行车道或混行车道的路段与路口宽度相同，可以采

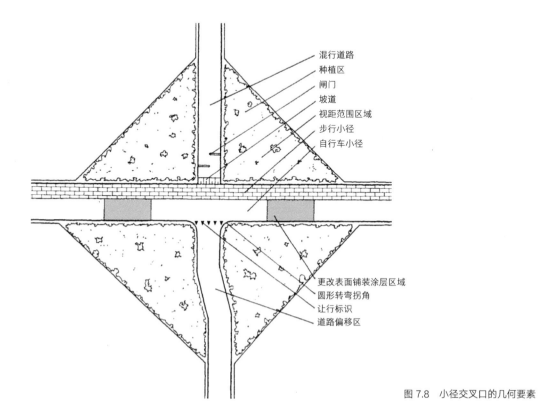

混行道路
种植区
闸门
坡道
视距范围区域
步行小径
自行车小径

更改表面铺装涂层区域
圆形转弯拐角
让行标识
道路偏移区

图 7.8   小径交叉口的几何要素

用不同铺装涂层或抬升坡道的形式突出交叉口。

2. 具有指定让行义务的主要道路

在小径交叉口，主要道路上的自行车道或混行道路，通常应采用与路段相同的宽度引导通过交叉口。交叉口本身可以使用不同颜色的铺装涂层来突出显示，但不能使次要道路上的使用者对让行义务产生误解，参考图 7.9 中的布设形式。

3. 具有指定让行义务的次要道路

在小径交叉口，次要道路上的自行车道或混行道路，通常也应采用与路段相同的宽度引导至交叉口，但会在交叉口处中断，此处应设置让行标识标记，也可以用其他方式标记。

7.3.3   步行带

针对有大量行人穿行需求的自行车道或混行道路，需要设置步行带。这一区域至少应有 2.5m 宽，或者至少应与其连接的步道宽度一致。

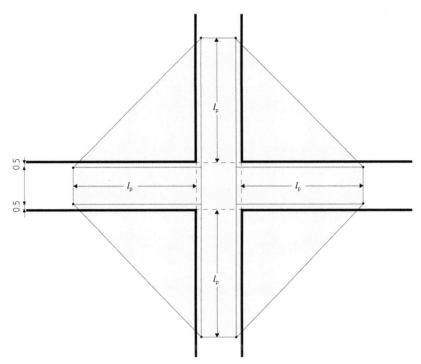

图 7.9　遵循一般让行义务的交叉口的可视范围示意图

7.3.4　道路偏移

　　自行车道或人行道的平移路段，是为了提醒道路使用者，前方存在道路交叉口或者具有特殊的道路优先权。

　　设置 1∶n 的偏移角度进行道路平移。对于自行车道和混行道路来说，n 通常在 3~5 之间。偏移角度的外轮廓必须是圆形，且半径至少为 10m。自行车道或混行道路的平移距离应至少等于该道路总宽度的一半。如果道路上存在长距离的斜坡，则不应该使用道路偏移的方式。

7.3.5　连接处边缘

　　在设计两条小径的连接处转角时，必须确保维修车辆通行，例如带拖车的牵引车，可以顺利通过转角而不会使车轮驶出道路外，造成道路面层边缘的损坏。对于普通的维修车辆来说，半径应在 3~5m 之间。

7.3.6　路缘石高差

如果步行区域和自行车区域在交叉口处存在高差，对于宽度至少为 1.5m 的步行区域，考虑到轮椅使用者，其路缘石的高差不得超过 3.0cm。考虑到视觉障碍人士和盲人，这一高度最低可以降至 2.5cm。否则，应采用最高不超过 1∶10 的坡道来消除这一高差。

7.3.7　坡道

为了降低骑行者的通行速度，可以在自行车道上设置坡道，例如设置与被抬升的人行步道相连的坡道，这一坡道的坡度应约为 1∶10。

7.3.8　抬升坡道

如果地形允许，可以通过在交叉口前设置一段迅速抬升的道路来降低骑行者的速度。例如，在 10m 或更长的距离上，可以设置 100‰的抬升坡度。

7.3.9　闸门

如果在一条具有设置优先级的道路上，必须强制性地降低骑行者的速度或者使其停车，可以通过设置闸门来实现这一目的，参见第 8 章。

7.3.10　更改区域表面铺装涂层

可通过更改区域表面铺装涂层的方式标记交叉口，应充分考虑视觉环境以及与周边建筑物之间的联系，不应使用不均匀或者大颗粒的涂层材料。

7.3.11　种植区

种植区可用于：

◎ 可设置在交叉口位置，采用种植树木或灌木丛的方式将其作为交叉口的组成部分；

◎ 可设置在 T 形交叉口，采用种植树篱或灌木丛的方式优化交叉口环境；

◎ 可作为道路使用权的分离措施，采用种植树篱或灌木丛与平移道路、设置标线相结合的方式标记通行权；

◎ 可作为禁止使用者穿行的措施，采用种植灌木丛的方式。

在视距范围区域的种植区高度不得超过 0.5m。

7.3.12 排水

考虑到行人、轮椅使用者和骑行者的安全性和舒适性，小径和交叉口都必须设置排水设施。

排水设计必须作为交叉口设计的一个组成部分，必须确保设计的坡度足以使水快速流过通行区域。排水口必须设置在最低处，且必须位于步行区域之外。如果排水口设置在自行车道上，井箅上的横条必须垂直于通行方向。

7.4 可视范围要求

在所有的小径交叉口，都必须确保可视范围符合要求，能够使道路使用者看清并确认交叉口的情况，以便采取必要的安全性操作。

本章定义了交叉口道路使用者的可视范围，并明确了不同类型的道路交叉口的可视范围区域。此外，还给出了视距以及设置的必要条件。

7.4.1 小径交叉口的可视范围

必须确保道路使用者能够在接近交叉口时及时注意到交叉口，应确保他们能够在安全制动距离内停车。视距详见第 7.4.3 节 l_p 值。

7.4.2 可视范围规定

交叉口的可视范围应为三角形，能够确保道路使用者在穿行交叉口和相连小径时安全通过，不同让行义务条件下的可视范围要求如下：

1. 一般让行义务

不论是具有一般让行义务的交叉口，还是具有指定让行义务的交叉口，都需要尽可能地按照一般让行义务满足可视范围，可视范围示意图见图 7.9。

2. 指定让行义务

如果不能实现所有方向都符合可视范围要求，应先明确交叉口主要道路和次要道路，次要道路上的使用者具有指定让行义务，可视范围根据道路让行义务进行划分，应优先满足主要道路的可视范围要求，具体如图 7.10 和图 7.11 所示。

次要道路上的 l_s 尽量足够长，以便确保次要道路上的骑行者能够以较低的速度，在不停车的情况下连续骑行进入主要道路。

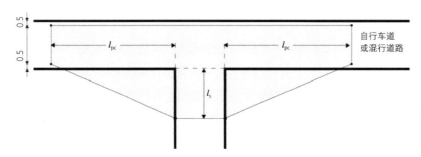

图 7.10 自行车道或混行道路为主要道路，在具有指定让行义务的交叉口位置的可视范围示意图

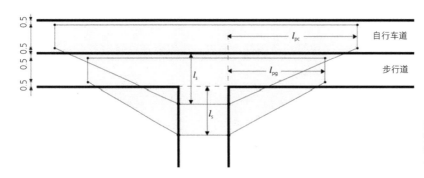

图 7.11 自行车道和步行道分离的主要道路，在具有指定让行义务的交叉口位置的可视范围示意图

3. 停车

如果无法实现 l_s 要求的值，那么应采取物理措施，确保次要道路上的骑行者能够在交叉口停车。

7.4.3 视距

可视范围区域分别由主要道路和次要道路上的视距 l_p（包括自行车视距 l_{pc} 和行人视距 l_{pg}）和 l_s 决定，参见图 7.9~ 图 7.11。

其中，l_s 必须满足以下要求：

◎ 小型轻便摩托车通行：8.0m；

◎ 自行车通行：8.0m；

◎ 采用物理措施的小型轻便摩托车和自行车停车后距离：1.5m；

◎ 步行通行：1.5m。

当 l_s 为 8.0m 时，可以确保小型轻便摩托车 / 自行车在到达主要道路之前从 10km/h 的速度降低至 0km/h。

l_p 需要满足以下要求：

◎ 小型轻便摩托车：34m；

◎ 自行车：26m；

◎ 步行：12m。

上述距离可以确保主要道路上的通行者在穿越交叉口时，必要情况下能够及时在路口前停下，即使是路面潮湿或者碎石沥青层路面。

按照上述的距离设置标准，次要道路上的骑行者能够以 10km/h 的速度通过交叉口，同时，主要道路上速度为 30km/h、25km/h 或者 15km/h 的轻便摩托车 / 自行车 / 慢跑者，在到达交叉口之前能够正常行驶，无需减速。

需要注意的是，目前自行车的骑行速度往往可以与小型轻便摩托车一样快，因此，骑行者的通行速度往往可能超过 25km/h（即速度大于 10km/h）。

7.4.4　可视范围内的物体高度

在可视范围区域内，固定物体或绿植等高度不能超过 0.5m，小径地面高程由小径中心线所在的平面位置确定。

灌木丛的绿植种植高度小于 0.5m，既可以满足视觉环境的要求，也可以避免出现穿行现象，同时也避免遮挡可视范围。

／第8章／
交通限速

本章节中，主要介绍与交通管理相关的限速措施和具体设计方案。

8.1　关于交通限速的设置说明

通过道路设计可以起到降低通行速度的作用，即通过设置铺装涂层、种植区。照明设施和改变通行区域尺寸和线形等方式实现。这一切都是基于驾驶员对安全性的主观意愿、基本常识以及对城市状况"因地制宜"的清晰认识。

除了常规的速度要求，可采用标志标识的方式对局部地区的通行速度进行限制。根据相关规范中的交通标志以及《信息标牌手册》中的规定，可在单条线路或使用区域性标牌划定的城市区域中进行限速。

可变式指示牌也可用于限制速度。可变的速度限制标志尤其适用于交通繁忙、拥堵、存在事故风险的交叉口、骑行危险路段、儿童通行的道路、路边施工区域或其他类似危险区域。如果道路使用者能够理解限速的原因，变速限制标志才能发挥最大作用，例如，当学校周围有儿童经过时，需要设置限速标志。可变指示牌的设置可参见《可变指示牌手册》，具体请参阅"道路规则"网站。

此外也可通过采用不同的物理交通限速设施来限制通行速度，这也正是本章中主要讨论的内容。

物理交通限速设施的选择必须基于道路安全分析，可以设置在单独路径上（例如，学校门口），也可以设置在整个城市区域内的交通限速区中（例如，在速度小于40km/h的地区）。

8.2 交通限速设计要素概览

图 8.1 中示意了道路两侧进行平面偏移和路面抬升的案例，图 8.2 中示意了地区道路设置限速凸起和道路窄化的案例。两个示意图中，包括了大部分可以使用在限速设施上的要素名称。

以上为理论示意图，一般现实中所有要素不会同时出现，图 8.1 中所示为各要素组合。

下文将对各个要素的尺寸和几何设计进行描述说明。

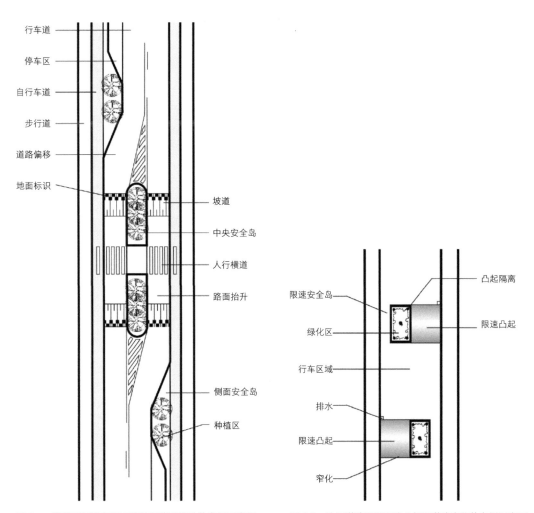

图 8.1　道路两侧进行平面偏移和路面抬升的案例示意图　　图 8.2　地区道路设置限速凸起和道路窄化的案例示意图

8.2.1　行车区域

1. 车道数量

在速度等级为"中"的道路上，设置限速设施不应影响行车道数量。在速度等级为"低"和"极低"的道路上，设置限速设施的行车道数量可缩减为一条，当高峰小时交通流量小于 300 辆 /h 时才可以采用限速设施。车道数量变化应根据行驶方向和区域交通情况具体分析。

2. 宽度

限速设施及其之间的行车区域宽度应根据表 8.1 进行设置。在该表中，根据不同的速度等级划分为不同的部分。考虑到在交叉口可能出现的所有车辆类型，最终得到表 8.1 的建议宽度。

2 辆车辆能正常通行所需要的宽度，由以下宽度构成：

◎ 1 号车的左侧摆动宽度（即车辆摆动宽度的 1/2）；

◎ 1 号车的车辆宽度；

◎ 1 号车的右侧摆动宽度（即车辆摆动宽度的 1/2）；

◎ 2 号车的左侧摆动宽度（即车辆摆动宽度的 1/2）；

◎ 2 号车的车辆宽度；

◎ 2 号车的另一侧摆动宽度（即车辆摆动宽度的 1/2）。

图 8.3 中给出了在速度等级为"极低"的道路上，公交车、货运车和客运车的会车示例。

计算中需考虑到以下车辆宽度：

◎ 自行车：0.60m；

◎ 客运车：1.85m；

◎ 货运车：2.55m。

值得注意的是，冷藏车的宽度可能达到 2.60m。

不同速度等级下的车辆摆动宽度要求如下：

◎ 极低（10~20km/h）：0.20m；

◎ 低（30~40km/h）：0.45m；

◎ 中（50km/h）：0.70m。

车辆摆动宽度通常包括车辆两侧后视镜的宽度。

最后，1 辆自行车骑行时需要的宽度一般为 1.00m，当有 2 辆自行车存在会车或超车需求时，车道宽度一般为 2.05m。

不同速度等级下，不同车型之间会车或超车所需要的车道宽度如表 8.1 所示。

表 8.1　会车或超车情况下所需要的车道宽度一览表

速度等级	车型	会车或超车所需要的车道宽度（m）				
		无	自行车	客运车	货运车 （公交车）	停靠的客运车
极低 （10~20km/h）	自行车	1.00（0.75）	2.05（1.85）	—	—	2.85（2.60）
	客运车	2.05	3.05	4.10	—	3.90
	货运车 （公交车）	2.75	3.75	4.80	5.50	4.60
低 （30~40km/h）	自行车	1.00（0.75）	2.05（1.85）	—	—	2.85（2.60）
	客运车	2.30	3.30	4.60	—	4.15
	货运车 （公交车）	3.00	4.00	5.30	6.00	4.85
中（50km/h）	自行车	1.00（0.75）	2.05（1.85）	—	—	2.85（2.60）
	客运车	2.55	{3.55}	5.10	—	4.40
	货运车 （公交车）	3.25	{4.25}	5.80	6.50	5.10

注：通过单个障碍目标时，小括号中的数字是可以采用的最小值。
　　大括号中的值可能会导致出现事故或存在风险，因此应尽可能避免。如果限速设施上的通行车道会有骑行者经过，那么这条道路的速度等级必须为低或者极低。

客运车 + 自行车的宽度一般允许货运车通过，并且通常应该是单车道的最小宽度。设置较大的宽度，则将允许当客运车靠边停车时，自行车也能顺利通行，但应避免在停车需求大和骑行量大的路段设置。在任何情况下，单车道宽度都应避免超过 4.0m，因为这样会使驾驶员分散注意力，误认为存在两条车道。

针对农用车辆和特殊的运输工具，应考虑设置比图 8.3 更宽的车道。在这种情况下，可以考虑采用视觉变化而不是物理措施的方式，使道路看上去比实际更窄，例如利用不同的颜色和结构。但是不同类型的铺装涂层，其表面的摩擦力必须保持一致。

8.2.2　自行车道等其他设施

如果自行车道或标线隔离的自行车道沿道路设置，也应设置限速设施。

如果没有专门的自行车道，由于车道宽度受限等条件限制，使得骑行者感到不安全、不舒服或不确定，则应尽可能在限速设施上采用自行车闸门，使其与机动车交通分隔，如图 8.4 所示。

路侧停车会影响自行车通行。因此，有必要按下述要求设置：

◎ 设置禁止停车的标志标牌，提醒驾驶员此处禁止停车或驻车；

◎ 在自行车闸门前后合适的延伸段上为自行车道设置标记；

◎ 在自行车闸门前后建立一条独立的自行车道。

宽度

通过闸门的自行车道的宽度，应与延伸段相同。自行车闸门的最小宽度应不低于1.25m，更窄的自行车闸门可能会出现操作和维护不便的问题，因为无法使用机器进行清洁，会导致垃圾污垢聚集在狭窄的自行车闸门中。

自行车闸门与固定物体之间的距离通常应至少达到30cm。如果考虑缩窄这一距离，必须确保在车把处，自行车与固定物体之间的距离是安全的。在自行车闸门前采用交通标线标明自行车道时，必须延伸通过闸门路段。

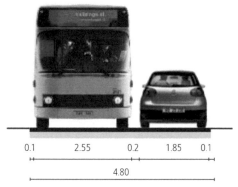

图 8.3　公交车、货运车和客运车会车示例（冷藏车的宽度可以达到 2.60m）

图 8.4　自行车闸门

8.3　自行车和小型轻便摩托车的交通限速设施

本节中将探讨无辅助电动机的自行车与小型轻便摩托车的交通限速设施。与机动车一起通行的大型摩托车（速度达到 45km/h），将不予讨论。

8.3.1　交通限速设施的必要性

1. 自行车

骑行者的交通区域、视距等，都应基于其通行速度、骑行行为等进行考量。因此，通常不应为骑行者设置物理性的限速设施。但在某些情况下，可能需要采取物理措施来降低其速度，例如：

◎ 自行车交通与步行区、公交车停靠点和交叉口混合时；

◎ 自行车道通过非常陡的坡道与道路、停靠点或转弯处相连，尤其是存在交叉口的路段；

◎ 高速通过的自行车会对转弯车辆造成意外惊吓的交叉口路段。

2. 小型轻便摩托车

小型轻便摩托车的合法速度为 30km/h。在自行车道上，尤其是双向自行车道的交叉口，小型轻便摩托车的速度导致驾驶员非常容易受到伤害，因此需要降低他们的速度。此外，为了确保骑行者和行人以及周围居民环境的安全，视情况需要对小型轻便摩托车设置交通限速设施。

8.3.2　交通限速设施的设计

骑行者通常会将交通限速设施视为不安全的障碍物，因此，人们可能会避免使用带有这类设施的自行车道，转而使用机动车道、人行道或其他捷径。这种行为应受到物理措施的制约。交通限速设施应设计为强制骑行者减速的形式。考虑到骑行者在 12km/h 以下的速度时，很难保持平衡，需要采用特殊的交通限速设施，使骑行者安全停车。

8.3.3　类型

交通限速设施可以包括以下类型：

◎ 道路表面铺装变化；

◎ 制动弯道；

◎ 使用闸门或种植区进行道路路径偏移；

◎ 使用中央安全岛进行道路路径偏移；

◎ 闸门；

◎ 坡道和抬升路面；

◎ 物理抬高区；

◎ 特殊轻便摩托车凸起减速拱；

◎ 其他类型。

可以根据具体情况，进行具体的组合。

1. 制动弯道

制动弯道是一条半径较小的水平弯道，骑行者和小型轻便摩托车驾驶员被迫减速慢行。制动弯道与抬高区相结合示例见图8.5。

自行车设计速度和弯道半径之间的相关性可以在表8.2中得出。

图 8.5　制动弯道与抬高区相结合示例

表 8.2　弯道半径和自行车设计速度之间的关系

设计速度（km/h）	弯道半径（m）
30	17
25	13
20	10
15	7
12	5

道路和其周围环境必须设计成不能从弯道处抄近道。

为了避免相向而行的骑行者之间发生意外事故，必须针对自由延伸段的正常速度提供足够的道路视距。如有必要，可以按照顺序设置多个制动弯道，其半径应随着速度的降低而缩小。例如，可在较长坡道上的设置制动弯道。

2. 路线偏移、闸门等

在小径和道路的连接处，可以设置闸门或种植区等进行道路路线偏移，如图 8.6 所示。

这一设计，可有效降低其骑行速度，保证骑行者安全通过或汇入前方的机动车道，此外，还应允许轮椅使用者和婴儿车通行。设计方案应确保最熟练的骑手即使使用尺寸较小的自行车通过时仍需要降低速度，同时，还应确保其他自行车及拖车自行车的骑行者必须下车推行。

图 8.7 中显示了道路宽度为 3.0m 且设置有闸门的道路路线偏移方案。最小通道宽度为 1.3m，因为两个轮子以上的自行车宽度至少为 1.25m，且不包括把手和后视镜。

闸门之间的距离可以根据不同类型的自行车需求而变化。在宽度为 3.0m 的道路上，如果需要允许所有骑行者在无需停车的情况下顺利通过，则通行宽度需要达到 1.8cm；如果需要允许带拖车或车斗的自行车通过，则通行宽度需要达到 1.5m。对于宽度小于 3.0m 的道路，应考虑在部分路段改变车道的宽度，从而使其接近宽度为 3.0m 的道路几何形状。

如果与闸门发生碰撞，可能造成严重的人身伤害，应尽量避免设

图 8.6 道路路线偏移

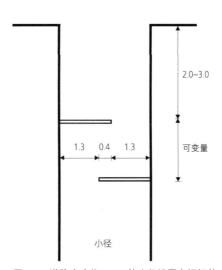

图 8.7 道路宽度为 3.0m 的小径设置有闸门的道路路线偏移方案

置在下坡车道尽头。此外，闸门应具有清晰明确的可识别性，对于双向自行车道的尽头尤其重要。请参阅本手册第37章"道路照明设施"中的说明。闸门应设置在光照条件下，且清晰可见，例如，采用对比色或反光板。

此外，闸门应设置立杆，并设置正确的高度，确保使用盲杖的行人可以探查到闸门。

考虑到冬季除雪的需要，闸门应设计为可拆除的形式。

3. 坡道

坡道的高度应为10~12cm。这类设施的设置要求十分精准，不应存在任何不规则和不平整的部分，避免骑行者摔落。

4. 抬升区

在地形允许的路段，可以在自行车道上建造一个较短且陡峭的抬升区，如图8.8所示。

确定抬升区的坡度时，需要考虑到道路的所有功能。因此，对于仅供骑行者通行的抬升区，坡度应在100‰~150‰（1:10~1:7）之间，而对于同时需要供轮椅使用者通过的道路上，70‰（1:14）的坡度是极限值。

图8.8　采用抬升区作为限速设施

可以从表 8.3 中得出设计速度、高度差与抬升区坡道坡度之间的相关性。

表 8.3　设计速度、高度差与抬升区坡道坡度之间的关系一览表

设计速度从 30km/h 降低至	高度差	抬升区坡道坡度	
		150‰	100‰
25km/h	0.1 m	0.7 m	1.0 m
20km/h	0.4 m	2.7 m	4.0 m
15km/h	0.9 m	6.0 m	9.0 m
12km/h	1.3 m	8.7 m	13.0 m

抬升区的坡道坡度应至少允许骑行者以 15km/h 的速度通过，不应超过其骑行能力。抬升区的高度越高，坡度就会越陡。这也可以避免反向骑行者的速度过快。抬升区应该是弧线，这样可以确保纵向轮廓的协调，没有陡峭的缝隙。

5. 小型轻便摩托车的限速凸起

轻便摩托车的限速凸起应在自行车的限速凸起基础上改进。然而，单个限速凸起的阻碍作用对轻便摩托车几乎无效。但如果设置双条限速凸起，则可以迫使小型轻便摩托车的驾驶员降低行驶速度。图 8.9 中的两条限速凸起的高度均为 12cm。最多可以将小型轻便摩托车的速度从 40km/h 降低至 26km/h。设置这样的限速设施，必须配备同样满足条件的

图 8.9　小型轻便摩托车通过的
道路设置的限速凸起示例

排水措施。两条经改良的自行车道限速凸起如图 8.10 所示。

6. 其他类型

其他类型的限速措施也具有相对合适的效果，但同时也具有很多缺点。振动带和鹅卵石铺装可以降低通行速度，但骑行者往往会过于关注限速设施本身，而忽略其他道路使用者。此外，鹅卵石铺装在潮湿环境下过于光滑。

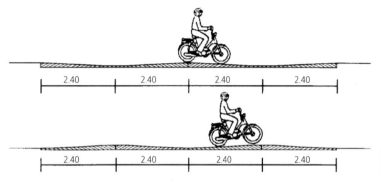

图 8.10　两条经改良的自行车道限速凸起

/ 第 9 章 /
自行车停车设施

在尽可能接近出行目的地的位置，建设数量充足的自行车停车设施。尤其是在可能会吸引大量轻型交通使用者或者自行车停放需求较大的功能区，包括：

◎ 服务于儿童和年轻人的机构等（学校、娱乐设施和体育场所）；

◎ 行人聚集的地区（商店和步行街）；

◎ 交通节点（轨道交通站点、公交枢纽站和主要公交站点）；

◎ 就业岗位集中的办公区。

在以上区域，自行车停车设施原则上应与步道和自行车道直接相连。从出行习惯看，骑行者和行人不太愿意向与目的地相反的方向行走，即走回头路。因此，自行车停车设施应确保停车后的行走方向与出行方向一致，保持其出行目的地一直在骑行的前方。正确的停车设施设置地点与目的地关系示意图见图9.1。

图 9.1　正确的停车设施设置地点与目的地关系示意图（图片来源：巴勃罗·塞利斯）

自行车停车设施能够被显而易见地发现也非常重要，清晰的标志和指向能够提高可见性。

在确定自行车停车设施的选址和规模前，需要通过系统调查，摸清自行车停放的数量和位置需求。如果自行车的停车设施选址不合理，如距离目标地太远或设置在出行流线不当的地点，则设施可能不会被使用（鲜为人用／难以发挥作用）。在这种情况下，车辆很可能会直接停在目的地周边，影响其他方式出行者通行。

在停放时间较短的情况下，自行车停车设施的位置到目的地之间的最大步行距离不应超过 15m，除非提供具有吸引力的配套服务（如带顶棚、提供充气泵等）。设置配套设施后，停车设施的位置到目的地的可接受最大步行距离为 100m。

自行车停车设施的选址应避免轻型交通使用者被迫在繁忙道路上穿行。在需要长时间停放自行车的地点（如交通枢纽、学校和教育机构等），部分自行车停车设施应设置必要的遮挡设施，避免受到雨雪的影响。

为防止车辆丢失和损坏，应在车库或者地下停车场配套增加锁车防盗设施，如私人自行车的地下停车位或者是停车厢。自行车停车库应同时安装视频监控设备。自行车停车设施见图 9.2。

一般而言，出于安全考虑，自行车停车设施的选址和设计应保障骑行者和其他出行者可自由存取车辆，同时也可配套其他服务设施（如自助服务亭、修理间等）。

图 9.2　自行车停车设施（图片来源：巴勃罗·塞利斯）

9.1 自行车停车设施

在重要的交通节点，应配套设置数量充足的自行车停车架，具体标准参见第 9.2 节。

9.1.1 出入条件

车辆易于存取是自行车停车设施非常关键的因素。车辆存取方式应尽可能简单明了且易于管理。停车设施任何入口处的最小宽度均应满足两辆车同时进出。为满足骑行者直接骑行至自行车停车处，与道路连接的坡道坡度不得超过 200‰。

9.1.2 设计

自行车停车设施的设计应避免骑行者在设施以外的地方停放。规模较大的自行车停车设施应根据管理要求实行分车型分区停放管理。尤其是用于车辆长期停放的自行车停车设施，应尽可能设置顶棚，并应设置照明设备。自行车停车架见图 9.3。

自行车停车设施规模不足或选址不当，可能引发路内车辆乱停乱放，严重影响行人通行，尤其是妨碍婴儿车、轮椅使用者及视力障碍人士通行。

9.1.3 尺寸

自行车停车架间距应充分考虑车辆停放的空间需求和停放车辆数量，建议取 60cm，但条件局促下也可取 50cm。当车辆垂直停放时，自行车停车位的长度一般取 2.0m，同时应留出至少 1.75m 宽的通道空间。车辆垂直停放的空间需求示意图见图 9.4。

图 9.3　自行车停车架（左图：栏杆式停车架；右图：垂直前轮支撑立式停车架）

当停放空间严重不足时，可通过不同的方式压缩车辆停放空间。如设置双排停车区（共用通道空间，提升空间利用效率）或斜列式停车区，如图 9.5 所示。

此外，应为货运自行车和带拖车的自行车预留适当的停放空间并设置专用路面标记。

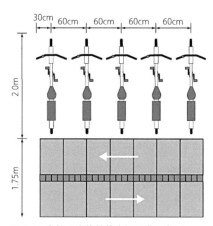

图 9.4　车辆垂直停放的空间需求示意图
（图片来源：巴勃罗·塞利斯）

9.1.4　停车架类型

自行车停车架的设计应使车辆停放后得到良好的支撑，并最大限度降低车轮滑出的风险。同时，应确保可单手停车，并将至少一个车轮和车身锁在车架上。

自行车停车架类型较多，建议使用带有垂直前轮支撑的停车架和栏杆式停车架，如图 9.3 所示。带垂直前轮支撑的立式停车架适用于绝大多数情况，且造价相对便宜、灵活、易于清洁和维护。但有时栏杆式停车架可能比垂直前轮支撑立式停车架更具有一定优势。因为

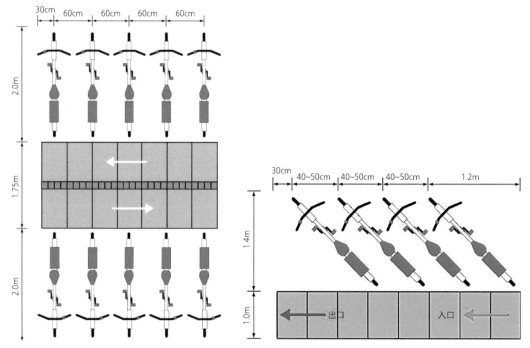

图 9.5　设置双排停车区或斜列式停车区的空间示意图（左图：设置双排停车区；右图：斜列式停车区）
（图片来源：巴勃罗·塞利斯）

栏杆式停车架可以更好地与城市家具相融合，对于大多数车型来说，都可以更便捷地锁在此类停车架上。

设置双层停车架时，应与其他设备（坡道或辅助电梯）配套使用，以便于自行车停于上层。

自行车停放并不一定需要停车架，也可以设置一些物理设施，如挡风板的设置可以减少强风对车辆倒地的影响。

9.2 停车设施建设标准

自行车停车设施的规模应充分满足停放需求。建议结合用地类型明确自行车停车设施的建设规模，以保证用地政策的落实。然而骑行需求受许多因素影响，包括功能区分布、基础设施规模和分布、公共交通网络等，因此很难确定自行车停车设施建设标准的具体数据。推荐的自行车停车设施建设标准见表 9.1。

表 9.1　推荐的自行车停车设施建设标准

用地用途	自行车停车设施建设标准
住宅和公寓楼区域	2~2.5 个停车位 /100m^2； 大学宿舍楼 1.0 个停车位 / 人
儿童护理机构	每位员工 0.4 个停车位，并预留拖车和特殊自行车停放空间
中小学	1.0 个停车位 /4 年级及以上的学生； 0.4 个停车位 / 教职工
教育培训机构	0.4~0.8 个停车位 / 学生； 0.4 个停车位 / 教职工
零售商店	主要区域 2.0 个停车位 /100m^2； 其他区域 1.0 个停车位 /100m^2
医院诊所	0.3~0.4 个停车位 /100m^2； 0.4 个停车位 / 员工
车站	满足 10%~30% 的日均乘客人数
公交首末站	满足高峰时段 06：00~09：00，每 10 名乘客能够有 1.0 个停车位
电影院和剧院	0.25 个停车位 / 坐席； 0.4 个停车位 / 员工
酒店和餐馆	1.0 个停车位 /15 人； 0.4 个停车位 / 员工
体育场馆	0.6 个停车位 / 球员； 0.4 个停车位 / 观众
办公区和工业区	0.4 个停车位 / 员工
休闲区	1~4 个停车位 /10 人

资料来源：丹麦自行车协会，《自行车停放手册》（2007 年）

/ 第 10 章 /
公交停靠站处的自行车道设置

在公交停靠站外侧设置自行车道（带有高差、铺装差异，与机动车道有显著区别的自行车道）会增加行人和自行车发生事故的风险。设置自行车道的公交车候车站台一般有两种候车形式，一种设置在人行道上（下文简称"侧式公交站台"），如图 10.1 所示，另一种为岛式公交站台，如图 10.2 所示。

由于单侧双向自行车道的事故风险等级特别高，因此只有在自行车道和公交站之间可以创建足够宽的分隔间隙时，才能在公交停靠站外侧设置单侧双向自行车道，否则此位置只能设置公交停靠站。

10.1   优先权

在岛式公交站台的位置，上下车乘客都有责任避让骑行者。在侧式公交站台的位置，骑行者必须让行上下车乘客。

图 10.1   侧式公交站台处设置的自行车道

图 10.2   岛式公交站台处设置的自行车道
（图片来源：《道路规划手册》"公交和快速公交"，2016 年 6 月）

10.2 事故

岛式公交站台事故多发生在公交车进站前，乘客从人行道穿过自行车道移动到公交站台的瞬间或者乘客在等待期间返回人行道时与非机动车道发生了事故。

侧式公交站台事故多与公交车下车的乘客有关。

10.3 设计要求

即使是公交停靠站附近，自行车道宽度应保持与其他路段一致。在低底板公交车辆停靠的公交站，应预留出 80cm 宽的坡道空间。同时，自行车道与人行道之间应设置连续的无障碍通道，且应正对公交车的中门位置。

如果自行车道和人行道之间的路缘石高度大于 3cm，可以通过降低至少 1.5m 的路缘长度或通过建立斜率不超过 1∶10 的沥青坡道来实现。考虑到骑行安全，沥青坡道延伸至自行车道的长度应不超过 0.5m，并应不影响排水。

岛式公交站台的设计要求

如果岛式公交站台与自行车道在同一平面，岛式公交站台的路面应与自行车道路面使用不同的路面铺装，区分步行空间和自行车通行空间。考虑到视觉障碍人士，必须采用凸起边缘或者色差的方式进行区分。如果岛式公交站台的路面与自行车道使用了同样的路面铺装，两者间应设置 2.5~3.0cm 的高差进行区分。

为了方便婴儿车上下公交车，岛式公交站台的宽度要求如表 10.1 所示。岛式公交站台的长度应不小于公交车的长度。

表 10.1　岛式公交车站台的宽度要求

分项	路边的岛式公交站台	路中的岛式公交站台
正常宽度（m）	2.00	3.00
最小宽度（m）	1.50	2.00

对公交站台，应保障车辆行驶方向上有充足的出站安全空间。在车辆出站时，因车辆拐弯可能会产生视觉盲区，最严重时可能会侵占公交车道 1.3m。为了考虑视觉障碍人士的需求，公交站台应在上车位置利用不同材料标记 90cm 宽的提醒区域。

第 二 篇
乡村区域交通设施与规划

F 部分
开阔乡村区域的道路和
小径规划

第 11 章　开阔乡村区域的自行车
道路网规划

F

H

G

G 部分
开阔乡村区域的道路线形
设计

第 12 章　开阔乡村区域的道路横
断面

第 13 章　开阔乡村区域的道路几
何线形

H 部分
开阔乡村区域的道路交
叉口

第 14 章　开阔乡村区域的道路
交叉口规划

第 15 章　开阔乡村区域的信号
控制交叉口

第 16 章　开阔乡村区域的环形
交叉口

/ 第 11 章 /
开阔乡村区域的自行车道路网规划

本章介绍了在开阔乡村区域规划自行车道路网的方法。该方法很大程度上受到了城市区域规划方法的启发。

在开阔乡村上自行车道路网规划的主要目的是，创造一个可达性高，道路安全性高以及与自然环境相互融合的可持续性自行车道路网。

通过本章中描述的规划方法制定长期计划，提出道路管理局未来在自行车建设方面的投资方目标和要求。

11.1   现状资料搜集

规划的自行车道路网是既有多种交通道路网络的一部分，应根据经济可行性和道路使用者的特性来判定现有规划条件。针对行人和骑行者规划的道路网络见图 11.1。

为了能够对道路使用情况进行评估，需要对现状道路的交通状况和条件进行调查，调查内容包括如下：

◎ 交通量；

◎ 交通事故；

◎ 道路布局；

◎ 安全隐患点，如学校周边道路要重点进行分析；

◎ 已规划的道路建设情况。

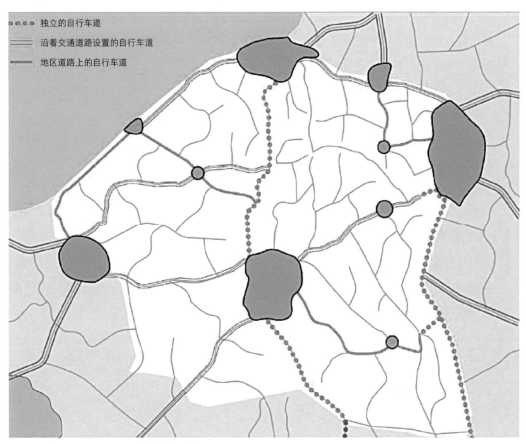

图 11.1 针对行人和骑行者规划的道路网络

11.1.1 交通量

应通过简单的计算得出自行车交通量。

为了评估当前和潜在骑行者的交通行为，应绘制其出发点和目标地。

重要的出发点和目标地包括：住宅区、工作场所、教育机构、商店和有吸引力的中心功能区，以及体育设施、娱乐区和其他公共功能区（如图书馆、公交站以及场站）。

例如，如果要分析学校周边道路的使用者，可通过与学校、教育机构和工作场所等工作人员进行座谈的方式，来了解具体的出行行为。

11.1.2   交通事故

通过警方统计报告可以查找过去5年发生的事故数量。如果有急诊室登记的事故数据，可以对警方统计报告的数据进行补充。

11.1.3   道路布局

道路布局既包括现状道路也包括规划道路。道路布局需要包括自行车道方向（单向 / 双向）、宽路缘带（边缘车道）、独立的自行车道以及地区性道路中的主要道路。此外，还包括了安全的交叉点。规划网络应包括交通类型的道路和休闲道路。

11.1.4   安全隐患点

应对当地居民认为存在通行不安全的区域和交叉口进行调查。

例如，可以通过分析学校周边道路安全隐患、分析周边居民出行行为与当地居民组织（例如土地所有者、地方议会等）合作等方式来调查这些不安全的地点。

11.1.5   规划道路建设情况

了解本区域规划的道路设施和需要进行改扩建的道路设施。

11.2   路网功能分类

本节中描述了在开阔乡村区域对路网进行功能分类的方法。

11.2.1   道路网分类

道路网需要按照需求进行分类。理想状态下的道路交通网规划应包括以下部分：

◎ 机动车通行路网；

◎ 地区性交通路网；

◎ 行人和自行车道路网；

◎ 仅适用于低速通行的路网；

◎ 公交路网。

在下文中，仅针对与自行车道路网规划有关的事项进行描述。

11.2.2 小径网络

小径是指专供行人、骑行者、小型轻便摩托车使用者使用的道路以及特殊的可供骑马的道路。小径可以沿着机动车道设置，也可以设置为独立的道路。沿着道路建设的小径可以是单向也可以是双向，而独立设置的小径应该为双向通行的道路。

规划的小径网络可包括如下内容：

◎ 独立的小径；

◎ 沿着道路设置的小径（自行车道或者标线隔离的自行车道）；

◎ 宽边缘车道；

◎ 地区性道路的连接路线；

◎ 有安全保障的交叉口。

11.2.3 自行车道路网

小径网络中包括自行车道路网，在自行车道路网规划时是基于骑行者的交通行为的调查结果来开展。

在规划时首先应该将规划的区域视为一个整体——规划区域应避免被任何行政边界影响或者割裂。为确保道路网的连贯性，在通过较小的城镇和村庄时建议采用其既有的指定道路。

自行车道路网包括现状和规划的路段、交叉口及延伸段的所有设施。有关如何规划行人和自行车道的详细说明，请参阅本手册第 1 章"自行车交通规划"。

此外，还应该将自行车道与娱乐休闲区域进行连接，来满足休闲健身的自行车骑行需求。

11.3 小径网络的要求

11.3.1 横断面

小径包括以下几种断面类型：

◎ 仅供步行的步行道；

◎ 常见的自行车和行人共享的道路断面，即行人、骑行者和小型轻便摩托车使用者有一个共同的通行区域；

◎ 自行车和行人共板断面形式，即步行区域通过标记或分隔带，与骑行者和小型轻便摩托车区域分开；

◎ 为骑马者预留的马术通行区域。

在选择横断面类型时可结合道路使用者类型进行选择。具体横断面设计中具体要素在本手册中第 12 章"开阔乡村区域的道路横断面"中有更详细的描述。

11.3.2　道路平面

规划的小径路线至少与沿着机动车道路设置的自行车道上的替代路线一样短。小径的坡度建议比可替代路线的坡度小。但是，在平交路口可能难以实现。必须遵守最小转弯半径和可视范围的相关规定。在双向行驶的小径上，也必须满足该条件。具体可参见本手册中第 13 章"开阔乡村区域的道路几何线形"的说明，其中指标最大可增加值也参考本手册第 13 章中的说明。

在设计小径时，应满足步行困难者的可达性，这在《通用可操作性技术规范的要求——残障人士的无障碍设置要求》中有更详细的描述，具体请参阅"道路规则"网站。

11.3.3　道路和小径的交叉口

道路连接处和道路交叉口应保障一定的水平视距，具体水平视距的指标要求见本手册第 14 章"开阔乡村区域的道路交叉口规划"。

11.3.4　照明设施

小径网络的设置必须充分考虑照明方面的需求，特别是在隧道和遇到有障碍物的位置应设置照明设施，并且建议全天开启。

11.3.5　安全距离

栅栏、树木和其他道路设施与道路铺装边缘之间的距离不应大于 0.5m，但最小距离不得小于 0.3m，具体另见本手册第 17 章"交通区域的设计基础"。此外，在水平弯道和陡坡位置，建议增加安全距离。

11.4　实例——道路网规划

Midtkøbing（米特克宾）、Nystrup（尼斯楚普）、Strandby（斯特兰比）和 Østby（东镇）这四座城市的市政府，在四座城市和邻近城市的相关调查基础上制定了一个在开阔乡村的道路网规划。确保了四个城市道路之间发展的一致性，这一点尤为重要。

通常规划的道路网应连接大型的城市社区和重要的功能区域，包括了夏季度假区、公园和大型海滩等。在地区之间，道路网也应将大型城市与周边的乡村进行连接，包括小型的村庄和位于开阔乡村区域的其他功能区。

例如尼斯楚普市的道路网规划，将本市的游泳馆、体育场、学校和工业区等重要功能区进行了连接。此外，政府还计划对学校周边道路进行分析，分析结果将作为开阔乡村道路网规划编制的基础。

道路网中包括了小径网络。小径网络一般包括独立的小径、沿着道路设置的小径（自行车道或者标线隔离的自行车道）、宽边缘车道以及地区性道路的连接路线和有安全保障的交叉口。

在开阔乡村上建设独立小径的成本费用较高，一般在市政预算中用于建设小径的资金投入很少，所以尼斯楚普市政府会优先考虑利用既有道路设置小径（即沿道路设置的小径）。当既有道路被选作小径时，既有道路的机动车道速度必须受到限制，最高为50km/h。

此外，这四个城市在规划道路网时还将考虑规划服务于其他类型车辆的新型道路，如一条可能让农业拖拉机通行的道路。规划中的小径网络实例见图11.2。

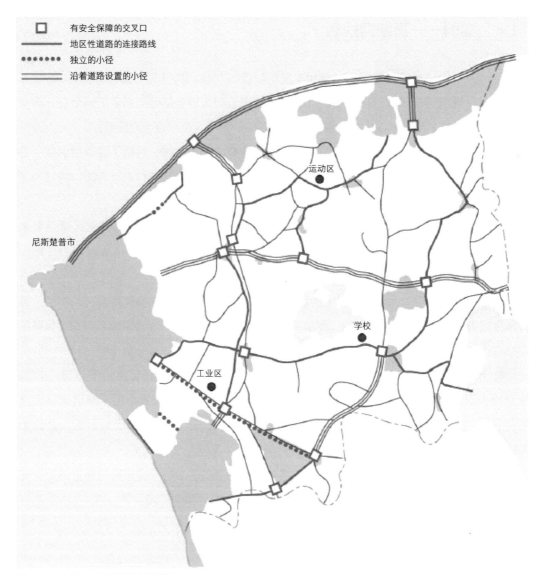

图 11.2　实例——规划中的小径网络

/ 第 12 章 /
开阔乡村区域的道路横断面

本章为开阔乡村道路的横断面设计指南。

本章在撰写时基于主要道路的安全性、可达性、经济性和施工后的道路通畅度等方面。该手册包含了对道路管理部门的建议，有助于确定相关条件下的道路横断面。

因此，本章内容可以帮助道路管理部门在充分考虑政策优先事项和对当地道路条件认知的基础上选择横断面的最佳设计要素，例如在设计过程中考虑道路在路网中的功能定位、地形和远期交通量等。

12.1　横断面要素

本节从功能作用、设计要点、道路安全和特殊条件（包括气候、环境、建设、运营和经济成本）等方面系统地阐述了横断面的要素。

设置本节的目的是：

◎ 为第 12.2 节提供基础背景知识。

◎ 基于路网可达性、道路安全性或经济性等不同的优先顺序，为改造既有道路横断面提供基本要求。

◎ 为调整基本横断面提供依据，如第 12.2 所述。

12.1.1　边缘车道和标线隔离的自行车道

通过在道路最外侧标记路缘线的方式来建立边缘车道。边缘车道的宽度指路缘线宽度和路缘区域的宽度。边缘车道一般是指宽度大于 0.5m 的路缘带，0.5m 以下的在本手册中统称为路缘带。

边缘车道的功能作用：

◎ 在视觉（通过边界线让人看到）和触觉（通过异形边缘线让骑行者感受到边界）上标出了车道区域边界，增加了到道路边缘的距离，以便道路使用者有一个空间来及时纠正骑行行为，从而避免驶入道路外侧。

◎ 允许特别缓慢移动的车辆暂时靠边，并为车辆维修提供空间。

◎ 便于在车行道外，进行除雪和排水作业。

在交通混行且没有自行车道的道路上，边缘车道也可作为自行车和小型轻便摩托车的通行区域。但是，骑行者不是必须使用边缘车道通行，除非车行道上的可供行驶的宽度无法满足通行需求时，或者该位置的边缘车道已明确标记为自行车道。

1. 设计要点

边缘车道通常的宽度为 0.5m，但如果边缘车道被设置为自行车道，则它们必须具有至少 1.2m（包括 0.3m 的路缘线）的宽度，并施划自行车地面标识或设置自行车道标志。使得边缘车道在交通法的意义上成为自行车道，并且不允许机动车使用该区域，例如用于机动车停车。骑行者和小型轻便摩托车驾驶员，也必须使用自行车道。双向道路宽边缘车道和异形路缘线见图 12.1。

图 12.1　双向道路宽边缘车道和
异形路缘线

边缘车道

　　第 172 条：在双向车道上，Q46 式连续路缘线必须在施划了中心线的道路上使用。

　　第 2 段　不间断的边缘线不适用于道路宽度小于 5.80m 的双向车道。

　　第 175 条：当道路边缘到路缘线边缘的距离小于或等于 0.8m（窄边缘车道）时，路缘线必须变窄。

　　第 2 段　当道路边缘到路缘线边缘的距离大于或等于 0.9m（宽边缘车道）时，路缘线必须变宽。

　　第 4 段　在高速公路上，路缘线使用的是较宽的形式。

资料来源:《道路标志标线使用的通告》第 801 号，2012 年 7 月 4 日

　　本手册第 32.2 节"纵向标线"中，给出了使用边缘车道的详细规则。供骑行者和小型轻便摩托车驾驶员使用的边缘车道宽度建议至少 1.2m（包括 0.3m 的路缘线宽度）。常规的自行车道，建议宽度为 1.5m（包括 0.3m 的路缘线宽度）。

　　在设置不间断的边缘线时，道路宽度至少应为 5.8m，此时，路缘带的宽度至少为 0.2m，以便能够标记至少 0.1m 的路缘线，能够取得相对满意的效果。

　　标线隔离的自行车道和宽边缘车道对于骑行者和小型轻便摩托车驾驶员来说，既可靠又安全，同时机动车驾驶员也可以临时借用。

　　窄边缘车道对于骑行者和小型轻便摩托车驾驶员来说，可能非常不安全，因为道路使用者不可能持续停留在狭窄的边缘车道内。如果使用隆声带或异形路缘线（丹麦异形路缘线的形式较多，有带有波纹的，也有设置缺口的标线），骑行者或小型轻便摩托车驾驶员可能感到不安全且不舒服。

　　边缘车道和标线隔离的自行车道与行车道具有相同的横坡。

　　2. 道路安全

　　施划路缘线和边缘车道还有助于提升道路交通安全。丹麦和其他国家的调查都表明，增加边缘车道宽度，可降低道路发生事故的风险。利用铺装的方式改善边缘车道和路侧带之间的过渡，被认为是经济效益最优的方案，同时也对提升机动车和自行车交通安全具有非常大作用。

　　标线隔离的自行车道的交通安全效果与宽边缘车道的效果没有显著差异。通过对未设

置标线隔离的自行车道或宽边缘车道进行评估得出，在道路外侧上施划标线隔离的自行车道通常有利于所有道路使用者的道路安全，因为铺装区域的扩大有助于保障安全区域。国外经验表明，在异形边缘线的位置设置隆声带具有很好效果。然而，这可能会导致舒适度显著降低，并可能增加骑行者和小型轻便摩托车驾驶员发生事故的风险，因此仅能在设置了机动车道的边缘车道上使用。

设置带标线隔离的自行车道，可以降低轻型交通使用者从后方或前方被机动车撞击而发生交通事故的风险。在开阔乡村区域沿道路设置标线隔离的自行车道，可以将轻型交通使用者的交通事故风险降低约50%，从效果上来说，设置标线隔离的自行车道和设置带有高差、铺装差异的自行车道从降低事故风险的角度上来说没有显著差异。

然而，根据实际情况进行的评估结果，自行车道与机动车道之间是否分开，其安全性存在很大差异。当道路限速大于等于50km/h，无论是有自行车道还是没有自行车道，骑行者在道路上发生事故的风险均较高。但是，设置带有高差、铺装差异的自行车道发生事故的严重程度较采用标线隔离的自行车道或混行的道路来说严重程度较低，具体见图12.2。

根据丹麦的研究，为保障道路安全，边缘车道的宽度至少为0.5m。但是，无法给出车道宽度和边缘车道宽度之间的一般建议，因为所有横断面要素宽度存在一定不确定性，可能既有道路上各要素不考虑使用推荐宽度值或者需要重新分配横断面布设。

在速度限制在80km/h及以下的道路上，设置宽度大于0.5m的边缘车道主要能够提高轻型交通使用者的安全性，也可以略微提高机动车驾驶员的安全性。但如果将超过0.5m的宽度部分作为边缘车道与外侧带之间的过渡（从而避免高路面边缘），则可以最大效果的提高安全性。

如果需要更宽的边缘车道，最好的方式是通过拓宽道路来实现最大效果，而不是压缩机动车道宽度。在速度限制为80km/h以上的道路上，设置宽度大于0.5m的边缘车道和设置符合路缘石过渡要求的过渡段，均会取得很好的效果。

3. 特殊条件

施划边缘车道和标线隔离的自行车道会影响道路路面的整体宽度，因此从美学角度考虑，路面不应过宽。虽然设置带有高差、铺装差异的自行车道也会增加总体路面宽度，但是这种设置方式通过铺装区域进行了分隔，因此比施划标线隔离的自行车道更可取。

宽边缘车道或标线隔离的自行车道的位置，也可以设置道路雨水排水设施，在边缘进行收集。然而，对于该解决方案的环境效益，尚未达成完全共识，并且出于道路安全的考虑，这一方案仅限于非常宽的边缘车道（尤其是在自行车和小型轻便摩托车都使用该车道的路段）或宽度良好的标线隔离的自行车道上。

通常使用与车行道部分相同的路面结构来建造边缘车道和标线隔离的自行车道。当标线隔离的自行车道和宽边缘车道位于路面最远端（距离机动车道最远），可以使用承载能力较弱的路面结构。

边缘车道或标线隔离的自行车道的存在，可以最大程度地减少边缘线和外侧分隔带的磨损，特别是宽度大于 0.5m 的情况下效果显著。

与带有高差、铺装差异的自行车道相比，宽边缘车道或标线隔离的自行车道的建设成本较低。同样其运营养护成本也较低，因为不需要对机动车道和自行车道之间的分隔带进行养护，也不需要对分隔带上的杂草进行修剪。

12.1.2　沿道路设置的小径（作为道路的设计要素）

沿道路设置的小径主要功能作用：能够将轻型交通使用者与速度较快的机动车交通进行分隔，此种方式保障了道路使用者的安全，同时也能够提高道路的可达性和道路安全性。

作为道路的设计要素，小径是仅供轻型交通使用者（行人，骑行者和轻便摩托车驾驶员）的铺装区域。作为道路要素的小径，通常是指开阔乡村的公共道路，但也可以是共享路径或单独的自行车道和人行道。沿道路的小径可以是单向的，也可以是双向的。带有独立人行道和自行车道的单向小径，通常比双向小径（无论是混用道路还是共用道路）更安全。

1. 设计要点

作为道路线形一部分的小径可以设计为以下两种形式：

◎ 道路两侧的分方向小径；

◎ 沿着道路一侧的双向小径。

根据轻型交通的组成，小径可以设计为：

◎ 仅供步行的步行道；

◎ 常见的自行车和行人混行道路，即行人、骑行者和小型轻便摩托车有一个共同的通行区域；

◎ 自行车和行人共享道路，步行区域通过地面标线或分隔带与骑行者和轻便摩托车区域分开；

◎ 为骑行者预留的马术通行区域。

方案的选择，主要取决于当地的道路空间条件和安全因素。道路两侧分方向小径通常是最佳方案。事故风险的差异取决于自行车和小型轻便摩托车的交通量，尤其在交叉口和道路进出入口位置的交通量。道路一侧的双向小径的事故风险显著高于分方向小径。

建议使用宽度为 1.5m 的分方向自行车道。如果道路上有很多骑行者，则应增加宽度从而确保道路的舒适性和骑行者能够超车。

城市外定居点的双向自行车道

第 1.a.5 条　双向自行车道宽度至少为 2.5m，如果道路使用者极少，宽度可以设置为 2.0m。单侧双向共享道路宽度至少为 3m，如果道路使用者极少，宽度可以为 2.5m。如果道路受到机动车、栏杆、树木和其他固定物体的影响，自行车道则必须预留至少 0.3m 的宽度空间。

资料来源：《关于在道路上设置双向自行车道的通知》第 95 号，1984 年 7 月 6 日

作为道路要素的小径可以采用设置分隔带也可以采用施划路缘线的方式与机动车道进行分隔。小径使用者通常更喜欢分隔带，因为这样可以减少与紧邻道路通行的大型车辆和速度较快的机动车的干扰。

在沿着道路的单侧双向自行车道和机动车道之间必须设置分隔带。沿道路的小径横坡通常为 25‰。

2. 交通安全

沿着道路的小径，可以防止轻型交通使用者从后方或前方被机动车撞击而发生交通事故。在开阔乡村地区沿道路建造的小径，可以将轻型交通使用者的交通事故风险降低约 50％，在其他普通自行车道上也存在这种效果。

如果小径采用分隔带的形式与机动车道分开，那么骑行者和小型轻便摩托车发生事故的风险将降低。自行车道上的人身事故严重程度还取决于机动车的限制速度，如图 12.2 所示。限制速度被作为一个衡量的标准，当限制速度为 50km/h 时，发生事故风险的严重程度差异便开始出现，随着限制速度的升高，发生事故的风险也随之升高。

小径在设计时应防止道路使用者发生意外或轻型交通使用者与其他道路使用者发生交通事故。因此，最重要的是在彼此交会时，需要考虑到不同类型道路使用者的通行区域需求。道路使用者的区域需求，包括不同交会和超车情况下的建议宽度，在本手册第 17 章

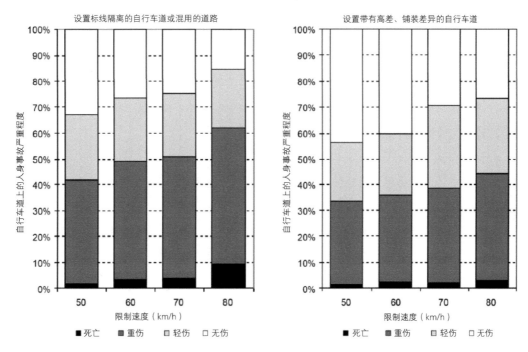

图 12.2　自行车道上的人身事故严重程度与机动车的限制速度之间的相关性

"交通区域的设计基础"中有所描述。

特别是对于双向小径和共享小径，最重要的是地面铺装和标线能够清楚地区分出分隔区域。这种道路上应该注意的一个情况，即在双向小径上自行车和 / 或小型轻便摩托车之间的正面碰撞（以及由此造成的严重事故）的情况并不罕见。

此外，双向小径通常会给道路交叉口带来安全问题。因此，分方向小径在道路设计中作为优先方案，并且可以通过增加的道路宽度而降低分方向小径上的骑行者和小型轻便摩托车驾驶员的事故风险。

3. 特殊条件

小径会导致铺装区域的整体宽度增加，从美学的角度来看是不利的，但可以通过使用草坪分隔带的方式来弥补其美观性同时实现划分作用，而不是使用标线隔离的非机动车道。

实际上，小径的宽度不太重要，只要宽度能够满足清扫和除雪设备通过即可。就成本而言，一条小径的养护成本可以等同于一条车道的养护成本。

12.1.3 作为独立道路的小径

作为独立道路的小径的功能作用：作为独立道路的小径一般用于连接轻型交通使用者的交通目标地和出发地，其路径与机动车道截然不同。作为独立道路的小径设置时应尽可能地远离大型车辆较多或交通量较大的机动车道，该类小径需要与沿道路设置的自行车道或小径进行区分。在实际使用中，作为独立道路的小径应始终采用双向道路，并允许所有类型的轻型交通使用者使用。

1. 设计要点

作为独立道路的小径，应始终设计为双向混用道路或双向共享道路。

2. 道路安全

与沿着道路设置的小径相同，道路使用者在作为独立车道的小径上发生交通意外的情况并不罕见，即会出现自行车或小型轻便摩托车之间的正面碰撞。因此，必须针对作为独立道路的小径进行设计，以防止出现此类事故。

在设计时需要重点考虑交叉口处不同类型的通行需求，对于双向小径和共享小径，重要的是利用地面铺装和标线区清楚地显示分界区域。

由于作为独立道路的小径比较曲折，道路铺装以外的区域和分隔带都需要保证视距。在较为曲折的小径上，施划路缘线或设置照明设施可以减少黑暗中的事故风险。良好的照明还可以降低由于超车而引起的事故，从而提高小径使用者的安全性。

3. 特殊条件

与道路相比，小径铺装区域的宽度通常更为适中。因此，小径不会像道路一样影响周边景观。作为独立道路的小径相对于道路而言，对景观的适应性更强，设计时可以更加充分与周边景观相结合。

作为独立道路的小径上应该有足够的宽度供路面养护设备操作，包括碎屑清扫、分隔带养护、边坡割草和植被管养等相关的拖拉机、卡车等设备。

12.2 新建道路和小径的基础横断面

本章针对不同的道路和小径类型，介绍了典型基础横断面概况，这将给道路管理部门选择横断面提供依据。道路管理部门也可以根据具体情况，调整基础横断面，以适应当地条件或政策要求。

基础横断面概况是依据交通情况和资金投入来确定的，主要考虑的是道路可达性、安全性、建设后的交通流量以及建设经济性。

个别影响因素之间可能存在矛盾，因此，需要对各个因素进行综合考量，最终确定基础横断面。如果权衡影响因素之间的优先次序后，得出的横断面与基础横断面不同，那么道路管理部门可以进行一定的调整。

横断面确定时应考虑的主要因素通常包括：改善后道路的可达性、交通安全性，或最大限度地降低建设成本。此外，对于交通量较大的道路在横断面设计时，还需要考虑运营期间的交通管理要求。

考虑以上因素时，通常会采用如下做法：

◎ 为提高道路的可达性，通常需要拓展道路，即新增轻型交通使用者行车道。

◎ 为提高道路的安全性，在横断面设计中通常将不同类型的交通方式进行路权分离或采用设计元素的最大宽度，这将涉及横断面的拓宽。

◎ 通过缩窄横断面的总宽度，可以相对减少建设成本，但这通常也意味着降低了道路的可达性和安全性。特别是道路铺装区域的宽度，对于建设成本的影响十分重要。

◎ 开通运行后道路通行能力取决于可通行的铺装区域宽度。

因此，横断面的决策应遵循如下原则：如果希望道路能够提供更高的可达性和安全性，则可以增加更多的项目。相反，如果要降低建设成本，通常可采用相对较低的标准，也可以取消或减少单个项目。

此外，应该指出的是，所有基础横断面都应符合良好的通行标准，但如果需要更高的安全性，则可以进行单独设计。

由于轻型交通使用工具与机动车速度和质量存在巨大差异，在道路和共享道路上轻型交通与机动车交通应分隔开。可以通过以下形式实现：

◎ 沿道路设置的小径，将小径作为道路的设计要素；

◎ 作为独立道路的小径；

◎ 与地区性连接道路平行的小径路线。

沿道路设置的小径，是将小径作为道路的设计要素，该类小径不适用于道路速度等级非常高（90~110km/h）或超级高（120~130km/h）的道路。相反，任何人都可以在作为独立道路的小径，以及与地区性连接道路平行的小径路线上通行。

沿道路设置的小径只能在道路速度等级为 80km/h 及以下的路段上使用。具体本手册第 12.1.2 节中描述了此类小径的设计，包括分方向的小径、单侧双向小径、混用小径或共享小径等。

在道路速度为 60~70km/h 和 80km/h 的路段，可以沿着道路设置小径。而道路速度为 60~70km/h，且高峰日交通流量低于 2000 辆时可建造宽边缘车道。

在下文中，将针对以下道路类型的基础横断面概况进行介绍：

◎ 双车道道路；

◎ "2+1" 道路和单车道道路；

◎ 坡道；

◎ 小径。

12.2.1 双车道道路

双车道道路的基础横断面概况包括由中心线分隔的两条车道，以及两条道路的路缘带（边缘车道）和外部路肩。双车道上可以允许自行车通行，增设自行车通行区域。一种方案是自行车利用既有的行车路面进行通行，另一方案是在双车道旁增设一条分隔带隔离的自行车道（具体参见图 12.4）。

在设计速度为 80km/h 的道路上双车道道路的基础横断面的组成和宽度如图 12.3 所示。

1. 前提条件

双车道道路的基础横断面宽 11.0m，设计速度为 80km/h。假设有车辆超宽，一般允许 3.65m 宽的车辆通过，不应跨越中心线。基础横断面构成：0.5m 的路缘带和 3.5m 的行车道。

考虑交通流量和道路安全因素，基础横断面设计时，不仅要保证行车道的宽度，也要考虑到遇险和停放的车辆可以使用路肩和路缘带进行临时停放。在基础横断面的情况下，

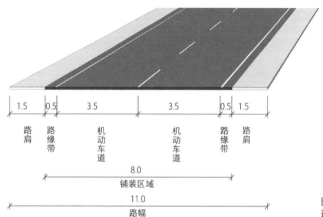

图 12.3 在设计速度为 80km/h 的道路上双车道道路的基础横断面的组成和宽度（单位：m）

未设置单独的小径供轻型交通使用者使用。如果交通量很小，轻型交通使用者可以利用路缘带（边缘车道）通行。

除隔离带施工外，其他道路横断面要素施工时均不允许双向通行。在施工期间，可采用封闭道路或将车道数减少至一条且设置信号调节的方式进行交通管理。

2. 其他横断面形式的适配要求

出于不同原因，希望缩窄基础横断面的宽度。但是，横断面任何要素的宽度缩窄都将影响使用功能，并降低通行能力和道路安全性。

车道宽度缩窄将降低单个车辆的行驶自由度，使其更靠近其他车辆，降低道路安全性。如果将车道宽度降低到 3.25m 以下，卡车将无法以 70km/h 的速度在车道内行驶。

道路上如果不会出现超宽车辆，且只有极少卡车通行时，车道宽度可以缩小到 3.2m，此时不会显著影响道路安全性或通行能力。使用较窄的车道，意味着卡车不能在车道内自由移动。在交通拥堵情况下，将导致车流速度减慢和／或行驶到路缘带上。经验表明，车道宽度不到 3.0m 时，事故风险将会增加。

当交通量较低时，可缩窄外侧路肩。此外，应该注意的是，如果路肩允许车辆停放，将降低道路的安全性和通行能力，在不考虑机动车加减速的情况下，可通过增加外部路肩的宽度的方式来进行优化。

中心线是两条实线或一条允许超车的虚线。由于隔离带可以使两个方向的交通之间产生更大的距离，因此，可采用中央分隔带替代中心线的方式来提高道路的安全性。中央分隔带可采用隆声带，也可采用物理分隔带，例如，路缘石或防撞杆，但是设置物理分隔带的前提条件是中央分隔带可以拓宽。

如果需要在横断面上设置小径，一种方案是将路缘带拓宽，变成宽边缘车道（至少 0.9m 宽），另一种方案是施划标线隔离的自行车道，至少 1.2m 宽，两个方案都包括 0.3m 路缘线。骑行者可以在宽边缘车道或标线隔离的自行车道上行驶。应注意的是，宽边缘车道上通行的道路使用者，不得越过路缘线（参见标记标线的要求）。

还有一种更能保证道路安全的解决方案是沿着道路建立机非分隔的小径，通过设置带有隔离的分隔带将其分开。单方向通行的自行车道，其分隔带至少应为 1.0m。在交通量较大的道路上，考虑安全性和可靠性，可以设宽度为 3.0m 的分隔带，外侧单方向通行的自行车道宽度至少为 1.5m。当骑行者较多时，单方向通行的自行车道宽度应设置为 2.0m 来确保安全超车。图 12.4 为设计速度为 80km/h 且设置带有物理隔离的分方向自行车道的双车道道路的基础横断面。

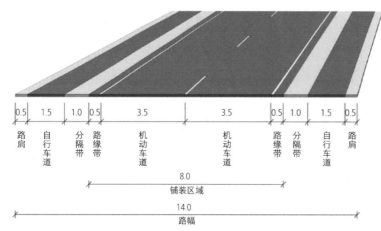

0.5	1.5	1.0	0.5	3.5	3.5	0.5	1.0	1.5	0.5
路肩	自行车道	分隔带	路缘带	机动车道	机动车道	路缘带	分隔带	自行车道	路肩

8.0
铺装区域

14.0
路幅

图 12.4 设计速度为 80km/h 且设置带有物理隔离的分方向自行车道的双车道道路的基础横断面（单位：m）

如果建立单侧双向小径，则分隔带的宽度至少为 1.5m。如果单侧双向小径的分隔带的宽度小于 1.5m，则必须在车道与小径之间建立视觉性物理隔离，例如围栏或防撞杆。分隔带宽度能够满足直径或宽度为 0.7m 的交通标志的宽度要求。第 12.2.3 节中，涉及单侧双向通行小径的宽度要求。如果外部路肩需要进行排水，则其宽度应为 0.7m。

12.2.2 "2+1" 道路和单车道道路

具有双向交通的单车道道路要求机动车在会车时相互让行。单条车道可以设计为 "2+1" 的道路形式或者单条车道的道路形式。此道路类型仅适用于轻型交通通行量较大的道路。

"2+1" 道路中仅有一条行车道，但允许双方向的车辆行驶。车道的两侧各设宽路缘带（边缘车道）。当两辆车会车时，车辆可以驶出车行道。与双车道道路相比，这种车道需要驾驶员提高注意力，还应降低速度从而确保通行的安全和舒适。

"2+1" 道路的宽度通常比单车道的道路更宽，从而确保两辆车可以相互通过。这意味着 "2+1" 道路的通行能力大于单车道道路。

在 "2+1" 道路和单车道道路上，必须确保以适当的设计速度进行会车。在没有足够宽度的单车道道路上，为保证两辆车顺利通过，还应在适当位置设置错车道，同时应确保错车道的间距，使错车道始终处于视线范围内。

在 "2+1" 道路上，机动车由纵向标线引导在道路中央行驶，轻型交通使用者在边缘车道（路缘带）上行驶。"2+1" 道路改善了道路使用者的通行安全性和舒适性。

与未设置标线的单车道不同，"2+1" 道路必须设置纵向标线。

路缘线

　　○ 第 172 条　第 3 段　在双向交通的单车道道路上，如果位于较密集建成区域内且允许速度大于 50km/h，或在密集建成区域外允许的速度为 60km/h，则不得使用 Q47 式虚线。

　　○ 第 174 条　第 3 段　在双向交通的单车道道路上，虚线路缘线之间的距离不得超过 3.5m 且不得小于 3.0m。

　　○ 第 175 条　第 7 段　在双向交通的单车道道路上，路缘线应加宽（宽边缘车道）。

资料来源：《道路标志标线使用的通告》第 801 号，2012 年 7 月 4 日

　　"2+1"道路的基础横断面包括一条道路，两条宽边缘车道（路缘带），包括宽（0.3m）的虚线路缘线和两个外部路肩。这一类型的基础横断面如图 12.5 所示。

　　"2+1"的道路形式，可应用于新建道路，针对交通量较低且宽度不足以保障双向通行的也可以改造为该种道路形式。根据交通量情况，"2+1"道路可以降低速度或改善道路安全，保证道路上轻型交通使用者的安全。在交通量较少的路段上，建设"2+1"道路是建设自行车道的替代方案。

　　单车道道路可以不设路缘带，因此基础横断面仅包括车道和两侧路肩。单车道道路可以是单向或双向道路，可以使用沥青或砾石铺装。这一类型的基础横断面如图 12.6 所示。

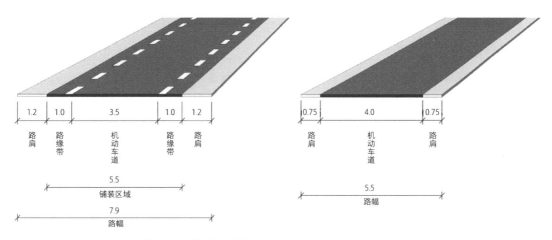

图 12.5　设计速度为 60km/h 的"2+1"道路的基础横断面（单位：m）

图 12.6　设计速度为 60km/h 的单车道道路的基础横断面（单位：m）

"2+1"道路设置的前提要求

"2+1"道路的基本横断面宽度为7.9m，设计速度为60km/h。对于卡车而言，车道宽度为3.5m时，能保证卡车在路缘线内行驶。

当"2+1"道路上设置了1.0m的边缘车道（路缘带）时，可保证两辆客运车在无明显减速的情况下会车；如果两辆卡车会车，可使用外侧路肩，或以非常低的速度进行会车。

"2+1"道路上的分隔带和外侧路肩能够为临时停放或发生故障的机动车提供空间，且不影响道路机动车通行。

分隔带的外侧可选择性地增加防撞栏杆，以及相应的栏杆基础保护设施，可防止防撞杆变形。

对于小规模占道施工，当占路宽度小于约2.0m时，可以在施工场所之外加设车道。对于较大规模的施工，道路应该封闭。同时在施工过程中考虑通过导改措施降低对道路交通运行的影响。

12.2.3 小径

基础横断面包括4种横断面类型，即双向自行车道、双向混用车道、双向共享车道和人行道。

基础横断面包括所有类型的车道/小径和两个分隔带。基础横断面的构成和宽度，如图12.7~图12.10所示。

1. 前提条件

在所有类型的路径上，基础横断面都应包含0.5m的路肩，此宽度是最小宽度。如果需设置排水井，宽度必须达到0.7m。此外，路肩对自行车和小型轻便摩托车的骑行体验也起着重要的作用。

双向自行车道和混用道路的宽度，根据最小值进行确定，参见《关于在道路上设置双向自行车道的通知》。道路的宽度是根据其功能以及本手册第17章"交通区域的设计基础"中，针对不同通行单元指定的车道宽度进行确定。

（1）双向自行车道

在双向自行车道的基础横断面中，确定车道宽度的出发点是，两个骑行者必须能够安全地会车。

（2）双向混用车道

在双向混用车道的基础横断面中，确定车道宽度的出发点是，骑行者必须能够以安全

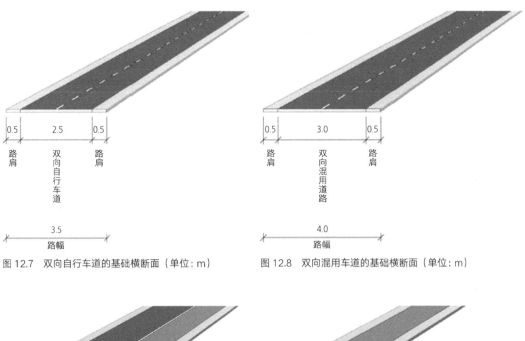

图 12.7　双向自行车道的基础横断面（单位：m）　　　图 12.8　双向混用车道的基础横断面（单位：m）

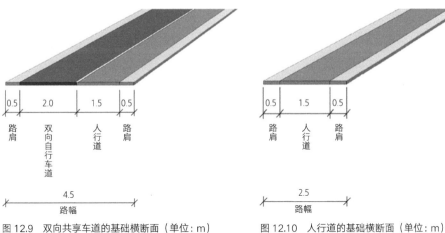

图 12.9　双向共享车道的基础横断面（单位：m）　　　图 12.10　人行道的基础横断面（单位：m）

的方式，顺利地与双人婴儿车交会并通过彼此。

（3）双向共享车道

共享道路包括自行车道和人行道。确定基础横断面的车道宽度的出发点是，这两种类型的道路使用者都能够在各自的区域内顺利通行。2.0m 的宽度可以让两个骑行者通过，1.5m 的宽度可以让两个行人通过。

（4）人行道

人行道的基础横断面概况的出发点是，两个行人可以在铺装区域内相互通过。人行道也可以作为骑马者通行的道路，在这种情况下，出于安全考虑，应将路肩的宽度扩展到1.0m，以便马匹和行人能够安全地相互通过。

如果要在道路沿线建造一条双向小径，则必须参考《关于在道路上设置双向自行车道的通知》，并在行车道和小径之间建立分隔带。

2. 其他说明

如上所述，基础横断面可以参考《关于在道路上设置双向自行车道的通知》中推荐的值进行确定。当只有少量道路使用者的情况下，双向自行车道和混用道路的宽度可以分别减少到2.0m和2.5m。

12.3   特殊横断面

铁路道口

下文中将简要介绍一些与铁路道口相关的最重要的因素。图12.11所示为设有半自动闸门的道路以及设有小径闸门的双向自行车道的通行区域设计示意图。

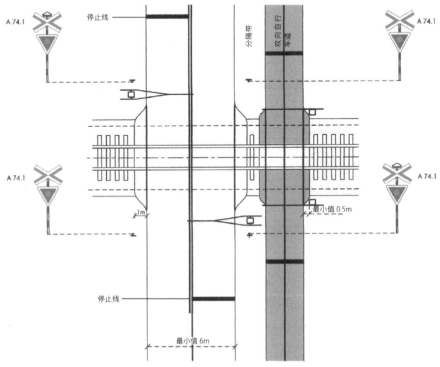

图12.11   设有半自动闸门的道路以及设有小径闸门的双向自行车道的通行区域设计示意图

（1）车道宽度

在未设自动闸门的铁路道口中，停止线之间的车道宽度应至少为 4.5m，两条停止线之间的距离应至少为 15m。

设有自动闸门的铁路道口中，停止线之间的车道宽度应至少为 6m，两条停止线之间的距离应至少为 25m。

为了最大限度地降低道路交通风险，轨道区域的车道铺装宽度应至少延长 1m，小径延长 0.5m。延长部分在轨道外部与通行区域呈 45° 角。

在通过铁路道口时横断面各元素的宽度不得减小。

（2）步行道和自行车道

步行道和自行车道不得在铁路道口前突然中断，因为这会导致轻型交通使用者在通过铁路道口时，被引导到机动车道上。

如果在道路改造时使用了自动闸门，那么应考虑平交道口区域对道路横断面的影响，同时考虑保障良好的视线。

（3）铁路两侧衔接段

为了在城市地区和高速公路上标明铁路道口，可以建造 2.3m 宽的中央安全岛（增加路缘带），其中可以放置道路交通标志。同时，为了防止闭合式半闸门之间的对角线通行，也可以在停止线之间建造一个安全岛（增加路缘带）。

/ 第 13 章 /
开阔乡村区域的道路几何线形

在本章中，介绍了对小径道路轮廓起决定作用的各要素。

13.1　路线设置要求

小径的道路中线是道路线形在水平面上的投影。在道路中线中，通常使用小径的中心线进行投影。

道路线形包括直线、圆曲线和缓和曲线。缓和曲线可以将直线和圆曲线相连，也可以连接两个圆曲线。缓和曲线可以将曲率为 0 的直线，均匀地过渡为曲率为 $1/R_h$ 的圆曲线。

两条直线之间不允许出现直接相连的直角弯道。如果直线与曲线相连，那么直线必须与曲线相切。如果是两条曲线相交，那么必须要有一个共同的切点。

道路中线及其元素的选择，取决于小径的功能和类型、交叉点的位置以及与周围景观的关系。

作为道路组成部分的小径，通常与道路具有相同的中线。然而在开阔乡村道路上，更合适的做法是将小径系统（自行车道）与道路系统分开设置。因为道路的线形是按照机动车交通需求进行布设的，对骑行者来说布设方式可能过于单一。

13.1.1　设置要求

1. 作为道路组成部分的小径

作为道路组成部分的小径可以设置单向小径（道路两侧的分方向小径）或双向小径（沿着道路一侧的双向小径）。双向小径通常事故率更高，通常应在机动车行车道和小径之间增加一个分隔带，参考本手册第 12.1.2 节内容。

考虑到道路上可能存在转弯半径较大的车辆，为保证安全，在交叉口未设置分隔带的路段必须设置引导线，从而保障驾驶员能够看到右边 70m 后的交通情况，其规划设计要求参见本手册第 14 章 "开阔乡村区域的道路交叉口规划" 中的规定。

通常来说，小径沿着行车道的路肩设置，与行车道的道路中线具有一致性。在公交站点、具有优先权的道路和转弯车道上，小径（自行车道）可能会变得更为狭窄。这里就需要根据行车动力学和道路概况，为小径设计一个独立的道路中线进行引导，以避免道路宽度过窄。

2. 独立线形的小径

考虑到美学设计，独立线形的小径与道路系统应保持一定的距离，以便可以明确地区分两个系统，可以通过设置绿植区来实现分离。建议独立道路的小径与道路系统至少保持 5m 距离，或者两系统间设置有明确斜坡和沟渠进行区分。小径在设计时必须确保使用者不会迷失方向。

路线规划时必须确保能够直连。如果道路和小径（自行车道）无法同时保障直连，则小径应选择最短路线，而机动车交通应该在最长路线上设置，这样可以避免骑行者使用机动车道通行。然而，若小径规划为其他娱乐休闲性道路时，不需要强调直连性，需要强调不同的路径选择。

小径的类型应该是多样化且美观的，可以通过与周围环境的协调来实现。在道路定线中，应该尽可能地避免长直道和水平弯道之间的短直道。

在城市以外的地区，可以将已有的、较少被使用的道路组合到小径设计中。

通过道路中线实现小径与道路之间最佳的衔接，从而保障小径线形更平滑。尤其是在丘陵地形中，中线对齐无论从道路线形设计的角度，还是保障景观设计的角度均很重要。

13.1.2　圆曲线

弯道的参数通常应在 $1/4\,R_h$ 至 $1/2\,R_h$ 范围内。但是在小半径的曲线中，参数可以采用其他的 R_h 值。

对于 S 曲线，可以考虑在两个弧线之间建立缓和曲线或直线。

圆曲线半径可以基于驾驶行为或道路轮廓条件来确定。

13.1.3　驾驶行为

对于乡村中的小径，通常允许小型轻便摩托车通行。

在下坡时，骑行速度达到 40~50km/h 并不罕见。

作为道路组成部分的小径，通常会偏离曲线的中心（超高），例如在公共车站和停车位，低点处如果积水则可能会导致发生交通事故。

纵坡大于 30‰ 的断面，在半径小于 50m 的弯道处应避免假悬。此外，应在坡底急弯处予以警告，以便道路使用者能够在进入弯道前减速。

13.1.4　轮廓条件

小径在进行道路轮廓设计时，需要保证驾驶员能够在道路上安全停车。当遇到转弯时，驾驶员的停车视距通常会落在行车道外边缘轮廓区域内，当在该区域内时，外轮廓自由宽度 b 的最小值为 0.3m。

可以采用类似于机动车交通的计算方式来计算骑行小径所需的道路轮廓，即使用公式（13.1），其中关于自行车和小型轻便摩托车的停车视距，可参见本手册第 17 章"交通区域的设计基础"表 17.3 中的停车距离。

下面给出了在允许小型轻便摩托车通行的单向小径和双向小径的最小圆曲线半径的计算案例。

案例 1：允许小型轻便摩托车通行的单向小径

图 13.1 表示了宽度为 2.2m 的单向小径在计算最小圆曲线半径时所涉及的相关参数，其中

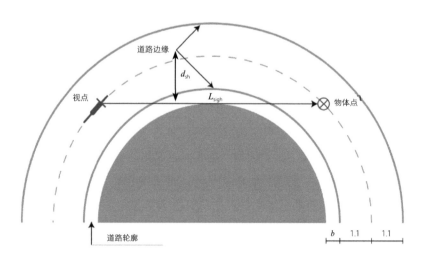

图 13.1　宽度为 2.2m 的单向小径在计算最小圆曲线半径时所涉及的相关参数示意图

单向小径宽度为 2.2m。

　　表 13.1 中显示了坡度为 0、车道宽度为 2.2m、上升和下降坡度为 50‰以及外轮廓自由宽度 b 为 1.0m 和 0.3m 的情况下，小径的最小圆曲线半径。

　　小型轻便摩托车驾驶员在上下坡时，可以采用与水平路段相同的速度，而骑行者在上坡时则需要采取较低的速度。

　　当小径边缘外分别设置了 1.0m 和 0.3m 外轮廓自由宽度后，表 13.1 中给出的最小曲线半径长度能满足第 17 章 "交通区域的设计基础" 中第 17.3.3 节 "停车距离" 的要求。

表 13.1　基于坡度和轮廓自由宽度条件下的最小圆曲线半径

小径类型	坡度（‰）	圆曲线半径，d_{sh}=2.1m（b=1.0m）	圆曲线半径，d_{sh}=1.4m（b=0.3m）
仅允许自行车通行的小径	+50	20m	29m
	0	41m	61m
	−50	143m	215m
允许小型轻便摩托车通行的小径	+50	58m	86m
	0	69m	104m
	−50	353 m	530m

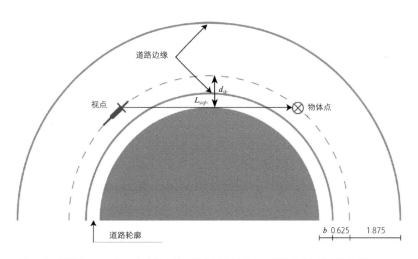

图 13.2　宽度为 2.5m 的双向小径在计算最小圆曲线半径时所涉及的相关参数示意图

案例 2：允许小型轻便摩托车通行的双向小径

在双向通行的小径上，建议设置合适的会车视距。宽度为 2.5m 的双向小径在计算最小圆曲线半径时所涉及的相关参数见图 13.2。会车的要求可能导致需要更大的水平半径。在这种情况下，可以考虑建造更宽的分隔带以提供所需的长度。对于允许小型轻便摩托车通行的双向小径，设计的曲线半径必须确保车辆能够停车和会车。

停车距离可参见第 17.3.3 节中的说明，会车距离等于停车距离的两倍。

当小径坡度为 0，宽度为 2.5m，外轮廓自由宽度 b 为 1.5m。物体到障碍物之间的垂直距离 d_{sh} 为 2.125m，即道路使用者到道路边缘的距离为 0.625m，外轮廓自由宽度为 1.5m。

基于上述前提条件，可以使用公式（13.1）计算圆曲线半径。

$$R_h = L^2_{sigh} / (8 \times d_{sh}) \tag{13.1}$$

式中　R_h——圆曲线半径（m）；

　　　L_{sigh}——基于速度 V_d 的视距（m）；

　　　d_{sh}——物体到障碍物之间的垂直距离（m）。

圆曲线半径按照四舍五入取整为 5m 后，在水平坡度的小径上时，满足停车和会车的最小圆曲线半径如表 13.2 所示。

表 13.2   在水平坡度的小径上满足停车和会车的最小圆曲线半径

类型	坡度 i_t	视距 L_{sigh}（m）	d_{sh}（m）	R_h（m）
停车	0	34	2.125	70
会车	0	68	2.125	275

13.2 纵断面

纵断面是沿着道路的垂直投影。与道路所处的地形相比，道路的纵断面很大程度上取决于所选择的路线。

纵断面由直线和竖曲线组成。

13.2.1 坡度

道路或小径的坡度，可以确定其纵向是下降还是上升。坡度 i_t 为正即为上升，为负即为下降。

13.2.2 小径的横断面要求

沿着道路两侧设置的小径纵断面通常与道路一致。作为独立道路的小径纵断面可以更紧密地与地形相结合，并随着其上升和下降。

1. 坡度

对于独立线形的小径（自行车道），其纵坡坡度与坡长之间应互相匹配，如表 13.3 所示。坡度和坡长之间的差值过大，会导致很多骑行者不得不下车推行。

对于沿着道路设置的小径（自行车道），在较长的路段上有很大的爬升，应考虑建造独立的小径（自行车道），以实现表 13.3 中纵坡坡度与最大坡长之间的比率。

表 13.3   独立线形的小径（自行车道）的纵坡坡度与最大坡长之间的相关性

纵坡坡度		最大坡长（m）	高差（m）
50‰	1：20	50	2.5
45‰	1：22	100	4.5
40‰	1：25	200	8.0
35‰	1：29	300	10.5
30‰	1：33	500	15.0

规划和设计人行道需要充分考虑残疾人的需求，尤其是在休闲路径（包括自然景观类的小径），为了满足残疾人通行，需要对现有景观进行无障碍设计，通常坡道设计应该优于梯道。

关于梯道、坡道的设计细节，请参阅《通用可操作性技术规范的要求——残障人士的无障碍设置要求》中的说明。

2. 竖曲线

根据手册第 17 章"交通区域的设计基础"中规定的交通参数，按照丹麦《国家开阔乡村区域道路设施规划手册》中的计算公式，可得到路径上的竖曲线最小半径。

在计算道路停车可视区域时，骑行者和小型轻便摩托车目高一般设定为 1.00m，物体高度设置为 0.3m（计算时常用使用 0.25 m）。

在出现桥梁的情况下，应评估桥下是否满足停车视距，具体参见第 13.1.1 节。

按照四舍五入取整至 5m 规则，在计算有、无小型轻便摩托车交通的小径的竖曲线最小半径时，需要满足如表 13.4 所示的停车距离和会车距离要求。

表 13.4　计算小径的竖曲线最小半径时水平道路上的停车距离和会车距离

道路类型	停车距离（m）	会车距离（m）
仅允许自行车通行的小径	155	305
允许小型轻便摩托车通行的小径	260	515

13.3　超高及横坡

设置超高及横坡的目的主要有两个：

一是有利于行车道排水，二是可以抵消车辆转弯时的横向力。

在坡度较小的长坡道上，由于存在积水，可能会出现厚水膜的风险，特别是在较大坡度的长坡道上，由于水会沿着道路流动很长的距离，因此也可能出现厚水膜的情况。

超高及横坡的单位为 $i‰$，并以字母 i_t 表示。

13.3.1　带有高差、铺装差异的自行车道

根据具体情况，自行车道和人行道可以建造双面坡和单面坡。在沿道路设置的小径

上，必须考虑整体横断面及其排水性能。自行车道通常设置 20‰~40‰的超高及横坡。在水平半径小于 50m 的情况下，作为独立道路的小径应朝弯道的中心倾斜。

在长纵坡上道路使用者的速度可能极大，路线应该在圆曲线半径处设置朝向弯道中心的超高及横坡，此外超高及横坡应尽可能大，但最大坡度不超过 70‰。

13.3.2　铺有碎石的小径

对于铺有碎石的小径，通常采用最大坡度为 50‰的超高及横坡。

/ 第 14 章 /
开阔乡村区域的道路交叉口规划

本章介绍开阔乡村区域的道路交叉口规划。

根据《开阔乡村区域道路和小径规划手册》，进行了道路和速度分类，并确定了开阔乡村区域可采用的道路交叉口形式，如图 14.1 所示。

14.1 交叉口范围内带有高差隔离、铺装差异的自行车道和划线隔离的自行车道

交叉口范围内带有高差隔离、铺装差异的自行车道和划线隔离的自行车道，是指供骑行者和轻便摩托车驾驶员行驶的区域，该行驶区域也可作为未施划人行横道的步行通行区域。

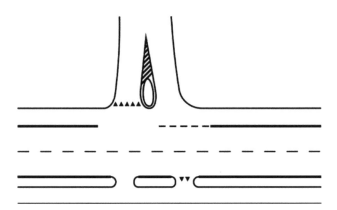

图 14.1　开阔乡村区域可采用的道路交叉口
形式

14.1.1　应用

交叉口设置自行车道适用于各类新改建交叉口，设置原则为：

◎ 确保骑行者能够尽可能安全地通过交叉口；

◎ 确保机动车和轻型交通的分离；

◎ 尽量减少机动车和轻型交通冲突区域的数量和范围；

◎ 将轻型交通使用者引导至交叉点。

如果通往并穿过交叉口的道路设置了自行车道，则自行车道应该延续穿过交叉口。

如果通往交叉口的道路未设置自行车道，但仍有骑行穿越需求时，则应在距交叉口适当位置开始设置自行车道。

14.1.2　设计

自行车道可以单向或双向通行。

通常应该首选单向通行，因为双向通行的道路可能会导致严重的安全问题，尤其是在设置了优先级的交叉口处。

然而，受该地区现有条件和规划等因素的影响，如土地使用性质、目的地和道路系统设计等，该地区可能需要选择使用双向通行的自行车道。

在设置了优先权的交叉口处，沿着主要道路分方向单向行驶的小径（自行车道）可按照如下情景设计：

◎ 沿道路设置小径（自行车道）通过交叉口，此时应在交叉口前至少 70m 处开始设置，此处转弯机动车辆应给自行车交通让行；

◎ 在进入交叉口前缩短自行车道，并入右转机动车道，此处，机动车交通依然拥有通行权；

◎ 在进入交叉口前进行绕行，在距离交叉口至少 10~15m 的次要道路处横穿，此处，小径道路的使用者让行于机动车交通。

在交叉口处，设置一条双向通行的自行车道，需要满足以下要求：

◎ 针对骑行者进行让行方案设计；

◎ 应说明是否需要采用信号灯、设置减速缓冲设施或在水平方向上设置阻断等。

设置自行车道的道路，经过交叉口时，道路的宽度应保持不变。

未设置自行车的道路，在进入交叉口之前，就应该考虑如何直接，从而使得路线合乎逻辑且有吸引力的。

通过十字口的线路应该强调让行义务。如果此处机动车具有让行义务，则线路不应有剧烈的方向变化或令人不适的转弯。如果骑行者不得不让行，则让行义务必须明晰，不得让骑行者和机动车驾驶员产生疑问。

交叉口设置自行车道的优点：

◎ 建立一个安全岛，骑行者在此区域可以明确判断其是否能穿行，从而让骑行者感到可靠和安全；

◎ 在交叉口两侧的自行车通行区域之间建立联系；

◎ 可通过信号灯调节交叉口，为骑行者提供优先权，并进行单独信号控制。

交叉口设置自行车道的缺点：

◎ 横向穿越时，可能出现相对较多的交通事故，尤其是涉及小型轻便摩托车的交通事故；

◎ 增加交叉口的范围；

◎ 可能会导致骑行者的绕行距离增加和时间延误，他们可能会因抄近道（占用机动车道）发生意外；

◎ 环形交叉口设置的沿着通行区域的自行车道，可能会分散驾驶者对道路的注意力。

14.1.3 特殊条件

从骑行者的角度出发，交叉口有多种设计方案和限制条件，这些情况都应充分考虑安全性，如下节所述。

14.2 自行车区域的一般要求

本节中主要讨论交叉口骑行者的情况，大多数涉及的因素和条件也适用于小型轻便摩托车驾驶员，在某种程度上也适用于行人。然而，在横穿开阔乡村道路时，行人的活动范围往往是很有限的，一般仅涉及横穿附近设有公交车站的交叉口。

14.2.1 设计要求

在规划和设计穿越点时，必须适当考虑骑行者的以下方面：

◎ 安全性；

◎ 可达性；

◎ 舒适性。

上述三个因素应同时兼顾，若不考虑安全性，仅提供合理的可达性和舒适性，当骑行者出于不同目的使用时，将会存在安全隐患。

1. 安全性

机动车交通和自行车交通之间的冲突，常发生在机动车交通与骑行交通存在交叉的地方。交通流量越大，机动车的速度越快，冲突越严重。

在改建现有交叉口时，应按照第17章"交通区域的设计基础"手册中参数要求进行测算。

2. 可达性

自行车通过交叉口的可达性，主要表现为其在交叉口有路权保障或通过信号交叉口的延误较小。自行车道路线的可达性指标参见表14.1。

表 14.1　自行车道路线的可达性指标

标准	参数	极限值	
		过境道路	地区性道路
速度	设计速度（km/h）	30	25
延误	平均延误（s/km）	15	20
绕过交叉口	绕道因子（非直线系数）	1.2	1.4

3. 舒适性

舒适性主要通过冲突数量和必须停车的道路使用者占比来衡量。此外，足够的空间、路面状况、边缘、照明以及防风防雨措施也是衡量舒适度的重要参数，对道路使用者如何使用设施具有决定性作用。

14.2.2　设计选择和规范

1. 消除冲突

在开阔乡村道路交叉口，车速通常很高，应尽可能通过交叉口类型的选择和交叉口的设计来减少或完全消除自行车与机动车之间的冲突。

例如，主要道路上的自行车交通在穿过机动车流量较大的次要道路时，可以通过立体交叉的方式消除冲突。此类方案既能够保障自行车交通的路权，又能够考虑机动车流量和速度。立体交叉详细的设计方案见第 14.2.4 节。

在很多情况下，道路类型或机动车交通量决定交叉口的类型和标准，与自行车道交叉时，同一平面内的机动车通行能力会受到影响。

同样，在这种情况下，为保障骑行者的安全性、可达性和舒适性，通常解决自行车和机动车交通之间的冲突的方式不能以解决机动车交通之间的冲突的方式进行。

2. 冲突点

对于骑行者来说，冲突点的数量和骑行者在该冲突点是否能安全通过，决定了其在该交叉口的安全性。

图 14.2 示意了 T 形交叉口中机动车与非机动车交通的冲突点。

所有冲突（含轻型交通之间的冲突）均与道路安全性相关，都需要进行彻底的处理、设计、规范、标记和描述。

在开阔乡村道路上，自行车通行量通常不多，且车速高于城市地区。机动车和自行车交通流之间存在的冲突点（见图 14.2 中的第 1~12 点），是威胁骑行者安全的最大风险。在图例中，骑行者在穿越交叉口（转弯道或直道）时，最多会穿过 4 个这种类型的冲突点。

图 14.2 中的一些冲突点可能看起来是人为的或无关紧要的。一部分原因是该图只显示了车流之间的冲突，没有区分车道。在实际使用中，除非有右转车道，否则可以认为冲突点 3 和 4 是重复的；但原则上，所有冲突点都各自代表一次风险。

为了评估骑行者通过特定交叉口的情况，在特定条件下，分析机动车和自行车交通流之间的冲突点是有用的。

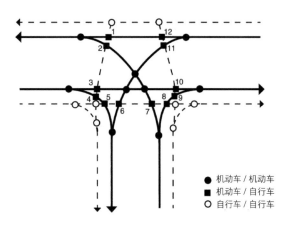

图 14.2　T 形交叉口中机动车与非机动车交通的冲突点示意图

安全通过冲突点的可能性取决于冲突点位置各交通流的速度，以及对单个冲突点处理、设计和管理方式。

个别冲突点可以通过信号灯或指定让行义务进行消除。但是，机动车和自行车交通流之间的冲突，无法通过合流的方式来解决。

3. 冲突调节

机动车与自行车的冲突调节主要适用于单个优先级交叉口和连续设置的优先级交叉口、环形交叉口和道路与小径之间的交叉口。

在这种情况下，冲突调节不仅仅是指定让行义务，是为了解决交通规则中道路使用者必须互相让路的所有情况。例如，冲突调节也适用于解决信号灯控制的交叉口转弯时的冲突（转弯时的冲突为二级冲突）。

道路使用者能够遵守交叉口让行义务的前提条件包括：交叉口的视距范围，交叉口的复杂性，无需让路的道路使用者的速度以及必须让路的道路使用者的速度。

对于必须让路的骑行者，与机动车驾驶员一样，需要确保其能够在车辆停止时进行必要的定向。由于自行车在转向时具有一定的速度，因此需要骑行者能够有一定的时间和空间来确保完全停止，以便进行必要的定向。

在机动车速度较高的情况下，在行车道上停车并进行转向是危险且不可靠的。因此，如果在停车区之外有一个单独的区域，使骑行者能够停车，同时进行转向，那骑行者遵守让行义务的能力就会变得很好。

当机动车速度较低时，自行车和机动车交通都可以在公共区域上通行，此时自行车发生风险的概率较低，且骑行舒适性也不会受较大影响。

通过设置以下标准，可以在指定让行义务的基础上处理机动车与自行车之间的冲突：

◎ 在冲突点处机动车速度超过 30km/h 的情况下，自行车拥有让行义务。应提供一个单独的区域，使骑行者可以停下来并进行必要的观察。在设有自行车道或自行车专用道的地方，可以设置此类单独的区域。

◎ 在冲突点的机动车车速低于 30km/h 的情况下，可能需要指定自行车或机动车交通的让行义务，此时可以省略骑行者的停车区域。

图 14.3 示意了两个交叉口设计方案，其中左图为设有单独自行车交通区域的交叉口。

如果要通过的冲突点数超过 3~4 个，或者高峰时间的机动车交通总量超过 500PE（标准车），应该分车道，特别是在车速很高的情况下，考虑其他解决方案。因为假设交叉口内非机动车通行速度为 1.0m/s，在机动车双向通行的道路上，平均车头时距将不允许非机动

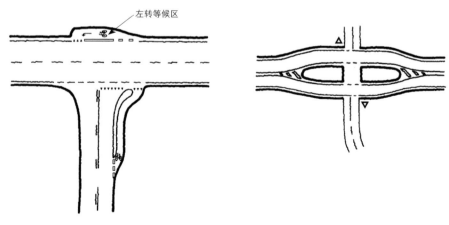

图 14.3　交叉口设计方案示意图

交通使用者通过，因此参考骑行者正常速度，必须在道路中央增加一个中央安全岛。

在年交通流量超过 10000PE（标准车）的情况下，拆分车道的解决方案会造成频繁地停车并产生较长的等待时间。若以停车的可能性和可接受的延误作为参数评价骑行者的舒适性和可达性，往往会采用立体交叉口设计方案。

4. 信号灯调节

通过信号灯调节机动车和自行车之间的冲突点，可以解决一部分不能采用冲突调节的问题，例如：

◎ 机动车交通流量大导致自行车交通等待时间较长。

◎ 冲突点的数量多导致从安全的角度考虑一直要求骑行者让行是不合理。

◎ 拥有多个机动车冲突点速度，无法确保骑行者安全让行。

◎ 机动车通行速度、交叉口复杂性和视距条件等因素导致机动车交通可能无法遵守让行规则。

如果需要对机动车和自行车交通流之间的单一冲突进行调节，出于安全考虑，应对整个交叉口进行信号灯调节。上述标准也可用于评估信号控制交叉口的二级冲突（即转弯时的冲突）是否单独设置信号灯调节。

只有当相邻道路上的限速为（或者可以降低到）60km/h 和 70km/h，才建议在开阔乡村道路交叉口上进行信号灯调节。如果为了保障交叉口安全性更高，参考丹麦《开阔国家道路和乡村道路规划设计手册》中的条款规定，信号控制的交叉口的设计速度为 50km/h。但是，对于无冲突、不需要进行信号调节的交叉口，速度可达 70km/h。

14.2.3　平面交叉口设计方案

平面交叉口应通过几何设计确保骑行者的路线尽可能直接穿过。在某些情况下，会采用道路后移的方式确保骑行者能够直接通过交叉口，虽然这种设置方式可能会造成使用者绕行，但也应该作为首选方案。

非机动车道后移的方式适用于设置了右转自行车专用道的交叉口，或者双向自行车道在通过交叉口时可以被使用。

1. 设置优先级交叉口和连续交叉口

对于骑行者而言，设置优先级交叉口❶和连续交叉口❷之间没有区别。在左转车道高速穿过自行车道的情况下，两条道路之间的自行车道将具有安全优势。

图 14.3 左图中显示了在优先交叉口设置单独的骑行左转等候区的情况。

在交叉口处，设置单独的骑行等候区，对于拥有道路优先权且在通道中可以以多种速度骑行的人来说是有利的，特别是相交道路的机动车交通流量很大且速度较高时。

在进行交叉口方案设计时，针对主要道路应设计过街通道，以便骑行者将该通道区域（即安全岛）用作等候区。

针对次要道路的骑行过街，可以沿着主要道路，设置至少 2.5m 宽的自行车通行带来穿越次要道路，从而改善骑行者在交叉口的通行条件。

如果高峰时段主要道路上的交通量大于 500PE（标准车），必须建立安全岛，否则骑行者（和行人）难以在交通流中找到横穿区域。

（1）直接通过交叉口的自行车道

当主要道路上的自行车道穿过次要道路时，自行车道应直接通过交叉口，如图 14.4 所示。因此，直行骑行者和小型轻便摩托车驾驶员不需要绕行。

交叉口进口处的自行车道应在连接边缘中断前方 30m 处，设置为无高差的自行车道，采用路缘线的方式与相邻机动车道进行分隔。交叉口设计时，应确保卡车的后视镜可以看到 70m 范围内的自行车，这个距离能够保障右转弯的卡车和货车可以通过右侧后视镜观察到直行的自行车者或小型轻便摩托车驾驶员。

当设置高差隔离的自行车道在进入交叉口处中断后，需要沿着其行驶轨迹标记直行自行车的骑行区域，如图 14.4 所示。

穿过交叉口且靠近车道的自行车道实现与其之外的自行车道之间的过渡时，采用分隔带与行车道分离。这些设计中最小曲线半径可以

❶　优先级交叉口：指非信号控制交叉口中指定让行义务的平面交叉口，一般 T 形交叉口设置为优先级交叉口。
❷　连续交叉口：指一定距离内由两个相反的 T 形优先级交叉口构成的交叉口。

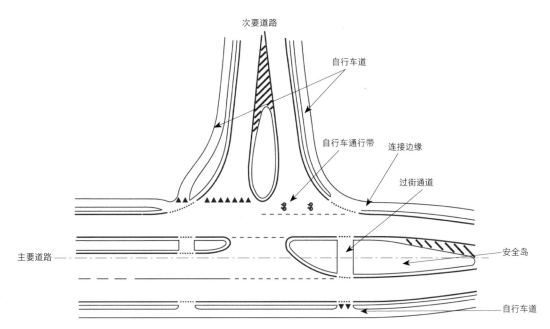

图 14.4　T 形平面交叉口示意图——两条沿着道路设置的自行车道

参考本手册第 13 章"开阔乡村区域的道路几何线形"中的要求。

当自行车采用自行车通行带（一般宽度为 2.5m）来穿越次要道路时，若穿越时遇到右转机动车，非机动车在此处可能需要观察或降速，将会采用两种速度通过交叉口。

（2）自行车道的后移

主要道路的自行车道和次要道路之间的冲突点后移，如图 14.5 所示。在这种设计中，骑行者需要无条件地给次要道路上的机动车让行。

主要道路上的自行车道在与次要道路相交，采用后移的方式通行时一般后移 10~15m。

后移 10~15m 可以使得自行车道的交叉点不作为交叉口的自然组成部分，从而免受交叉口优先级条件的影响。

另一方面，为了减少自行车交通的绕行距离，通过将后移的自动车道设置在交叉口的延伸段，但这对空间的要求很高。

在自行车交通的十字交叉口内，应确保机动车的最小停车视距，对于次要道路上的机动车的最小视距应采用表 14.3 中的制动距离进行设置。在后移自行车道的情况下，应在进入交叉口前 10~15m 设置通行权标识。

自行车道在进入交叉口前，应设计一条带有 S 形路线和半径为 3~4m 的制动弯道。制动弯道的目的是降低骑行者的速度并提高骑行者的注意力。S 形路线内照明设施必须充分，并设置不带反光效果的路缘线。

自行车道后移后可以通过宽度至少为 2.5m 的二级安全岛进行穿行。这种设计使得骑行者将安全岛作为骑行节点，采用两种速度穿过次要道路。

（3）自行车道与次要道路相交

来自次要道路的骑行者和小型轻便摩托车驾驶员，应该能够借助一级安全岛以两种速度穿过主要道路，见图 14.4 和图 14.5。边界之间宽度至少为 2.5m 的一级安全岛可以作为骑行者穿越道路时的节点进行停留。

在主要道路上没有通道的情况下，通过建立一个宽度至少为 2.5m 的安全岛，可以改善骑行条件。当主要道路上的高峰交通量大于 500PE（标准车）且车速大于 70km/h 时，必须建立安全岛。具有物理隔离的中央安全岛（一级安全岛），可以为骑行者和小型轻便摩托车驾驶员提供最佳保护。

如果沿着主要道路没有自行车道，左转自行车在外部路肩处可以设置一个等候区，骑行者在穿过主要道路之前，可在该区域先停车进行观察，具体见图 14.6。

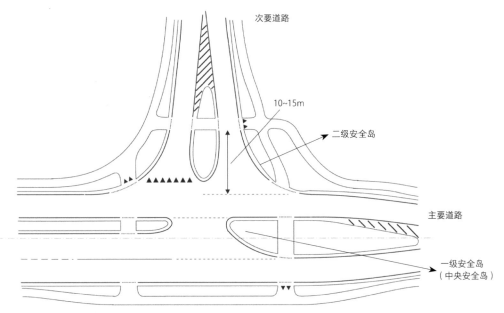

图 14.5　T 形平面交叉口自行车道的后移设计示意图

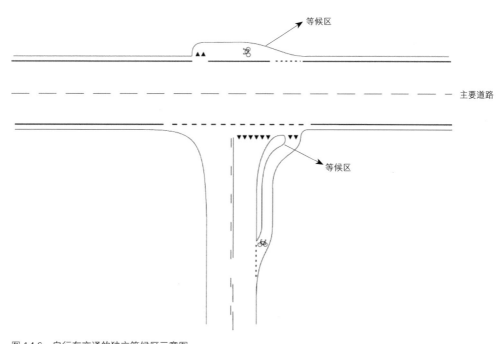

图 14.6　自行车交通的独立等候区示意图

如果沿着次要道路没有自行车道，在次要道路的隔带处设置等候区，可以确保想要穿过主要道路的骑行者，在该区域先停车进行观察，确保安全。

2. 环形交叉口

在环形交叉口，机动车交通可能需要给自行车交通让行，且在自行车穿行的路段，机动车交通的速度不会超过 30km/h。

与其他类型的交叉口相比，环形交叉口的区别在于存在极少的冲突点。单车道环形交叉口机动车与自行车交通的冲突点如图 14.7 所示，机动车和自行车交通之间共存在 8 个冲突点。

根据丹麦的一项调查（表 14.2），自行车与其他机动车一起通过环形交叉口时，不同的设计方案在安全性方面存在显著差异，调查中设计方案分为 4 类，即未设计单独的自行车道，设计中采用标线隔离的方式沿着环岛通行区域设置的自行车道、有高差或分隔的自行车道、将自行车道后移的交叉口（独立小径）等方案。骑行者在通过环形交叉口时，采用将自行车道后移设置独立小径，并要求骑行者让行的方案是最安全的设计方案。

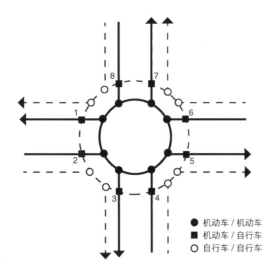

● 机动车 / 机动车
■ 机动车 / 自行车
○ 自行车 / 自行车

图 14.7   单车道环形交叉口机动车与自行车交通的冲突
点示意图

表 14.2   不同类型的自行车区域上，将十字交叉口转换为环形交叉口后自行车事故安全情况

环形交叉口的自行车区域 类型	在穿越交叉口时 需要转让道路优先权的道路使用者	自行车事故数量（起）		功效 （%）
		预期量 [1]	实测量 [2]	
无自行车区域（即未设计 单独的自行车道）	机动车驾驶员	14	20	+45
采用标线隔离的自行车道	机动车驾驶员	47	115	+146
带有高差铺装差异的自行 车道	机动车驾驶员	20	26	+29
将自行车道后移的交叉口 （独立小径）	骑行者	15	3	−81

注：[1] 预测量：1~5 年期间计算的事故数量，如果没有翻建为环形交叉口，则会发生的情况。
　　[2] 实测量：转变为环形交叉口之后 1~5 年期间实际发生的事故数量。

　　不建议在环岛通行区域内采用标线隔离的方式设置自行车道，因为在环岛内不设置自行车专用区更安全。

　　因此，在确保骑行者的道路安全的情况下，单一平面解决方案的排序如下：

◎ 方案一：环形交叉口内设置带有高差铺装差异的自行车道，通过分隔带与机动车的通行区域分开，同时设置交叉口后移，骑行者需要此位置让行。

◎ 方案二：沿着通行区域设置带有高差铺装差异的自行车道。

◎ 方案三：无自行车通行区域。

　　无论后移的距离如何，排序中的方案一可能会由于绕行而导致可达性降低。此外，应该注意的是，排序中的方案二和方案三从安全性的角度来看差异不大。

　　在道路上没有特定的自行车通行区域的情况下，应为骑行者沿着通行区域设置小径，或者应不允许自行车在环形交叉口通过。

　　如果公共机动车和许多大型车辆在环形交叉口行驶，应该意识到一点，即由于曲率的存在会导致这些车辆的驾驶员不易观察到沿通行区域的自行车道行驶的骑行者，见图 14.8。

　　这与冲突点 1、3、5 和 7 相关，如图 14.7 所示。通过建立立体交叉的解决方案，可以消除这些劣势。如果无法建立立体解决方案，则应建立一条后退的自行车道，并为骑行者提供通行权。根据实际条件，相对于通行区域的后移可能在 10~40m 之间（小幅后移是 10~15m，大幅后移是 20~40m），骑行者的交叉口将不会被视为环形交叉口的自然组成部分，并且不会被正常的道路优先级条件所影响。自行车交通需要向机动车交通让行，在道路一侧建立一个等候区，并为骑行者标记让行标识。同时，自行车道的设计应控制骑行者在让行线前的速度。

　　当骑行者具有道路优先权时，机动车的车速不应超过 30km/h。

　　目前的事故统计数据中没有可以作为确定后移距离的依据。在各种情况下，距离选择都应考虑以下因素：

◎ 骑行者的安全感；

◎ 骑行者的可靠感；

◎ 机动车驾驶员的定向感；

◎ 机动车的速度；

◎ 骑行者的绕行行为；

◎ 用地条件。

采用小幅后移（10~15m）的设计方案将会有如下影响：

◎ 这意味着骑行者有一定的风险，因为他们只有很短的时间来察觉和回应驾驶员是否会在通行区域内转弯或直线行驶。

◎ 意味着许多骑行者在通过交叉口前和行驶中都不安全。

◎ 机动车驾驶员同样需要迅速地察觉并对骑行者是否正在穿越道路作出反应。

◎ 意味着机动车的速度在交叉时相对较低。

◎ 骑行者绕行较少，更愿意使用。

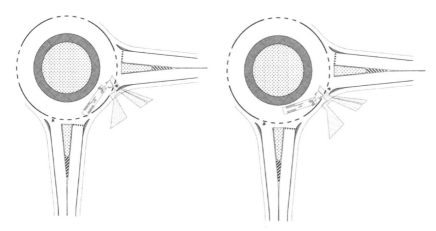

图 14.8　大型车辆在出口（左）和通行区域（右）的自行车区域盲点示意图

◎ 占用土地面积相对较小。

采用大幅后移（20~40m）的设计方案将会有如下影响：

◎ 骑行者面临的安全风险较小，因为骑行者可以以 1.0m/s 的速度穿越，而不必考虑驶出环形交叉口或直行车辆对其的干扰（这个速度是基于荷兰人对自行车行为的研究，在骑行区以及停止线前停下后进一步骑行的区域，视距如表 14.5 所示）。

◎ 骑行者通过这条道路时会更有信心。

◎ 根据交通心理学研究，为了让驶离交叉口的机动车驾驶员能够及时感知穿越交叉口的骑行者，交叉口在设计时应保证机动车驾驶员能够拥有反应距离和时间，该方案能够更好地保证该条要求。

◎ 该方案能使机动车在进出交叉口时的速度更快。

◎ 该方案的绕行距离较长，部分骑行者可能会冒着风险以不正确的方式抄近道。

◎ 该方案将需要更大的土地使用范围。

在自行车道后移的交叉口岔道上，应该辅助一个二级安全岛作为节点，且最好可以延展。二级安全岛可以被穿越，且两个路缘之间的宽度至少为 2.5m。设置二级安全岛后可以确保自行车以两种不同的速度穿过交叉口。

应确保带有拖车的自行车可以倾斜站立在安全岛上，且不会超过边界线。对于存在自行车交通的环形交叉口，应为机动车设置靠近环形交叉口处的停车区，参见第 14.3.5 节。同样，小径上的交通使用者也应该保证拥有一定的视距要求，参见第 14.3.7 节。

3. 信号灯控制的交叉口

采用信号灯控制交叉口的冲突点基本上与设置了优先级的交叉口的冲突点相同，具体见图 14.2。

并非所有冲突都必须由信号调节来管理，因此，在信号控制的交叉口中，这些冲突也应满足交叉口通行权的相关管理限制要求，特别是车速的限制。例如，图 14.2 中冲突点 2、5、6 和 9 就需要满足交叉口通过的速度限制要求。

此外，从交叉口穿过左侧道路的骑行者将通过冲突点 1~4，无论左转弯是否受信号控制，都需要设置一个单独的等候区。

自行车停止线应紧挨着步行带／自行车带（图 14.9），或设置在紧邻自行车道穿过连接边缘之前，见图 14.10。

当交叉口各方向道路均设置了带有高差的自行车道，同时，对右转骑行者进行了单独相位控制，其信号控制交叉口设计示意图如图 14.10 所示。若不对右转骑行者进行单独规定，则不需要设置分隔带。

相对于自行车停止线，右转机动车停止线向后倒退约 5m。骑行者可以选择性地使用绿灯。该设计能够为驾驶员提供更好地观察骑行者的视线，骑行者也有机会在车辆开始转弯前穿过路口。

在穿越交叉口时，设置带有自行车标记的自行车带能够作为交叉口内直行的自行车道，如图 14.9~ 图 14.11 所示。

在 T 形交叉口设计时，应为左转骑行者设置一个等候区，在左转前，骑行者可以安全地停下来，并观测自己周边情况，见图 14.10。等候区应设有停止线。

如果没有沿着道路设置标线／物理隔离的自行车道，则可以在交叉口范围或步行空间范围内设置一段自行车带，与机动车道分开并设有自行车停止线，见图 14.11。自行车道在停车线之前设有等候区，确保右转卡车的后视镜可以看到 70m 范围内的自行车。

交叉口位置设置了自行车道后，交叉口自行车道的起点即设置后的自行车道的起点，见图 14.15，渐变率为 1∶3，圆弧曲线长度至少约为 5m。

特别是在信号调节的十字交叉口中，重要的是确保每个转角都必须设置右转弯等待区域。这尤其适用于设置了右转灯控信号的交叉口。

信号控制的交叉口可减少一些冲突，保障骑行者的安全性、可达性和舒适性。例如，可以通过信号控制规范道路使用权，从而调节轻型交通使用者之间的冲突。

图 14.12 是一个无轻型交通信号控制交叉口的设计示意图，轻型交通使用者之间的一

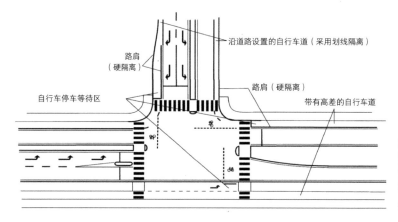

图 14.9 沿着主要道路设置的自行车道与沿着次要道路设置的自行车道相交的信号控制交叉口示意图（其中，交叉口下方与人行横道相关的道路没有信号控制）

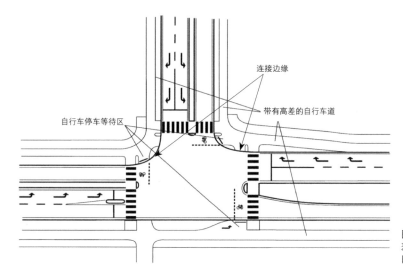

图 14.10 各道路设置带有高差的自行车道的信号控制交叉口设计示意图

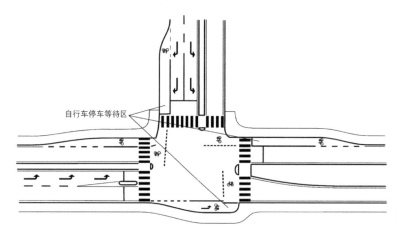

图 14.11 未设置自行车道的信号控制交叉口设计示意图

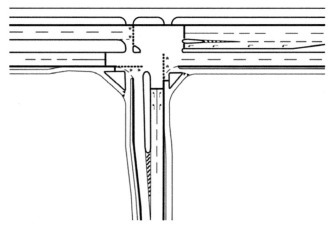

图 14.12　无轻型交通信号控制
交叉口的设计示意图

些冲突也可以不通过信号控制进行调节。

4. 小径和道路之间的交叉口

在自行车路线穿越道路的情况下，如果骑行者在优先交叉口穿过主要道路，且道路上的高峰交通量大于 500 PE/h，则应建立宽度最小为 2.5m 的物理隔离安全岛。

如果该交叉口优先考虑骑行者的可达性和舒适性，可以认为主要道路上的优先级与正常情况不同，该位置由机动车驾驶员让行骑行者。当优先考虑骑行者可达性时，可以使用上述物理隔离安全岛的方式作为设计方案，该方案中允许的机动车行驶速度不高于 30km/h。

5. 双向小径

对骑行者和轻便摩托车驾驶员来说，两侧分方向的自行车道通常被认为是最安全的设计方案。但是在某些特殊情况下，设置双向自行车道（小径）也可能更具有一定的安全优势。例如，当行人无过街设施时，为避免行人随意穿行道路，利用双向小径可以保障行人的过街安全。

但是，双向自行车道在十字交叉口会存在一定的安全隐患，在该位置对于必须让行的机动车驾驶员来说，在驾驶过程中不太会关注相反方向的骑行者，同时，由于间隔了一条另一个方向的自行车道，右转驾驶员与同方向自行车有一定距离，因此也很难发现在同一方向的后方骑行者，具体如图 14.13 所示。

在穿越信号控制的交叉口时，双向小径的信号控制规则可参考本手册第 36.3 节中的具体要求。

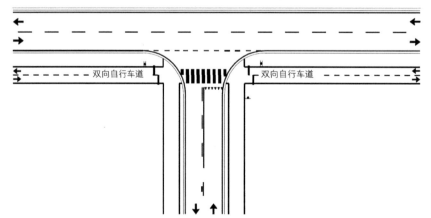

图 14.13　双向自行车道设计示意图

当双向小径穿过交通繁忙的道路时，自行车交通的速度应该变小，且该位置应提高骑行者的注意力。除使用交通标志外，还可以采用以下一项或多项措施：

◎ 设置制动弯道；

◎ 采用闸门或种植区；

◎ 设置陡峭的抬升区；

◎ 设置凸起；

◎ 设置物理隔离的安全岛。

关于自行车的缓冲减速装置的设计，请参阅本手册 D 部分"城市地区的交通限速"中关于缓冲设施的描述。

环形交叉口可以很好地处理双向小径在平面交叉口遇到的问题。最安全的设计方案是在环岛外围延伸出的单向或双向自行车道保障骑行路径，骑行者必须在道路分支处让行，具体示意图见图 14.14。

关于双向自行车道标记在交叉口的标记，请参阅本手册"交通标志和道路标记"相关内容。

城市区域之外

第 1.a.2）点

必须在自行车道和机动车道之间设置分隔带。分隔带的宽度至少为 1m。如果分隔带的宽度小于 1.5m，则必须采取特殊措施保护道路使用者，例如设置围栏，防撞杆或其他栏杆。

资料来源：《关于在道路上设置双向自行车道的通知》第 95 号，1984 年 7 月 6 日

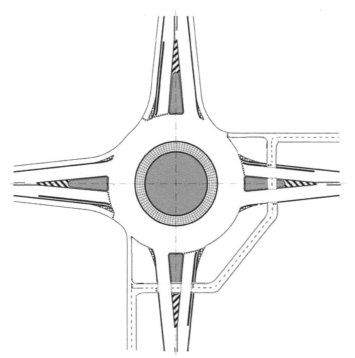

图 14.14　双向自行车道穿过环
形交叉口的设计示意图

在主要道路上，分隔带的宽度应为 3m。在交叉口，分隔带的宽度可以达到 6m。

城市区域之外

第 1.a.3）点

在设置右转车道时，分隔带相对于车道应变窄至 0.5m，或者将分隔带调整
为路缘线。

资料来源:《关于在道路上设置双向自行车道的通知》第 95 号，1984 年 7 月 6 日

设置右转机动车道对道路使用者来说具有安全优势。

第 1.a.5）点

如果小径受到防撞杆、栏杆、树木和类似固定物体的限制，则还必须有至少
0.3m 的补充宽度。

资料来源:《关于在道路上设置双向自行车道的通知》第 95 号，1984 年 7 月 6 日

双向自行车道应尽可能在进出交叉口前终止，因为交叉口前中止可以预判交叉口的各种交通方式的转向，并应结合交叉口的转向设置自行车道。只有在穿过交叉口后，才能继续沿着次要道路设置双向自行车道。

在沿着主要道路的连续交叉口的双向自行车道，需要穿过次要道路的情况下，可以在同一平面内进行交叉，并将通过次要道路的交叉点作为交叉口。

6. 交叉口处的宽度要求

交叉口内单向自行车道的宽度应与交叉口区域外的宽度相同。如果在交叉口区域外没有自行车道，则宽度一般为2.2m，包括路缘宽度，但最小宽度应为1.7m。

城市区域之外

第1.a.3）点

双向自行车道宽度应不低于2.5m。如果道路只有极少数的自行车使用者，则自行车道宽度可以设置为2.0m。双向混行道路必须至少3m，如果混行道路上只有极少数的自行车使用者，则自行车道宽度可以设置为2.5m。

资料来源：《关于在道路上设置双向自行车道的通知》第95号，1984年7月6日

7. 自行车道的起点和终点

在交叉口实际建设过程中，自行车道的起点和终点位置应与周边道路很好地衔接过渡。无论在交叉口区域外是否存在自行车道或路缘带，都应遵循该原则。

图14.15显示了路边的自行车道穿过交叉口后，与交叉口区域外的路缘带或自行车道之间的衔接过渡。

自行车道起点的渐变率应为1:3，终点的渐变率为1:5，起终点应设置渐变曲线，半径如图14.15所示。在自行道的结束点，在20m长的路段上建立了一条宽0.9m的边缘车道，包括宽0.3m的路缘线。与自行车道相邻的行车道的宽度应保持不变，在路口增加自行车道和分隔带时，只能利用外部空间来实现，而不是通过缩小相邻的机动车道来实现。

特别是在交叉口的自行车道终点，交叉口之外没有自行车道时，在设计时必须更加注意，可参考本手册第23章"警告标志"，通过设置标志的方式确保骑行者在道路上能够被安全指引。

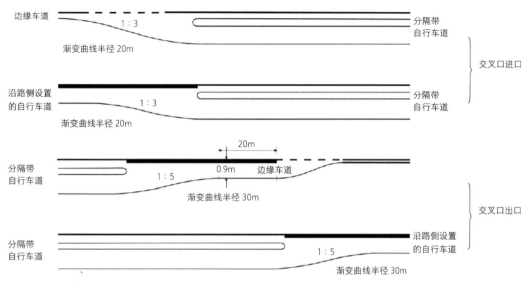

图 14.15   交叉口的自行车道的开始和结束

14.2.4   立体交叉设计方案

在道路规划时，道路相交时存在特别频繁或严重的冲突，则使用双平面设计方案。这种设计方案适用于道路交通量较大或道路设计速度大于 80km/h 的情况。双平面设计方案也可用于双向自行车道穿过高速行驶的道路时。在双平面设计方案中几何设计尤其重要，需要确保骑行者和轻便摩托车驾驶员的骑行路径，且路径应尽可能直线。

图 14.16 为具有优先级的 T 形交叉口下穿通道设计示意图，其中沿着次要道路的自行车道穿过主要道路时可以使用下穿通道。图 14.17 为在环岛外侧设置自行车道下穿通道的案例。

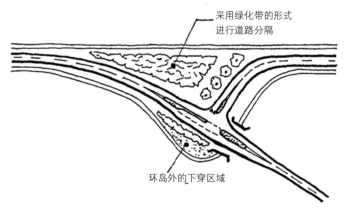

图 14.16   具有优先级的 T 形交叉口下穿通道设计示意图

图 14.17   在环岛外侧设置自行车道下穿通道的案例

使用坡道将自行车道引入下穿通道和桥梁时，应避免使用梯道。

在设置道路路线线形时，坡道弯道应根据本手册第 13 章"开阔乡村区域的道路几何线形"的要求确定半径，具体取决于它们的驾驶行为和视距条件。

连接坡道和自行车行驶路线的最大坡度不应超过 50‰，70‰ 被认为是极限值。

如果轮椅使用者在坡道上行驶，且总坡道长度超过 10m，则可以建造至少 1.5m 的平台，参见"道路规则"网站中的《无障碍手册》。当轮椅使用者在立交上行驶时，可以使用下穿通道。

1. 小径下穿通道

小径下穿通道可以实现机动车交通和小径交通之间的完全隔离，提高交通安全性，但具有以下缺点：

◎ 通常意味着骑行者必须克服高差。

◎ 经常会减少骑行者，因为他们可能会以其他道路使用者意想不到的方式找到捷径。

◎ 特别是在晚上，可能会存在不安全因素，因此应配备良好的照明系统并且能够提供自由视野。

◎ 应该比相邻路面宽，并且下穿通道越长，宽度增加应该越大。

与下穿通道相连的交叉口应设置在具有足够视距的位置。交叉口的视距在第 7.4 节中有详细描述。

2. 小径天桥

小径天桥可以设置在高速公路或其他高交通强度的路段，而且，在使用时与下穿通道类似，可以将机动车和轻型交通使用者完全隔离开，从而提高道路的安全性。但是小径天桥具有以下缺点：

◎ 将骑行者暴露在雨雪和大风天气中，这可能迫使他们寻求其他道路。

◎ 通常需要克服较大的高度差（大于小径通道），导致需要设置较长的爬坡车道。

◎ 偶尔会被（高）卡车撞到，有可能造成严重的人身伤害，并且导致非常昂贵的维修成本。

◎ 请参阅本手册第 4 章"天桥的几何设计"。

14.3　交叉口可视范围要求

本节讨论交叉口可视范围的要求，在某些情况下，可视范围取决于交叉口的类型，不同道路使用者遵循如下要求：

◎ 在优先和信号控制交叉口的次要道路停车位上的驾驶员，见第 14.3.1 节。

◎ 直行驾驶员，见第 14.3.2 节。

◎ 左转驾驶员，见第 14.3.3 节。

◎ 右转主要道路上的驾驶员，见第 14.3.4 节。

◎ 具有优先级的次要道路的驾驶员，见第 14.3.5 节。

◎ 交叉口的骑行者，见第 14.3.6 节。

◎ 在设置了机动车的交叉口具有道路优先级的骑行者和行人，见第 14.3.7 节。

◎ 在通向环形交叉口的车道及路口行驶的驾驶员，见第 14.3.8 节。

可视范围通常基于不同道路使用者的设计速度来确定。在新建设施中，通过可视范围类型、视距等要求确定。

不能满足可视范围要求的既有道路，应通过限速或物理措施降低速度等方式，确保视距范围要求。

14.3.1　具有优先级和信号控制的交叉口可视范围

1. 可视范围要求

单向自行车道在实际使用中可能会存在双向通行的情况，因此应考虑双向骑行者的可视范围。

优先交叉口

必须根据次要道路上的停车位置确定路口视距。停车位置由停止线的位置确定。

当主要道路上有一条自行车道时，停车视距必须同时考虑左侧机动车和自行车道。

沿着主要道路穿过次要道路的双向自行车道必须满足左右两侧的可视范围要求。

信号控制交叉口

针对新建信号交叉口，由于可能存在信号故障，因此必须确保所有道路上的停车视距。信号故障时交叉口的停车视距是根据交叉口所在的自行车道确定的。

当交叉口有一条自行车道时，停车视距必须同时考虑左侧机动车和自行车道。

沿着横向交叉道路的双向自行车道必须考虑左右两侧的可视范围要求。

资料来源：拟议的新通知的文本

一般来说，机动车的可视范围在路口两侧大致相同，将有利于道路安全。

可视范围的要素如下：

◎ 可视范围的形状；

◎ 可视范围的大小；

◎ 视线高度（目高）和物体高度（物高）；

◎ 视线平面下方的路面或地形平坦。

2. 可视范围的形状

交叉口中的可视范围需要确保道路使用者安全地穿过交叉口和连接道路。

可视范围分别通过主要道路的视距 L_{pri} 和次要道路的视距 L_{sek}，以及沿着主要道路的可能存在自行车道的视距 $L_{pri,c}$ 来确定。

在沿着主要道路可能存在自行车道具有优先级的交叉口，自行车道所需的可视范围通常落在机动车道所需的可视范围区域内。在特殊情况下，它将是一个额外的视距三角形，如图 14.18 所示。

如果无法保障从自行车道停车位置前设置可视范围，则可以通过机动车车道边缘设置可视范围，而不是自行车道计算的可视范围，参见图 14.19。应该注意的是，因为次要道路使用者会穿过自行车道，因此该种设计方案可能会给骑行者带来较为恶劣的通行条件。

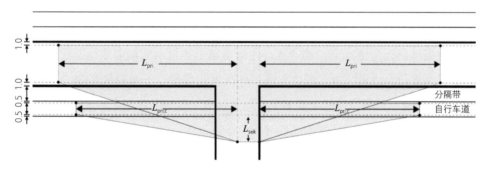

图 14.18　主要道路上的自行车道在优先交叉口的可视范围

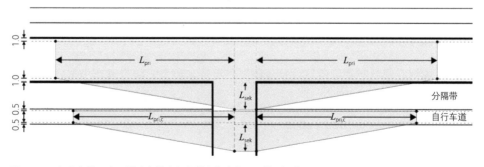

图 14.19　复杂条件下主要道路上的自行车道在优先交叉口的可视范围

3. 可视范围区域的大小

次要道路的视距 L_{sek} 应达到 3.0m。

资料来源：拟议的新通知的文本

该距离对应于次要道路使用者的正常视线位置。

主要道路的视距 L_{pri} 取决于设计速度 V_d，并且必须至少是四舍五入到最接近 5 的倍数的值，如下表所示：

设计速度 V_d（km/h）	100	90	80	70	60	50
视距 L_{pri}（m）	250	225	195	165	140	115

资料来源：拟议的新通知的文本

视距应确保机动车在主要道路上行驶时，可以在 4s 反应时间后，以 3.7m/s^2 的减速度进行紧急制动而达到道路要求的速度。主要道路上的机动车被要求达到的速度具体可参见丹麦相关手册。通常，为了避免车速过快而发生事故，一般将根据 85％ 的运行速度（即 85％ 的道路使用者不超过的速度）设定为通过交叉口的限速速度，该速度值一般使用 20km/h。此时，次要道路使用者的定向时间一般为 2.5s。

主要道路的自行车道视距 $L_{pri,c}$ 至少为：
◎ 允许小型轻便摩托车通行的自行车道：55m；
◎ 仅允许自行车通行的自行车道：43m。

资料来源：拟议的新通知的文本

视距应确保在部分车辆未遵守让行规则时，自行车道上的骑行者或小型轻便摩托车驾驶员也能够完成制动。

自行车道的视距由式（14.1）确定：

$$L_{pri,c} = L_{ori} + L_{re} + L_{br} \tag{14.1}$$

式中 $L_{pri,c}$——视距（m）；

    L_{ori}——定向长度（m）；

    L_{re}——反应长度（m）；

    L_{br}——制动长度（m）。

定向长度 L_{ori} 是骑行者或小型轻便摩托车驾驶员在次要道路使用者的定向时间内行驶的距离，由式（14.2）确定：

$$L_{ori}=V_d \times T_{ori}/3.6 \qquad (14.2)$$

式中 V_d——骑行者或小型轻便摩托车驾驶员的设计速度，分别为 25km/h 或 30km/h；

    T_{ori}——次要道路使用者的定向时间，2.5s。

主要道路上反应长度 L_{re} 是骑行者或小型轻便摩托车驾驶员在反应时间内行驶的距离，由式（14.3）确定：

$$L_{re}=V_d \times T_{re}/3.6 \qquad (14.3)$$

式中 V_d——骑行者或小型轻便摩托车驾驶员的设计速度，分别为 25km/h 和 30km/h；

    T_{re}——骑行者或小型轻便摩托车驾驶员的反应时间，2s。

制动距离 L_{br} 随速度而变化，并且还取决于减速度和纵向坡道，由式（14.4）确定：

$$L_{br}=V_d^2/[2 \times (g_d+g \times i_t) \times 3.6^2] \qquad (14.4)$$

式中 V_d——骑行者或小型轻便摩托车驾驶员的设计速度，分别为 25km/h 和 30km/h；

    g_d——自行车或小型轻便摩托车的减速度，即 2m/s²；

    g——重力加速度（9.81m/s²）；

    i_t——路段的纵坡坡度，上升为正值，下降为负值。

在出现车速较高或减速度较低时，在实际使用中，将通过减少定向时间或反应时间，增大减速度等方式来减小理论计算的视距。然而，在陡坡的情况下，骑行者可以达到较高的速度，速度超过要求时，需要对道路几何线形进行修正，具体要求参见本手册第 13 章"开阔乡村区域的道路几何线形"。

4. 可视范围区域的视线平面

视线平面是一个包络面，即道路使用者拥有足够可视范围，该区域由眼睛和可视物体之间的视线连线形成。

前提条件是视点和物体高度都应在机动车道上方 1.0m 处。

资料来源：拟议的新通知的文本

机动车高度一般为 1.2m，但为了保障能够识别出来车辆，必须采用更小的物高来计算可视范围，因此，眼睛和物体的高度可以设置为 1.0m。使用行车灯作为物高的参考时，一般采用 0.5m 是合适的，但使用此高度作为计算可视范围的优势尚未得到明确的印证。

值得注意的是，当整条线路上的车行道都在可视范围内时，其对应的物体高度为 0m，这种情况对于道路使用者来说是有利的。

在行车区域和视线平面之间，以及分隔带和周边区域之间应该有一定距离，以便在有雪、种植区等影响时，不会妨碍可视范围。

可视范围区域内，竣工道路地面与视线平面之间各个区域的垂直距离要求（图 14.20）包括以下内容。

◎ 道路和其他区域应在视线平面下方。

◎ 草地以及分隔带和外部分隔带应不高于 0.2m，在该区域内没有预留种植空间，若存在植被，需要定期割草。

◎ 如果可视范围内种植了植被，植被属于道路区域的一部分，但不属于道路管理局管辖，则该区域植被高度最多为 1.0m。若该区域属于道路管理局管辖，则植被高度最高为 0.5m。如果是后一种情况则需要去进行登记。值得注意的是，谷类植物的高度通常会高于 1.0m。

◎ 道路交通设施不应影响可视范围。自动防撞杆及低位标志板的顶部等不应超过视线高度。为了满足大型车辆的视线高度，高位标志板及遮挡棚等的下边缘应至少在视线平面上方的 2.0m 处。

◎ 在可视范围区域内，不应有树木、遮蔽物等。

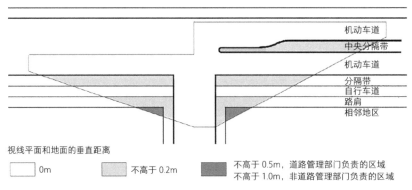

图 14.20　竣工道路地面与视线平面之间各个区域的垂直距离要求

14.3.2　直行车道上的机动车驾驶员的可视范围

在优先交叉口，主要道路上的所有直行车道都必须满足停车视距要求，即使是过境的道路使用者，也要遵守通过交叉口的限制速度，参见本手册第 17 章"交通区域的设计基础"，该章介绍了超速可能带来伤害他人的情况说明。一般以 85％ 分位的设计速度作为限制速度，即 85％ 的道路使用者不超过该速度，通常使用 20km/h 作为限制速度。

在较重要且可视范围条件不好的路段上，必须设置 A11 标志。如果可视范围小于下表中列出的最小停车视距，则应认为可视范围条件较差。

不同速度下的停车距离

设计速度（km/h）	90	80	70	60	50	40
最小停车视距（m）	145	120	95	75	55	30

表中的设计速度是 85％ 的驾驶员实际行驶观测得到的速度，但均是允许范围内的行驶速度。

资料来源：《道路标志标线使用的通告》第 801 号，2012 年 7 月 4 日

相应地，针对信号调节的交叉口中的所有直行车道，应满足一定的停车视距，该视距应以绿灯时的行驶速度确定。

主要道路上的最小停车视距要求参见表 14.3。

14.3.3　左转车辆的可视范围

左转车辆驾驶员必须有足够的可视范围，以确保可以安全穿越对面的道路和可能存在的自行车道。在交叉口和左转弯交叉口，还应该确保每个方向的左转车辆不会彼此遮挡。

因此，从左转弯车辆的停止线位置沿着道路方向应该有一个最小停车视距，如表 14.3 所示。

表14.3　主要道路上的最小停车视距（按照四舍五入取最接近 5 的倍数得到）

设计速度 V_d（km/h）	30	40	50	60	70	80	90	100
最小停车视距（m）	30	40	55	75	90	115	135	160

最小停车视距可以确保主要道路上以设计速度 V_d 行驶的车辆，在左转弯之前以 3.7m/s² 的减速度和 2s 的反应时间进行紧急减速。

机动车停车视距可根据本手册第 17 章"交通区域的设计基础"第 17.3.3 节式（17-1）计算得出。一般以 85% 分位的设计速度作为限制速度，即 85% 的道路使用者不超过该速度，通常使用 20km/h 作为限制速度。

停车视距要保证货车可以越过对向车道或自行车道，当对向车道车辆运行速度低于 20km/h，可不计算反应时间内行驶的反应距离。

对向的自行车道的视距应该是 70m。这确保了左转车辆驾驶员能够看到足够距离之外的路况，在越过自行车道时不会与骑行者发生冲突。

14.3.4　右转车辆的可视范围

右转车辆驾驶员必须有足够的可视范围，以确保可以安全穿行自行车道。

同方向上的自行车道的视距应该是汽车右后侧 70m。这个视距能够确保有右转带拖车的卡车驾驶员能够看到足够距离外的横穿自行车道的小型轻便摩托车驾驶员，同时，能够保证小型轻便摩托车驾驶员无需采用制动。

右转车辆中特别是货车和卡车，由于视角盲区和不正确调整的后视镜，与自行车和小型轻便摩托车之间的冲突尤为突出。为了降低这些冲突的风险，在冲突点之前的最后一段，应该使用路缘线进行分界，也可以采用宽路缘带。同时为了避免视线遮挡，在自行车道和行车道之间应避免采用分隔带。

14.3.5　具有优先级的次要道路上交通使用者的可视范围

在优先级交叉口的次要道路上的交通使用者，应设置通行权标记来确保车辆停止。这意味着道路使用者应该能够在与制动距离相对应的距离处，看到前方的道路。

如果无法获得此类可视范围，则需要进行提示。

主要道路上的最小停车视距如表 14.3 所示。它们是本手册第 17 章"交通区域的设计基础"中第 17.3.3 节中式（17-1）计算得出的。

这一长度确保次要道路上的以设计速度 V_d 行驶的道路使用者，当看到通行权标记后，能够在 2s 的响应时间内，以 3.7m/s² 的减速度在交叉口前停止。一般以 85% 分位的设计速度作为限制速度，即 85% 的道路使用者不超过该速度，通常使用 20km/h 作为限制速度。

允许自行车和小型轻便摩托车通行的水平自行车道的制动距离和停车视距如表 14.4 所示。

表 14.4　允许自行车和小型轻便摩托车通行的水平自行车道的制动距离和停车视距

参数	仅允许自行车通行	自行车和小型轻便摩托车通行
设计速度 V_d（km/h）	25	30
制动距离（m）	30	40
停车视距（m）	55~70	70~85

制动距离能够确保自行车和小型轻便摩托车在水平自行车道进入交叉口时，在看到通行权标记后，能够以 2s 的反应时间和 2m/s² 的减速度安全停车。该数据是根据本手册第 17 章"交通区域的设计基础"中第 17.3.3 节计算得出的。

14.3.6　骑行者在交叉口的可视范围

为满足骑行者或小型轻便摩托车驾驶员的安全性和舒适性的要求，道路或自行车道的布局，包括任何交叉口的布局，应沿着行进方向设置足够的视距。建议采用以限制速度下行驶 8~10s 的距离作为交叉口视距的标准，具体视距参考值如表 14.4 所示。

14.3.7　具有优先级的骑行者及行人的可视范围

在具有优先级的交叉口，骑行者及行人具有优先权时，应根据表格 14.5 确定对应的视距。

表 14.5　具有优先权的骑行者及行人在交叉口行车道上的视距

交叉口的车道宽度 b_{kb}（m）/ 视距 L_{pri}（m）	设计速度 V_d（km/h）							
	30	40	50	60	70	80	90	100
4	34	45	56	67	78	89	100	111
6	50	67	83	100	117	133	150	167
8	67	89	111	133	155	178	200	222
10	83	111	139	167	194	222	250	277
12	100	133	167	200	234	266	300	333
14	117	155	194	233	272	311	350	389

视距应确保行人能够以1.0m/s的速度穿过行车道，而不需要机动车以设计速度 V_d 行驶至人行横道时进行制动。行人过街处的可视范围也适用于具有道路优先权的骑行者，因为他们可以下车推行。一般以85％分位的设计速度作为限制速度，即85％的道路使用者不超过该速度，因此通常使用20km/h作为限制速度。

视距由式（14-5）确定：

$$L_{pri} = (V_d/3.6) \times (b_{kb}/V_f) \tag{14-5}$$

式中　L_{pri}——视距（m）；

　　　V_d——设计速度（km/h）；

　　　b_{kb}——车道宽度（m）；

　　　V_f——步行速度1.0m/s。

行人 / 骑行者的视线高度为1.0m。

如果不能满足可视范围的要求，则应为穿越交叉口的小径使用者设置驻足点，以便减少过街距离，从而也减少了视距。

14.3.8　环形交叉口的可视范围

1. 交叉口的可视范围

从每条道路开始，应根据所述道路的设计速度设置通行权标记，最小停车视距如表14.3所示。

在这里，环形交叉口中的每个进出入口都可以被认为是具有优先级的 T 形交叉口，其中通行区域被认为是主要道路，每个进出入道认为是次要道路。一般以85％分位的设计速度作为限制速度，即85％的道路使用者不超过该速度，因此通常使用20km/h作为限制速度。

在环形交叉口，距让路标线后的3m（L_{sek} = 3.0m）位置应该可以观测到：

◎ 上一个进口的路面宽度，即进口让行线后方至少 5m 的范围；

◎ 环形通行区域的自行车道 / 自行车专用道上的骑行者；

◎ 环形交叉口内正在行驶的机动车要求的可视范围，该范围的视距为 L_{pri}。

行驶曲线半径（m）	通行速度（km/h）	视距 L_{pri}（m）
10~15	20~25	20
20	25~30	35
30	30~35	65
40	35~40	75
50	40~45	85
60	45~50	95

资料来源：拟议的新通知的文本

2. 停车位置的可视范围

在指定通行速度下，视距相当于制动长度，环形交叉口进口让行线处的可视范围如图14.21 所示。停车位置的可视范围为该位置车辆左侧视线范围。

地面与视线平面之间的垂直距离的要求，参见第14.3.1 节。

3. 环岛内通行区域的可视范围

对于进入环岛的车辆来说，重点考虑左侧的可视范围，对于驶入时右侧区域没有可视范围要求。

4. 出口处的可视范围

应提供足够的可视范围，以便机动车驾驶者能够安全地穿过自行车道或车道驶离环形交叉口。

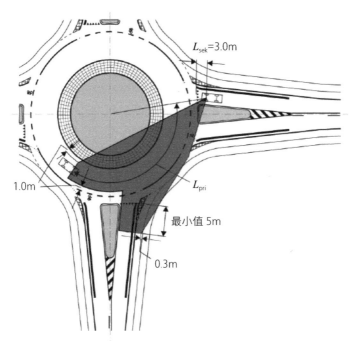

图 14.21　环形交叉口进口让行线处的可视范围

/ 第 15 章 /
开阔乡村区域的信号控制交叉口

本章中介绍了信号控制交叉口的设计要素及设计要求。

根据本手册"开阔乡村道路的交叉口规划"中给出的要求选择交叉口类型和道路使用优先级是信号控制交叉口设计的前提条件，具体要求参见第 14 章。

信号控制交叉口可以为 T 形交叉口或十字交叉口。对于新建路口，应首选 T 形交叉口，因为两个 T 形交叉口通常比十字交叉口更安全。

信号控制交叉口应通过几何设计与信号配时相互配合的方式，尽可能提高道路使用者的安全性，减少交叉口的延误。为了保障道路安全，信号控制交叉口仅能设置在连接道路的设计速度小于 70km/h 时，同时，在进入交叉口区域前应设置标志。

如果交叉口的安全性要求较高，信号控制交叉口及其连接道路的设计速度为 50km/h。当采用无信号控制时，交叉口的设计速度可达到 70km/h。具体要求见《丹麦道路手册》中"开阔乡村区域的道路和路径规划"的条款规定。

15.1　命名法

图 15.1 为信号控制交叉口的设计要素示意图，包含可以设置在交叉口中的大部分几何要素的名称。在特定的横断面中，可以存在其他的要素组合，可以设置更多车道、小径、公交车站等要素。

15.2　信号灯设置的前提条件

在本节中，详细描述了信号系统对交叉口交通疏导的重要性，以及实现的功能和采用的设施。交叉口信号调节的详细规则，参见第 36 章。

15.2.1　信号相位

通过信号相位对交通流进行管控。信号相位的设置主要为了合理处理交通冲突点。并调节路口的通行次序和时间。

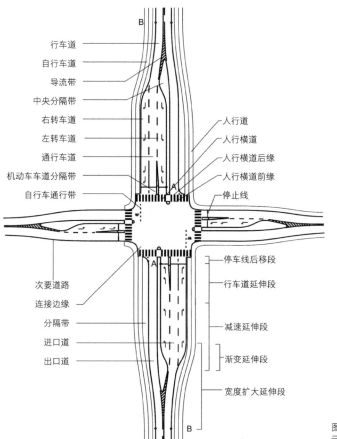

行车道
自行车道
导流带
中央分隔带
右转车道
左转车道
通行车道
机动车车道分隔带
自行车通行带

人行道
人行横道
人行横道后缘
人行横道前缘
停止线

次要道路
连接边缘
分隔带
进口道
出口道

停车线后移段
行车道延伸段
减速延伸段
渐变延伸段
宽度扩大延伸段

图 15.1　信号控制交叉口的设计要素示意图

15.2.2　一级冲突

一级冲突是指对交通方向存在交叉／交织时的冲突，其中取决于道路使用者是否为直行、转弯或步行。在信号控制的交叉口，一级冲突都是由信号灯进行控制调节的。

15.2.3　二级冲突

二级冲突是指来自同向或反向交通流之间的分流或合流时的冲突，其中至少有一方是处于转弯状态。

二级冲突一般不需要信号灯控制；但考虑到交通通行能力和道路安全的原因，也可以纳入控制范围。二级冲突需要进行信号控制时，可参考本手册第 36.2 节"交叉口交通信号设置的相关要求"的说明。

二级冲突的信号控制主要是为了让车流在该位置能够进行减速，但设置调控方式更为灵活，允许在不同的交通情况下，按要求启动信号组。因此，二级冲突信号灯设置时通常需要根据道路安全情况和通行能力进行评估与权衡。

15.2.4 信号灯控制之外的冲突

某些冲突可以不需要信号灯控制，即使它们被定义为一级冲突。例如，骑行者和行人之间的冲突。

其他冲突可以通过特殊的几何设计和交通标志来解决。例如，针对右转和左转同时进入同一个出口的情况下，当出口有足够的宽度，可以采用施划标线的方式来实现，确保右转和左转车流不出现交织。但是，总的来说，这种解决方案并不推荐，只能作为特定解决方案来考虑。

最后，某些交通流也可以采用无信号控制的方式来进行引导，例如，骑行者必须沿着道路的右转专用道，或者沿着 T 形交叉口直行时，也可以采用无信号控制的方式进行引导。

15.3 交叉口的几何设计

交叉口的几何设计是在本章上述的交叉口信号灯设置前提条件为基础上进行说明的。道路之间的联系是通过交叉口进行几何连接的。交叉口某个设计要素发生变化，会对交叉口的其余部分的设计要素产生影响。因此，交叉口的设计可以被视为一个迭代过程，经过连续调整，从而得到最终设计方案。在整个过程中，重要的是需要全面把握交叉口所有设计要素，包括车道标记，并通过检查几何设计是否与交通线路图一致来实现最终的目标。

本节介绍了一些实例方法，包括几何要素、计算模式、空间要求以及交叉口重复调整及细节要求。交叉口中央区域的设计至关重要。

15.3.1 交叉口中央区域

理想的情况是，尽可能缩小交叉口中央区域，即以停止线或人行横道后边缘为界的部分，确保各类交通方式以最短的时间安全通行，见图 15.2。

交叉口中央区域的尺寸大小主要由以下因素决定：

◎ 进出口道的数量和宽度；

◎ 安全岛的数量和宽度；

◎ 转弯区域要求（视线要求）；

◎ 左转待转区位置；

◎ 人行横道和自行车带的设置位置；

◎ 停止线的位置；

◎ 行人和自行车通行的区域。

关于交叉口停止线的位置（图 15.3），可以采用三种设计方案：

（1）在设置了向前延伸的自行车道的交叉口处，将机动车辆的停止线，相对于行人的停止线后移 5m。这样可以确保右转弯的卡车驾驶员可以看到停留在停止线上的骑行者。

（2）在未设置自行车道但设有过街人行横道的交叉口处，将机动车的停止线相对于行人的停止线后移 5m。这样可以提升行人的安全性和可靠性，同时也提高了停止线后方停止等待的右转卡车驾驶员的可见范围。

（3）在未设置自行车道也未设过街人行横道的交叉口处，机动车停止线应大致设置在连接边缘处。如果中央安全岛作为行人二次过街岛或信号设备设置区域，在设置安全岛时，需要考虑左转车的行驶轨迹，确保安全岛边缘线内部的可用空间。否则，可能需要对人行横道和停止线进行后移，这种方案使交叉口范围扩大，过街行驶距离变长。

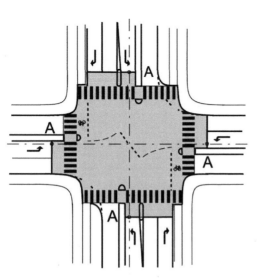

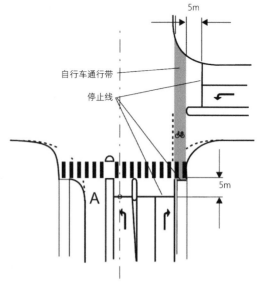

图 15.2　交叉口中央区域示意图

注：A 为道路几何设计的起点。

图 15.3　交叉口停止线的位置示意图

基于上述情况，交叉口的设计旨在为不同交通方式的通行提供最佳的通行条件。这项工作需要考虑多条轨迹线，需多次重复迭代设计，直到最终达到满意的结果，即确定停止线的位置、停止线与道路中心线的交点以及道路几何设计的起点（A），具体见图 15.2。

15.3.2 行车道

本节中主要介绍了右转车道的几何设计。

右转车道由以下部分组成（图 15.4）：

◎ 减速路段的长度 L_d（m），包括渐变段长度 L_{ki}（m）；

◎ 排队路段的长度 $L_{kø}$（m）。

如果对右转交通进行单独调节，则在右转车道和相邻非机动车道之间建立分隔岛，右转车道的渐变段是在长度为 L_{ki}（m）的楔形路段上实现的。

右转车道的宽度 b_h（m）与左转车道的宽度相同，通常，车道线内侧之间的距离至少为2.75m，即不包括车行道分界线宽度。车道宽度是根据行驶曲线和所处位置（A 或 B）决定，A 为路口区域，B 为路段。针对车辆的尺寸和可达性需求，应考虑车身特别大的车辆在转弯时向左倾斜的问题。

如果道路上有自行车交通，但外侧右转车道未设置自行车道，则可以在直行车道和右转车道之间建立自行车道，宽度至少为1.5m，包括路缘线（即路缘线之间的距离为0.9m），

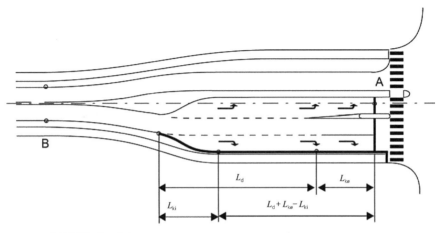

图 15.4 右转车道设计示意图

注：A 为路口区域，B 为路段。

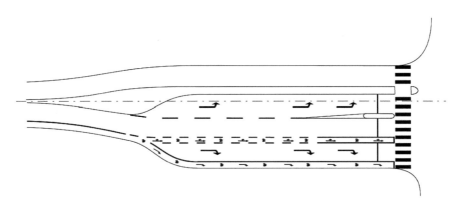

图 15.5　设有自行车道的右转车道示意图

参见图 15.5。右转自行车交通可以使用右转车道，或者可以沿路侧设置宽度至少为 1.2m 的自行车道，包括右转车道右侧的路缘线。

15.3.3　自行车区域

在设计信号控制的交叉口时，必须考虑骑行者和小型轻便摩托车驾驶员的安全性、可达性和舒适性。在本手册第 14 章中，对一般要求进行了介绍说明。

重要的路口要同时考虑三个因素：一是应避免或减少机动车与自行车交通之间的冲突；二是不应大幅度增加骑行者的绕行距离和骑行时间；三是尽量通过物理措施来提高交通的安全性。

立体交叉口可以避免冲突点。如果无法实现立体交叉，自行车交叉口应与信号控制的机动车交叉口一致。应该对自行车交叉口的几何要素进行整合，以便尽可能简化交通状况，使道路使用者清楚明确地了解路况。

即使道路未设置自行车通行区域，在交叉口时也应进行功能分区，设置自行车通行区域。

同时，应通过设置等候区和可能的减速设施来改善骑行者的安全条件。第 14 章中对此进行了具体的描述说明，包括了平面交叉设计方案要点和立体交叉设计方案要点。

15.3.4　分隔带和外侧设施带（路肩）

1. 分隔带

通常情况下，建议分隔带的宽度为 2.0m，取决于放置在分隔带上的标志牌的需求。车道边缘与车身之间的安全距离不得小于 0.5m，参见《关于道路标识使用的注意事项》第 27 条。自行车道边缘与交通标志之间的距离不应小于 0.3m，参见第 17 章"交通区域的设计基础"。

在信号控制的 T 形交叉口中，自行车道和机动车道之间通常应该增加分隔带，也可以考虑在路段上增加机非分隔带。

增加机非分隔带的优势在于，骑行者和小型轻便摩托车驾驶员可以在该区域停留，同时 T 形交叉口的直行的骑行者和小型轻便摩托车可以不受信号控制。分隔带的开口宽度应至少为 2.5m，在分隔带区域内可以设置驻足点，同时也可设置流量检查设备。

在交叉区域，单侧双向自行车道与其相邻的机动车车道之间，不应该设置分隔带，具体参见第 14.2.3 节 "5. 双向小径"的说明，也可参考图 14.13。

如果 T 形交叉口的主要道路上进入交叉口时沿道路两侧设置了自行车道，则自行车道和机动车道之间必须有分隔带。但是，如果设置了单独的右转车道，则可以用路缘线来代替分隔带，见第 14.2.3 节。关于分方向设置的自行车道的宽度，请参阅第 14.2.3 节的说明。

2. 外侧设施带（路肩）

外侧设施带（路肩）的宽度应为 2.0m。在设置了自行车或步行道的十字交叉口，外侧设施带（路肩）的宽度可以减小到 1.0m。但是，外侧设施带（路肩）的宽度取决于需要放置的设备的要求。

车道边缘与车身之间的安全距离不应小于 0.5m。对于自行车道或人行道，其边缘与机动车道之间的安全距离不应小于 0.3m，见本手册第 17 章"交通区域的设计基础"中的说明。

/ 第 16 章 /
开阔乡村区域的环形交叉口

本章介绍了开阔乡村区域的环形交叉口的设计，重点是自行车交通的环形交叉口。

图 16.1 为环形交叉口的设计要素示意图，该环形交叉口包含了自行车环形交叉口中的大部分几何要素。

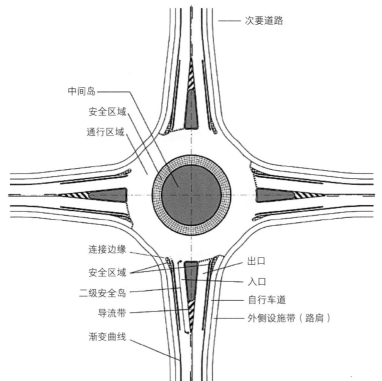

图 16.1　环形交叉口的设计要素
示意图

16.1　总体要求

环形交叉口总体布局设计是交叉口平稳运行的关键。因此，在整个设计过程中必须注意要素的设计要求。本章将介绍双车道环形交叉口、自行车区域、分隔带和外侧设施带的设计要求。

此外，针对环形交叉口内不同交通参与者的可视范围要求，可参考第 14 章中的相关内容：

◎ 通向环形交叉口的车道及路口行驶的驾驶员，见第 14.3.8 节；

◎ 次要道路停车位置处的机动车驾驶员，见第 14.3.8 节；

◎ 通行区域上的机动车驾驶员，见第 14.3.8 节；

◎ 驶出交叉口的机动车驾驶员，见第 14.3.8 节；

◎ 交叉口的骑行者，见第 14.3.6 节；

◎ 在设置机动车道的交叉口具有道路优先级的骑行者和行人，见第 14.3.7 节。

16.2　双车道环形交叉口

双车道环形交叉口是指具有至少一个双车道入口或出口的环形交叉口，其中全部或部分通行区域被虚线分成 2 个车道。如果环形交叉口的入口或出口均为单车道，则环岛内不应设置双车道通行区域，因为如果设置了双车道，通行区域内的车辆在驶离交叉口前存在因快速变道而发生事故的风险。

通常情况下，当车道的通行能力足够时，环形交叉口应为单车道，因为单车道的环形交叉口能确保最简单的交通通行模式。

当年平均日交通量大于 1.5 万辆时，从保障通行能力的角度考虑，可能会设置一个双车道环形交叉口。在这种情况下，标线和标识也应同步进行设置。每个进口道是否设计为双车道应结合通行能力计算结果进行判断。

> 如果环形交叉口有自行车交通且也不使用双车道环形交叉口时，机动车需要对自行车让行。
>
> 资料来源：拟议的新通知的文本

双车道环形交叉口的所有自行车交通被引导至独立的自行车道时，骑行者在穿过道路分支处时必须让行，参见第 16.3 节。通过道路的自行车道应确保满足所需的可视范围的条件，参见第 16.1 节。

16.3　自行车区域

环形交叉口的设计考虑了骑行者和小型轻便摩托车驾驶员的安全性、可达性和舒适性。自行车区域的一般要求见第 14.2 节。

在设计时，应避免或减少机动车和自行车交通之间的冲突点，同时应减少骑行者的绕行距离和延误，可考虑通过物理措施来提高交通的安全性。

通过设计立体交叉可以避免冲突点。如果无法做到这一点，必须将自行车交叉口设置在有信号控制的平面交叉口，并对几何要素进行整合，以便尽可能简化交通状况，从而使道路使用者清楚明确地了解路况。

根据丹麦的一项调查，如果交叉口的相交道路上未设置自行车区域，则不应在交叉口内设置自行车区域。

最后，应通过建立等候区域，并采取可能的减速措施来改善交叉口骑行者的安全。

第 14 章对此进行了具体的描述说明，包括了平面交叉设计方案要点和立体交叉设计方案要点。

16.4　分隔带和外侧设施带（路肩）

骑行者在交叉口使用非机动车道后移时，骑行者在道路分支处需要让行，且环形交叉口的中心部分应该在自行车道和通行区域之间设置分隔带。然而，在环形交叉口的中央交叉区域，如果没有采用停止线后移，通常在单侧双向自行车道和相邻的通行区域之间不应设置分隔带，而应采用标线隔离。

在相交道路上，通常应该在自行车道和行车道之间设置分隔带，分隔带的宽度应至少为 2.5m，确保为穿越道路的骑行者提供足够的驻足空间。

当环形交叉口进出口设置了分方向的自行车道时，自行车道（小径）和道路 / 通行区域之间必须设置分隔带，分隔带的宽度应至少为 1.0m。在较高等级的道路上，分隔带的宽度应为 3.0m。

如果在外侧设施带上设置了标牌，则车道边缘与标牌之间的距离不应小于 0.5m，自行车道边缘与标牌之间的距离不应小于 0.3m，见第 17 章中的说明。

第 三 篇
城市和乡村区域交通设施
与规划的通用要求

I 部分
其他通用基础条款

第 17 章　交通区域的设
　　　　　计基础

第 18 章　道路安全要点

I

J

J 部分
和自行车相关的公
交设施设置

第 19 章　和自行车相关的
　　　　　公交设施设置

K

K 部分
通行能力和服务水平

第 20 章　通行能力和服务水平

L

L 部分
交通量检测

第 21 章　自行车交通量
　　　　　检测

I 部分
其他通用基础条款

/ 第 17 章 /
交通区域的设计基础

本章介绍城市和开阔乡村区域道路设计的通用基础条款。本章描述了除本手册中 A 部分"城市区域规划"和 F 部分"开阔乡村区域的道路和小径规划"中已经进行的说明条款外，在道路规划设计和建设施工之前仍需要考虑的要求。

17.1　通行能力和服务水平

道路建设的目的是能够满足当前或预期的交通需求，道路使用者在道路上应该能够以与道路功能相对匹配的速度行驶。

在新建道路或既有道路改建时，应关注的问题是：道路能够解决多少交通量以及道路使用者能够行驶的速度。设计时可以考虑以下内容：

◎ 通行能力是否充足，相对于当前或预期交通量而言，道路剩余交通量有多大；

◎ 道路各个路段和交叉口的通行能力利用率是否基本一致；

◎ 首次出现通行能力不足的路段或交叉口，以及导致通行能力不足的原因；

◎ 是否存在特别拥堵的路段或交叉口；

◎ 道路是否允许使用者以设计速度通行。

17.1.1　重要概念

下文将介绍通行能力和服务水平等重要概念。

年平均日交通量（ADT）计算为年度总交通量的 1/365。

工作日交通量计算为夏季 6 月、7 月和 8 月以外的工作日的平均每日交通量。

7 月份的每日交通量采用 7 月份的平均每日交通量。

第 30 小时交通量定义为一年 8760h 的交通量从大到小排序，排名在第 30 位的交通量。

高峰小时交通量定义为，在指定时间段（例如 1 天）内连续 1h 的最大交通量强度。高峰时段交通量的统计间隔一般小于 1h（通常为 5min 或 15min），统计间隔越短，交通量越精确。如果高峰时段的交通量未知，则可以按照全日交通量的 10%~15% 确定高峰小时交通量。

在道路进行分方向交通量计算时，如果不能确定各个方向交通量比例，可以将重要方向上的交通量设置为总交通量的 60%。如果是较大城市的典型放射状道路，则道路最拥堵方向的交通量可能占总交通量的 70% 左右，反之亦然。如果是典型的环路，最拥堵方向的交通量可能占总交通量的 55% 或更少。

通行能力意味着交通的最大通过量，路段和交叉口应该分开计算。

交通流是指在道路上沿着相同路线行驶的车流，在交叉口位置可以分为指定方向的转向车流或者沿路段行驶的直行车流。

单位时间内交通量是指道路上各类交通使用者（小轿车、公共汽车、自行车、汽车、客运车、行人等）在一定时间间隔内（例如 1h 或 15min）通过机动车道、自行车道、人行道等的数量。

机动车道通行能力和单位时间内交通量，以自然车计数量或标准车计数量（PE）表示，其中标准车为基础单位，在通行能力计算中，其他车型的车辆需要进行当量换算。有关客运车及其他车辆在设计中的更详细说明要求，请参见"道路规则"网站中有关"通行能力和服务水平"的描述。

自行车道的通行能力和单位时间内交通量统计的是自行车的数量。对于人行道、步行区和等待区的通行能力和单位时间内交通量统计的是行人的数量。自行车的数量包括了自行车和无需登记的小型轻便摩托车。行人数量还包括轮椅使用者。

服务水平是衡量交通管理水平的指标，通过使用者对道路可达性、可操作性或舒适性的期望来确定。

因此，可以通过两个参数来描述路段上的服务水平：

◎ 衡量舒适性的参数为负荷度；

◎ 衡量可达性的参数为路段平均行驶速度。

负荷度是交通流量与道路通行能力之比。

速度为衡量可达性的重要参数，因此道路设计时需要重点考虑交通流的行驶速度和行驶时长。

交叉口的服务水平尚未给出明确要求。然而根据经验，在设置了让行义务的道路上，如果使用者在路口的等待时间超过 20s，将开始变得不耐烦。

在道路网络中存在瓶颈的情况下，部分路段或交叉口变窄往往意味着交通量可能超过通行能力。因此，从瓶颈点之前的路段会出现排队现象，从而给道路使用者造成严重延误。

在道路网络通行能力的实际分析中，认识到瓶颈的存在，并根据负荷度对它们进行排序是一项关键任务。道路的拓宽应关注路网瓶颈点，但如果只拓宽某一个瓶颈点，而前后其他瓶颈点不进行优化的话，交通情况通常不会得到改善。应该注意的是，一个瓶颈点的改善可能会在其他地方造成新的瓶颈点。

17.1.2 自行车道的通行能力

1. 路段

最小宽度为 2m 的自行车道，其通行能力为 2000 名骑行者 /h。道路宽度每增加 1m，增加 1500 名骑行者 /h。

上述通行能力是理论值，实际自行车道进行几何尺寸设计时，应从舒适性、安全性、可靠性和可达性方面统筹考虑，而不仅是根据通行能力理论值来确定。因此，本手册未提供自行车通行能力的相关说明。

然而，大城市地区可能存在自行车道通行能力不足的问题，并且大城市地区有很多载货自行车，也会导致通行能力不足的问题进一步凸显。

2. 交叉口

信号控制交叉口的自行车道通行能力，通过路段"通行能力"乘以"绿信比（G／C）"来确定。绿信比为自行车通行有效绿灯时长与自行车的信号周期之比。

在特殊情况下，才需要对信号控制交叉口的自行车道通行能力进行计算。在大城市地区，可能会遇到等待中的骑行者阻挡了其他道路使用者的情况，例如骑行者阻碍了公交车。在此情况下，可考虑设置较大的自行车等候区，自行车等候区要确保良好的可视范围，并且可以考虑通过设置隔离设施与其他交通方式分隔，以便保持自行车交通畅通的同时不干扰其他道路使用者。

17.1.3　轻型交通使用者的服务水平

　　传统的服务水平概念不适用于描述行人和骑行者的用户满意度。因此，国家道路管理局开发了一个模型，用于描述轻型交通使用者的服务水平。该模型可以计算骑行者和行人的通行满意度。

　　通过道路横断面、车流量、速度以及周边建筑物类型等信息，可以合理计算轻型交通使用者在沿路行驶时的满意度。增加行人和自行车交通量、停放车辆数、中央隔离带、车道数、车道宽度、路缘带和公交车站等信息，可以更准确地计算骑行者和行人的满意度。更多有关此模型的信息可以从"道路规则"网站中的"建设和规划""城市和国家通用条款"部分获取。

17.2　设计的一般规定

17.2.1　轻型交通

　　表17.1列出了各类型轻型交通使用者的常规尺寸。

表17.1　轻型交通使用者的常规尺寸

类型	长度（m）	宽度（m）	高度（m）	轮距（m）
成人	0.40	0.65	1.60~2.00	—
使用拐杖的成人	0.70	1.10	1.60~2.00	—
成人自行车	1.90~2.00	0.50~0.70	1.70~2.10	—
带拖车的自行车	3.00	0.85	1.70~2.10	—
带车斗的自行车	2.00	0.90	1.70~2.10	—
三轮自行车	3.00	1.25	1.70~2.10	1.25
普通婴儿车	1.20	0.75	1.25	0.50~0.65
双人婴儿车	1.20	0.95	1.25	0.70~0.80
带有可让婴儿平躺的车棚的婴儿车	1.95	0.75	1.60~2.00	0.50~0.65
轮椅使用者[1]	1.25	0.75	1.30	0.75
轮椅（电动）[1]	1.35	0.80	1.30	0.80
带辅助的轮椅[1]	1.75	0.75	2.00	0.75
带助步器的行人[1]	1.00	0.65	1.6~2.0	0.6
带3个或4个轮子的电动滑板车用户[1]	1.5	0.8	1.3	0.8
雪地行走设备	2.40~3.80	1.20~1.70	约2.50	无

注：[1] 尺寸来自于《通用可操作性技术规范的要求——残障人士的无障碍设置要求》。

"轮距"表示车辆左右轮距外侧之间的距离。

值得注意的是，考虑自行车可为三轮车辆，因此，根据自行车相关法规规定，自行车宽度可达 1.25m。

1. 通行空间的尺寸要求

考虑到车辆转向和自行车摆动的可能性，空间尺寸必须大于每个道路使用者的尺寸，道路使用者的尺寸如表 17.1 所示。

为了保障道路使用者能够顺畅通行的宽度被称为通行宽度。图 17.1 列出了轻型交通使用者的车道宽度和净高，表 17.2 列出了轻型交通使用者在会车或超车情况下的常规车道宽度和最小车道宽度。

受空间制约情况下，可以采用最小车道宽度。

在确定人行道和自行车道的空间尺寸（宽度、高度等）时，应考虑人行道和自行车道维修和养护时使用设备的需求，例如冬季的铲冰除雪等。

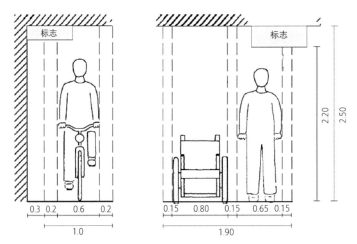

图 17.1 轻型交通使用者的车道宽度和净高（单位：m）

表 17.2 轻型交通使用者在会车或超车情况下的常规车道宽度和最小车道宽度

轻型交通使用者以及会车或超车的情况	常规车道宽度（m）	最小车道宽度（m）
行人	0.75	0.60
婴儿车	0.90	0.80
双人婴儿车	1.10	1.00
轮椅	1.20	1.00
拐杖使用者	1.20	1.00
轮滑使用者	1.70	1.20

轻型交通使用者以及会车或超车的情况	常规车道宽度（m）	最小车道宽度（m）
普通骑行者	1.00	0.75
带拖车的自行车骑行者	1.30	1.10
带车斗的自行车骑行者	1.35	1.15
行人与行人会车或超车时	1.45	1.25
行人与婴儿车会车或超车时	1.60	1.40
行人与双人婴儿车会车或超车时	1.80	1.60
行人与轮椅会车或超车时	1.90	1.45
婴儿车与婴儿车会车或超车时	1.75	1.55
婴儿车与轮椅会车或超车时	2.05	1.60
双人婴儿车与轮椅会车或超车时	2.25	1.80
轮椅与轮椅会车或超车时	2.20	1.65
骑行者与行人会车或超车时	1.95	1.65
骑行者与婴儿车会车或超车时	2.10	1.80
骑行者与双人婴儿车会车或超车时	2.30	2.00
骑行者与轮椅会车或超车时	2.25	1.85
骑行者与骑行者会车或超车时	2.05	1.85

2. 与固定物体之间的距离

从自行车道边缘到固定物体的距离，即除了车辆摆幅宽度（0.20m）外，应至少保证0.30m的宽度，示例可参考图17.1。固定物体是指在发生碰撞时可能伤害骑行者的任何物体。

3. 净高

人行道和自行车道的净高至少为2.50m。这也适用于限界内的分隔带。

资料来源：《关于桥梁下方和上方的道路几何形状规则的通告》第162号，1998年9月17日

第11条　第3点：如果将标志标牌设置在人行道或自行车道上，或者行人频繁经过的地方，则从地面到标牌底部的距离应至少在步行道上方2.2m处，自行车道上方2.3m处。

资料来源：《道路标志标线使用的通告》第801号，2012年7月4日

当使用机械设备进行道路维护时，净高应增加至 2.80m（维护设备高度约 2.5m）。如果消防类车辆需要使用该道路，则必须根据实际情况考虑增加净高。

> 由于桥梁底座或道路或小径存在坡度，导致高度偏差，一般允许净高增加 0.03m。
>
> 资料来源：《关于桥梁下方和上方的道路几何形状规则的通告》第 162 号，1998 年 9 月 17 日

17.2.2 道路交叉口

交通标志

交通标志（中心线）距离右侧行车道边缘不超过 4.5m。

当标志设置在中央安全岛时，靠近车道一侧的标志外边缘到行车道 / 自行车道 / 应急车道等的距离不应小于 0.5m，若标志设施设置在中央分隔带，其距离不应小于 0.3m。标志的放置不得对骑行者或行人造成危险。

交通标志通常应设置在机非分隔带上，从自行车道或人行道的边缘到标志标牌的距离不得小于 0.3m，如图 17.2 所示。

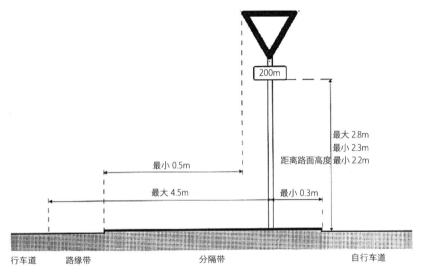

图 17.2 设有分隔带的道路上交通标志的距离要求示意图

第 12 条　第 2 点：自行车道或行人自行车共享道路的边缘到标志的距离，不得小于 0.3m。如果在靠近自行车道的边缘有其他道路设施，且不能设置标志杆则可以适当减小该距离。

资料来源：《道路标志标线使用的通告》第 801 号，2012 年 7 月 4 日

在未设置隔离带的情况下，交通标志应设置在人行道上，或者在自行车道和人行道之间的设施带上，确保自行车道边缘到交通标志的距离至少为 0.3m。

17.3　交通参数要求

17.3.1　参数

在计算路段、道路交叉口或小径交叉口的几何要素最小值和最大值，以及确定视距范围时，可以使用以下交通参数：

（1）静态参数

◎ 视点高度（目高）；

◎ 物点高度（物高），用于计算停车视距；

◎ 车辆的物点高度，用于计算在交叉口的会车视距、超车视距和可视范围；

◎ 驾驶员的反应时间。

（2）动态参数

◎ 摩擦系数，由此计算摩擦力，包括横向摩擦和制动摩擦；

◎ 给定尺寸的卡车和客运车在上坡和下坡时的加速度和减速度；

◎ 视距范围由基于视点高度、会车时的目标点高度、停车时的目标点高度以及根据交通参数和设计速度 V_d 计算的停车距离来确定。

17.3.2　视线高度

以下计算值用作计算机动车交通和自行车交通的基础数值。由于物体的一部分必须可见，因此用于计算的物点高度需要降低。例如，当物体高度为 0.30m 时，在计算时，物点高度将减少到 0.25m，因为 0.05m 的物体必须是可见的。当车辆高度为 1.20m 时，在计算时，物点高度将减少到 1.00m，因为 0.20m 的物体必须是可见的。

各类使用者的视点高度 $h_{øje}$ 和物点高度 h_{obj} 参考值：

◎ 客运车视点高度 $h_{øje}$：1.00m；

◎ 骑行者和行人视点高度 $h_{øje}$：1.00m；

◎ 计算停止状态时非机动车道凸形竖曲线的物点高度 h_{obj}：0.25m；

◎ 计算会车和超车状态时非机动车道凸形竖曲线的物点高度 h_{obj}：1.00m；

◎ 计算停止状态时非机动车道凹形竖曲线的物点高度 h_{obj}：0.25m；

◎ 计算会车和超车状态时非机动车道凹形竖曲线的物点高度 h_{obj}：1.00m；

◎ 计算机动车道上竖曲线时物点高度 h_{obj}：0.50m；

◎ 计算机动车道上平曲线时物点高度 h_{obj}：1.00m。

为了防止视线被凹形竖曲线中的跨线构筑物遮挡，在计算可视范围长度时，应使用卡车的视点高度：

◎ 计算凹形竖曲线时卡车的视点高度 $h_{øje}$：2.50m。

该视点高度也可用作交叉口设置标牌时视距范围的计算。

17.3.3　停车距离

1. 机动车交通的停车距离

对于机动车来说，停车距离的计算由式（17.1）确定：

$$L_{stop}=L_{re}+L_{br} \tag{17.1}$$

式中　L_{stop}——停车距离（m）；

　　　L_{re}——反应距离（m）；

　　　L_{br}——制动距离（m）。

反应距离是车辆在反应时间内行进的距离，由式（17.2）确定：

$$L_{re}=（V_{d} \times T_{re}）/3.6 \tag{17.2}$$

式中　V_{d}——设计速度（km/h）；

　　　T_{re}——反应时间（s）。

2. 自行车交通的停车距离

自行车交通和小型轻便摩托车交通在直线段上行驶时的停车距离即停车视距，如表 17.3 所示。

表 17.3　自行车交通和小型轻便摩托车交通的停车距离

坡度（‰）	自行车交通		小型轻便摩托车交通	
	设计速度（km/h）	停车距离（m）	设计速度（km/h）	停车距离（m）
+50	20	18	30	31
0	25	26	30	34
-50	34	49	45	77

下坡时，应采用比水平路段更高的设计速度和更长的停车距离。表 17.3 中的停车距离同时考虑到了坡度和设计速度的影响。对于小型轻便摩托车来说，上坡和水平路段的设计速度相同。

在计算停车距离时，反应时间一般为 2s，减速度值一般为坡度为 0 的状态时的 $2m/s^2$。

/ 第 18 章 /
道路安全要点

18.1　引言

本章针对道路和交通规划要素进行安全评估，这些要素对道路安全至关重要。因为道路安全设计技术和交通行为相关知识是在不断发展的，所以道路安全要素清单仍可能存在遗漏，后续可以进行修改。

本章中描述的原则不是规范要求，可作为建议和指导意见。

18.2　几何设计

18.2.1　横断面

道路安全受车道数量、宽度、隔离设施、是否设置自行车道、自行车道线形和坡度等影响很大。

这些设施与交通流之间的相互作用是复杂的，必须提醒设计人员尽量不采用各类设施的设计最小值，采用最小值可能会影响道路安全性。

1. 边缘车道（路缘带）

无论道路是否设置隔离设施，设置边缘车道可以为开阔乡村地区道路上的驾驶员和骑行者提供道路安全保障。即使行车道宽度仅为 3.0m，设置边缘车道也可以有效地降低事故风险，但边缘车道不应小于 0.5m，因为小于 0.5m 会增加事故风险。对于骑行者来说，当自行车道或者边缘车道为 0.9m 或更宽（达到 1.2~1.5m 时），骑行安全性较好。设置带有高差铺装差异的自行车道或标线隔离的自行车道通常比宽边缘车道更安全。宽边缘车道可能导致不必要的速度增加。

2. 自行车道

对于新建路段，速度大于 50km/h 的路段上，应通过设置隔离设施的方式使轻型交通与机动车分道行驶。在高速行驶时，设置为独立的小径或者平行于机动车道路采用分隔带设置的轻型交通专属道路，会比其他方案更安全。

在既有道路的路段上设置自行车道后，骑行者和小型轻便摩托车司机在交叉口发生事故的概率能够减少 50%。但是，由于交叉口发生事故的概率较大，特别是在城市地区，对于骑行者而言，路段上设置了自行车道带来的好处通常会被交叉口发生事故的风险抵消。这些事故主要发生在转弯或不遵守交通规则的机动车驾驶者和骑行者之间。因此，如果要在路段设置自行车道，则需要同时提高交叉口的安全性，具体设计和管理措施可参见第18.3.2 节。

还应注意的是：

◎ 通常设置了自行车道的道路上发生严重人身伤害的事故数量较少，较未设置自行车道的道路更安全，特别是在车速大于 50km/h 时。较成人来说，在儿童经常通过的区域设置自行车道更有必要。

◎ 当骑行者之间的相对速度很快时，自行车道和边缘车道（路缘带）应保证足够的宽度，以防止超车的骑行者借机动车道（或人行道）行驶。狭窄的自行车和边缘车道（路缘带）容易增加追尾的风险。

◎ 骑行者与公共汽车站的行人和公共汽车之间，以及停放在沿道路采用标线隔离的自行车和小径上的机动车之间可能会发生冲突。

◎ 在混合交通中设置分方向的自行车道是相对安全的。在混行道路上设置自行车道，并且有针对性地设置标志标识和安全岛，可参考《自行车交通的概念汇编》。

◎ 沿着道路的单侧双行自行车道在交叉口和其他进出口道上，以及与小径的相交位置，容易出现违规骑行行为。这些情况容易导致重大事故风险。因此，与其他解决方案选项相比，应考虑沿道路设置单侧双行自行车道的可行性。

荷兰的研究表明，设置一条与机动车道平行且独立的轻型交通专属车道，比在机动车道两侧设置的单向或双向自行车道更安全。在平行设置的轻型交通专属车道上，骑行者和小型轻便摩托车发生事故的风险比设置在机动车道两侧的自行车道的风险要低 55%。

与机动车道路平行的轻型交通专属道路还具有以下优点：可以将慢速行驶的交通流与快速行驶的机动车流分隔，减少了超车引起的风险，同时也降低了严重碰撞的风险。

18.3　交通管理

对道路安全影响最大的交通管理措施如下：

◎ 限速措施和设置物理缓冲设施；

◎ 出入口管理；

◎ 交叉口管理；

◎ 设置安全岛；

◎ 轻型交通使用者的交叉口管理；

◎ 交通组织；

◎ 停车管理。

18.3.1　交叉口管理

1. 环形交叉口

环形交叉口按照规则设计可以防止交通事故的发生。特别是入口线形设计和视距设计尤为重要。通常应在环形交叉口所有的进出口建立二级安全岛，仅在交叉口行人流量较大的位置，设置明显的步行带。

将二级安全岛设计为等宽安全岛适用于减速要求高的道路，三角形安全岛适用于减速要求中等的道路。同时，三角形安全岛不应该设置在有自行车横穿道路的地方。

如图 18.1 所示的环形交叉口，有助于减少人身伤害事故的数量，降低其严重程度，但也会明显降低通过速度，应重点考虑自行车设施的布设。

此外，为了确保车辆能够在进入交叉口时速度得到有效降低，建议驶入和驶出（环形交叉口）的车道宽度应尽可能窄，如图 18.2 所示。可使用车道边缘线和安全区域，确保大型车辆通过。然而，开阔乡村地区的环形交叉口调查数据显示，速度差过大，快速降速可能导致意外事故的发生，甚至是致命的事故，应在进入环形交叉口之前设置减速标志。

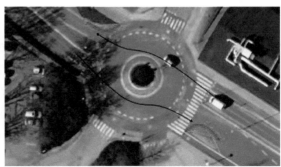

图 18.1　环形交叉口示例　　　　　　　　　　　图 18.2　环形交叉口窄化进入口示例

丹麦和国际性研究表明，设置环形交叉口可以减少 30%~80％ 的人身伤害事故数量，具体需要根据道路和交通状况而确定。

骑行者的数量决定了事故风险概率，因此，在开阔乡村道路上设置环形交叉口的安全效果较好，在事故统计中受伤的多为机动车驾驶员，而在城市区域设置环形交叉口的安全效果相对较差，在事故统计中，受伤的骑车者占了更大的比例。

与其他类型的交叉口相比，环形交叉口在一定程度上降低了事故的严重程度。对于机动车驾驶员来说，环形交叉口可以减少 80%~90% 的人身伤害数量，但对于自行车和小型轻便摩托车来说，设置环形交叉口减少的人身伤害数量效果并不显著。某些外国研究表明，设置环形交叉口可能会导致骑行者的事故和伤害程度的增加，但丹麦研究报告尚未证实这一点（国家道路管理局于 2010 年发布的《道路技术安全影响手册》，以及 2002 年发布的《丹麦环形交叉口的道路安全报告》中的第 235 号 "1991—1996 年丹麦交通事故分析"）。在丹麦，通常认为设置环形交叉口可以降低骑行者和小型轻便摩托车驾驶员发生事故的严重程度。然而，事故统计数据显示，自行车 / 小型轻便摩托车与卡车在环形交叉口进出口的位置也可能会发生严重事故。

在开阔乡村地区，环形交叉口通常比信号控制路口的安全性更好。在城市区域，两种交叉口事故率没有太大差异。在两种区域下，环形交叉口每次事故中的受伤人数比其他类型交叉口少，参见《丹麦环形交叉口的道路安全报告》。

2. 小型迷你环形交叉口

在易发生事故的交叉口建立小型环形交叉口或迷你环形交叉口对于交通安全来说可能非常有效。当环形交叉口连接次要道路时，可以使用立交的方式。城市区域的小型环形交叉口示例如图 18.3 所示。

图 18.3　城市区域的小型环形交叉口示例　　　图 18.4　自行车分流车道引导右转自行车绕过交叉口示例

3. 机动车和骑行者的分流车道

无自行车和小型轻便摩托车驶入的道路，可在交叉口前设置机动车分流车道，有助于引导交叉口的右转机动车。右转自行车同样可以设置分流道绕过交叉口，如图 18.4 所示为自行车分流车道引导右转自行车绕过交叉口，但是设置自行车分流车道，会增加穿行行人特别是残疾人的不安全感。

18.3.2　行人和骑行者的交叉口

在有行人或自行车通过的路段和交叉口，应设置适当的过街通行设施。

1. 过街安全岛

如果高峰时间机动车交通流量超过 500 辆 /h，应设置过街安全岛。设置过街安全岛后可以确保行人以正常的步行速度，在安全岛上停留后穿过双车道道路。如果过街时，通过的冲突点数量超过 3~4 个，轻型交通使用者通常采用过街安全岛的形式，尤其是在机动车车速大于 70km/h 的情况下。

2. 自行车道交叉口

在道路与小径相交的路口以及小径的尽头，也存在冲突的风险。必须明确不同交通方式的优先级、保证各种交通方式的视距条件及道路照明设施。哥本哈根市政府对自行车道交叉口进行了更详细的调查研究。

交叉口通行权规定：

如果要求机动车驾驶员让行，则需要通过物理缓冲措施或信号装置进行调节，否则骑行者需要让行。当需要骑行者让行时应采取相应的措施，例如设置优先级或无条件使用权警告标志、齿状标记、凸起、坡道等。此外，可利用植被区设置制动转弯装置、发光的闸门和栏杆等，用于降低骑行速度，同时防止机动车进入小径。如图18.5所示，在自行车道的结束点位置，骑行者需要让行，此处采用了让行标志和道路凸起的措施对骑行者进行限速管理。但是需要注意的是，设置闸门、栏杆以及防撞杆都可能会对骑行者和小型轻便摩托车驾驶员带来碰撞风险。

图 18.5　自行车道结束点示例

3. 双向小径交叉口

在双向小径的起终点位置，应该为等待通过的骑行者建立等候区。双向小径的起终点位置可以设置一些交通缓冲设施，如过街安全岛，这样可以保证行动迟缓的穿行者的安全性。在道路与小径的入口连接处，应该要求骑行者让行。

4. 道路交叉口

在道路交叉口设计时，应考虑行人、骑行者和小型轻便摩托车驾驶员。轻型交通使用者通过交叉口的路线应尽可能直接。应尽可能避免或减少自行车与机动车交通之间的冲突点，且不应让骑行者绕道或增加等候时间，应确保轻型交通使用者的直达性和便捷性，否则可能带来由于抄近道而产生的道路安全问题。

驾驶员以相对较高的速度在交叉口转弯，会对轻型交通使用者构成风险。一般来说，如果冲突点的机动车车速超过30km/h，自行车交通在交叉口必须让行，同时，骑行者应该在行车道外设置单独的等候区。在路口转弯时，当机动车车速较低的情况下，机动车和自行车交通可以选择性地获得道路优先权。

5. 中断 / 截断路径

在开阔乡村地区的主要道路和小径中，可能会出现自行车道被中断的情况。此时，可以采用设置自行车 LOGO 的方式继续延伸自行车道。当骑行者在自行车道高速下坡时，可在道路前约 30m 处中断自行车道，从而降低车速保证安全。

6. 平面交叉口

在城市地区，建筑物出入口也可以设计为具有优先级的道路平交路口。对于骑行者来说，如果建筑物出入口的交通流量在一定范围内，则平面交叉口是安全而可靠的设计方案。在该区域可利用特殊涂层或标线标识的方式引导自行车通过。图 18.6 为建筑物出入口位置

自行车道 / 步行道的设置实例。

　　在建筑物进出入区域延伸自行车道或人行道，能够保证轻型交通使用者的安全。例如，在建筑物出入口开口较小或双向小径时，自行车道可以延伸 5~7m，同时提升平面从而通过交叉口区域。但是，如果建筑物出入口位置卡车进出较多，则不应使用该解决方案。

　　7. 分隔带

　　自行车道和行车道之间的分隔带应在进入交叉口前大约 30m 处中断，一方面是为了骑行者的视野，另一方面是为了优化机动车的视距条件。在某些情况下，如果不设置分隔带，也可以保留路缘线边界。

　　8. 自行车前置区

　　自行车前置区，如图 18.7 所示，是在机动车停止线之前人行横道之后用白实线框出的一个停止区域，该区域通过在地面施划自行车标识或利用施划彩色铺装来标记。这将使得等待红灯的骑行者在交叉口处更容易被发现，并且能够在机动车之前驶离交叉口。

图 18.6　建筑物出入口位置自行车道 / 步行道设置示例　　图 18.7　自行车前置区示例（图片来源：国家道路管理局）

　　当有卡车通行时，不建议使用该解决方案，因为根据对卡车事故的调查（右转卡车和自行车之间的事故，道路交通事故委员会报告，2006 年 4 月）显示，卡车不一定能立即看到前置区内的骑行者。

　　9. 自行车等候区

　　在设置了优先级和信号控制的交叉口，同时具有大量骑行者通行时，可以对自行车道进行渠化，设置自行车等候区，如图 18.8 所示。

图 18.8　自行车等候区示例

10. 信号控制交叉口的自行车道

在设置了自行车道的信号控制交叉口，解决行人和骑行者的特殊冲突，是改善道路安全的第一任务。虽然某些道路路段上未设自行车道，但在交叉口处可以增加自行车道。对于骑行者而言，所有机动车辆的停止线都应在与步行带 / 自行车停止线后约 5m 处，机动车信号可与骑行者信号控制相结合。设置自行车信号控制系统的路段示例见图 18.9。

图 18.9   设置自行车信号控制系统的路段示例

如果路段有机动车右转道，且骑行者以正常 / 低速行驶，自行车道可以延伸至停止线，并继续在（蓝色）自行车带上通行。如果自行车高速行驶（例如下坡），在路口处，应取消自行车道，让驾驶员和骑行者合并使用右转车道。备用方案可沿右转车道施划一条较窄的自行车道，或在右转和直线车道之间施划一条自行车道。在自行车道被取消的路段或转弯车道处不应设置出入口。针对机非混行道路，为了保障路口位置能够对自行车进行独立的信号控制，在进入交叉口时，渠化一条较短的自行车道，同时后移机动车停止线，施划自行车等候区，如图 18.10 所示。

11. 环形交叉口的自行车道

在设置了自行车道的环形交叉口，入口和出口处的车速不得超过 30km/h。

为了避免入口、出口或通行区域中多条车道的自行车和小型轻便摩托车与环岛上的车流产生冲突，建议在环形交叉口为轻型交通使用者建立单独的转向系统。骑行者穿行时可以通过信号控制、在后移自行车道处指定骑行者让行的方式实现。根据实际条件，后移方案是将自行车道后移 10~40m，同时建立二级安全岛作为穿行节点，从而实现自行车转向。自行车道后移的解决方案也可用于单向环形交叉口和其他类型的交叉口，例如双向自行车道与环形交叉口相交时。

图 18.10　交叉口位置渠化较短自行车道的示例　　图 18.11　环形交叉口后移方案示例

对于环形交叉口，沿着其通行区域设置带有高差铺装差异的自行车道或施划标线隔离的自行车道与不设置自行车通行区域，从安全性的角度来看并没有明显差异，参见《丹麦环形交叉口的道路安全》。然而，环形交叉口的减速作用取决于通行区域的大小等因素，这就是为什么限制通行区域的范围，可能从安全性的角度来说是更可取的。

为了提高通行安全，可以在距离环岛通行区域外约 5m 的位置设置后移的带有高差的自行车道。后移的方案可以改善通行区域中重型车辆对自行车的可视范围。采用后移方案时环岛内的机动车驾驶者仍然拥有优先权。但唯一缺点是驶离的驾驶员不太会注意到在环岛通行区域外后移自行车道上的骑行者，从而对骑行者造成一定的安全风险，同时也会使机动车驾驶员对环形交叉口的路权产生怀疑。如图 18.11 所示为环形交叉口后移方案示例图，此处小径交叉口后移，骑行者需要让行。

小型环形交叉口可能不具备施划单独的转向系统或后移等方案的条件，但可考虑通过抬升平面等方式，保证自行车通行安全。此外也需对小型环形交叉口制定相关规范，从而解决与大型环形交叉口类似的自行车交通问题。

沿道路两侧设置的分方向自行车道对于骑行者和小型轻便摩托车驾驶员来说，是最安全的设置方案。事故风险的差异取决于自行车和小型轻便摩托车的交通量，尤其是交叉点和其他相交点上通行的数量。当与其他道路不发生交叉时，设置单侧双向小径也是合理的方案。但是这种设计方案的缺点是，骑行者对向行驶时更容易产生冲突，同时单侧双向自行车道在通过交叉口时更容易引起安全问题。此外，单侧双向小径对标志标识、分隔带设计等均有特殊要求，因此采用此设计方案需要充分考虑可行性。

在年度日均机动车交通流量大于 10000PE（标准车）且行人 / 骑行者流量都很大的交叉口，应考虑采用立体交叉，设置下穿通道或桥梁。

J

部分

和自行车相关的
公交设施设置

- - - - - - - - - - -

/ 第 19 章 /
和自行车相关的公交设施设置

19.1 公交车道

19.1.1 基本定义

公交车道是指公交车专用的车道。如果道路上未设自行车道，且公交车道设置在道路右侧，那么自行车和小型轻便摩托车可以使用公交车道。

道路标志标线通告，第 57 条

公交车道标记"V42"

在车道上设置"BUS"标记，与第 51 条中"Q46"实线或"Q44"双实线，表示该车道只能由公交车使用。如果该车道位于道路最右侧，自行车和小型轻便摩托车也可以使用公交车道，参见《道路交通法》第 49 条第（2）段和第 51 条第（2）段。当箭头符号与公交车符号在车道上合并设置时，表明公交车允许按箭头所示方向行驶。公交车道除公交车使用外，还允许《交通公司法》中规定的具有公交服务功能的车辆通行。

资料来源：《指令》第 802 号，2012 年 7 月 4 日

如图 19.1 所示，公交车道分为：

◎ 设置自行车道的公交车道；

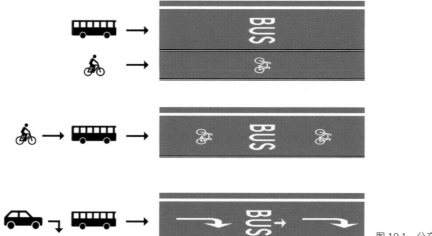

图 19.1　公交车道标识示意图

◎ 未设自行车道的公交车道；

◎ 直行和社会车右转混用的公交车道。

19.1.2　一般要求

可供自行车和小型轻便摩托车使用的公交车道，宽度不应小于 4.50m。如果宽度不能满足，建议尽量短地施划公交车道。

此外，对于可供自行车和小型轻便摩托车的公交车道，出于安全考虑，缓冲区域需要更大宽度，因为自行车和小型轻便摩托车骑行者会多次进出。

19.2　横断面

本节描述了公交车使用道路时，横断面的相关要求，包括了车道宽度以及从道路边缘到固定物体的安全距离。

19.2.1　车道宽度

设计公交车道宽度时，首先要明确自行车和小型轻便摩托车的交通量。表 19.1 中汇总了公交车道的车道宽度参考值。

表 19.1 公交专用道的车道宽度参考值

公交车道类型	建议宽度（m）	最小宽度（m）
无自行车 / 小型轻便摩托车交通的车道 *	3.50	3.00
自行车 / 小型轻便摩托车交通与公交车混行的车道 *	4.50	4.00

注：* 只有"小型轻便摩托车"可以在公交车的右侧通行，而"大型摩托车"必须与车道中的其他车辆一起行驶。

最小宽度仅用于特殊情况，且公交车道长度尽量短，设计速度在 70km/h 以上的道路不得使用最小宽度。

当公交车道上存在自行车和小型轻便摩托车交通，且交通量较小时，可以采用表 19.1 中"自行车 / 小型轻便摩托车交通与公交车混行的车道"的建议宽度进行设计。当自行车和小型轻便摩托车交通量较大时，应设置独立的自行车道。

当公交车道使用最小宽度时，应考虑交通量和现状道路条件，使用最小宽度可能会降低公交车道的吸引力。

对于设计速度为 40km/h 或更低的地区性道路，在某些情况下，可以使用较小的车道宽度，参见 B 部分"城市区域的道路线形设计"中第 3 章横断面的相关要求。但是，车道宽度不应小于 2.75m。对于设计速度为 50~60km/h 的地区性道路，车道宽度应使用"一般宽度"。

19.2.2 曲线段加宽

在平曲线半径较小的道路上，必须对曲线段进行加宽，以确保两辆公交车之间的安全距离，具体请参阅第 2 章"道路线形设计要素"中的说明。

在地区性道路上，考虑到公交车后视镜视线范围，可能需要扩大车道转弯处的宽度。在急弯曲线中，必须确保公交车转弯的安全性。

19.3 公交停靠站设置

本节介绍与骑行者相关的公交停靠站的位置和布局。

19.3.1 公交停靠站区域自行车道的设置方案

公交停靠站区域，如果自行车道需要延伸通过，可以考虑以下两种设计方案：

◎ 通过措施强化自行车道穿过公交停靠站（强化自行车道）；

◎ 在港湾式公交停靠站区域，施划标线隔离的自行车道。

1. 强化自行车道

"强化自行车道"是指在公交停靠站旁设置一小段由路缘石隔离开的带有高差的自行车道。该方案使骑行者在进入公交停靠站区域时会由于高差而产生颠簸，但是由于公交乘客在自行车道上下车，也会增加乘客与骑行者发生事故的风险。如图 19.2 所示为公交停靠站位置强化自行车道的设计示例。

图 19.2　公交停靠站位置强化自行车道的设计示例

2. 港湾式公交停靠站区域自行车道设置方案

在港湾式公交停靠站，当自行车交通量小且机动车道路设计速度小于或等于 50km/h 时，可通过施划标线的方式设置自行车道，如图 19.3 所示。

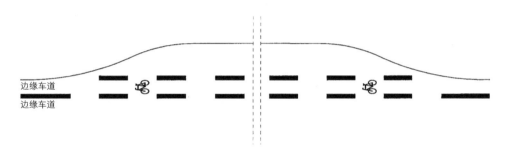

图 19.3　港湾式公交停靠站区域设置自行车道示意图

19.3.2　骑行者和公交车乘客

根据《道路交通法》的规定：

◎ 如果没有设置岛式公交站台（即侧式公交站台），则骑行者应停车给公交上下车乘客让行；

◎ 如果设置了岛式公交站台，则公交上下车乘客应让行骑行者。

公交车候车站台的形式，可参见第 10 章。

《道路交通法》，第 27 条　第 4 段

　　公交停靠站设置在自行车道外侧（即公交站台设置为侧式公交站台），此时没有为上下车乘客设置专门的候车区，自行车道上的骑行者应为上下车的乘客让路，必要时需要停车。

资料来源：《道路交通法》（LBK，第 1047 号，2011 年 10 月 24 日）

许多骑行者和乘客对上述让行规则不够了解，是造成安全隐患的主要原因之一。

为确保公交乘客上下车时能够注意到自行车，不与骑行者发生冲突，岛式公交站台必须足够宽。当空间不足时，可能无法设置岛式公交站台，乘客将直接在自行车道上上下车。

在骑车者和公交车上下乘客多的地方，经常会发生事故。事故主要发生在以下位置：

◎ 涉及公交车下车乘客的事故主要发生在侧式公交站台；

◎ 涉及公交车上车乘客的事故主要发生在岛式公交站台。

/ 第 20 章 /
通行能力和服务水平

通行能力表示道路上的最大交通量。

20.1 自行车道的通行能力和服务水平

通常在城市道路系统会进行自行车道的通行能力计算。自行车道通行能力不足的情况主要发生在交叉口位置。

在设计自行车道时，车道宽度不能只考虑通行能力，也需要充分考虑骑行者的舒适性、安全性、可靠性和可达性。

根据经验，宽度为 2m 的单方向自行车道，在没有障碍物的情况下，通行能力可以设定为每小时通过 2000 名骑行者。

/ 第 21 章 /
自行车交通量检测

自行车交通量检测可用于调节信号控制系统。也是自行车流量统计的方式，同时检测结果也可用于可变标牌的设计和控制。

最常用的自行车交通量检测方式是使用检测线圈。虽然摄像机和雷达也可以使用，但并未普及。如果是临时装置，还可以使用气动软管。

通过摄像机、雷达和气动软管等检测自行车流量，与机动车流量的检测原理没有本质区别，可直接用于自行车流量检测。

检测线圈统计自行车交通流量是通过车辆的金属部件与线圈的电磁感应来实现。当车辆经过设置在道路上的检测线圈时，车辆的金属部件会引起检测线圈中的电流变化，进而统计自行车交通流量。

当金属部件紧邻线圈时，会产生磁效应，进而检测到通过的自行车。用于机动车检测的线圈通常为边长 2~2.5m 的正方形。如果直接借用该检测线圈检测自行车流量，需要自行车在行进时尽可能越过正方形一侧的边轴，以便尽可能"接触"到线圈，从而使得检测效果最佳。

然而，当骑行通过线圈的中间位置时，因为垂直于行进方向的线圈与自行车之间仅存在"接触"，只能对电流产生很小的影响甚至没有影响，可能会检测不到自行车。如图 21.1 所示，若骑行者如左图所示通过方形检测线圈，则自行车只能被小范围检测到，或者根本检测不到；若骑行者如右图所示通过方形检测线圈，则可以检测到。

相比机动车而言，自行车金属部件更小且车轮更窄，意味着必须设计不同的检测器线圈，以便更好地检测到自行车。这种效果可以通过几种方式实现，在丹麦使用最广泛的是

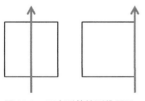

图 21.1　正方形的检测线圈示意图

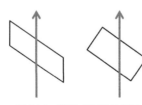

图 21.2　菱形或矩形的检测线圈示意图

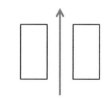

图 21.3　并排放置两个检测线圈示意图

将线圈设置为相对于行进方向旋转的菱形或矩形，如图 21.2 所示。这种检测线圈的布设方案会使较长边与骑行方向产生一个夹角，自行车流量检测效果更好，实际检测效果与骑行方向和检测线圈间的夹角密切相关。

如果自行车行进方向垂直于矩形的较长边，就会变成如图 21.1 左图所示的情况。

在线圈和自行车之间设置夹角，为线轴周围的电磁场和自行车车轮中的金属部件之间提供了更大的"接触面"。因此，线圈与骑行方向的夹角对于检测效果有较大影响。

为了达到最佳检测效果，菱形或矩形的两个长边之间的距离，必须与自行车车轴长度相当，以便在通过检测线圈时，两个车轮都在检测线轴上，即检测线圈可同时感应两个车轮。

为了更好地使用检测线圈对自行车进行检测，还有另一种方法，便是将两个线圈彼此相邻放置，如图 21.3 所示。并排放置两个线圈可以很好地检测自行车，这两个线圈必须连接到同一检测器板。通过这种设计，可以使两个矩形检测线圈内侧边缘周边的磁场相互放大，达到更好的检测效果。

第 四 篇
设施和规划——交通管理

M 部分
道路交通标志标线

第 22 章　道路标志标线分类及基本要求

第 23 章　警告标志

第 24 章　让行标志

第 25 章　禁令标志

第 26 章　指示标志

第 27 章　信息标志

第 28 章　辅助标志

第 29 章　边缘标志和立面标记

第 30 章　临时性道路标志

N 部分
路线指引

第 31 章　自行车道上
　　　　　的路线指引

O 部分
车道标线标记

第 32 章　车道标线
　　　　　标记

P 部分
占道施工的标记

第 33 章　占道施工的标记

第 34 章　在开阔乡村地区道路施工交通导行示
　　　　　例图

第 35 章　在城市地区道路施工交通导行示例图

Q 部分
交通管理系统

第 36 章　交通信号

/ 第 22 章 /
道路标志标线分类及基本要求

在本章中，将讨论道路标志标线的相关规范，特别是自行车交通部分的标志标线。在一般规定给出各部分通告中的设置要求，同时也给出了不同通告不同时间标志的特殊使用时限。

22.1　一般规定

道路标志标线通告，第1条，第2、3点

第2点，在以下规定中，给出了标志的一般形式。标志版面之间可能存在微小差别，但如果看起来与规定中所显示的标志图案相同，则具有与此相同的含义。在国家道路管理局的官网上，可以找到各种标志标线的解释。

第3点，根据公共道路的具体条件，采用最合适的方式设置标志标线，用以提示相关信息；信息可以只适用于行人或非机动车。

资料来源:《指令》第802号，2012年7月4日

道路标志标线通告，第2条

第1点，为了方便道路施工，应设置针对道路施工车辆的通行标志。

第2点，应急和救援车辆应遵守标志要求。同时，标志标线也适用于制定了特殊规则的道路使用者群体，例如残疾人。

资料来源:《指令》第802号，2012年7月4日

道路标志标线通告，第 3 条

第 1 点，在不影响第 3 点规定的情况下，国家道路管理局可以批准市政道路管理局或当地道路管理机构豁免本行政命令的规定。

第 2 点，在不影响第 3 点规定的情况下，交通运输部可以批准国家道路管理局豁免本行政命令的规定。

第 3 点，在与司法部协商后，可以豁免第 23 条中关于 E 49—52 的规定。

资料来源:《指令》第 802 号，2012 年 7 月 4 日

道路标志标线通告，第 66 条

该通告将于 2012 年 8 月 1 日生效。

第 2 点，废除了关于道路标志的第 784 号命令（2006 年 7 月 6 日）。

第 3 点，如果注意儿童警告标志"A22"中增加了"学校安全护航队"的辅助标志，表明此处会出现学校组织的安全护航队，保护儿童过街，此标志可以使用至 2022 年 1 月 1 日（注释：2022 年 1 月 1 日后利用"学校"的辅助标志替代了"学校安全护航队"标志）。

第 4 点，截至 2016 年 7 月 15 日，可使用关于道路标记的第 590 号命令（1992 年 6 月 24 日）所列的人行过街杆标志"N17"。

第 5 点，截至 2016 年 7 月 15 日，可以使用"UA41"标志用于表明速度设定，"C55"标志用于表明最大速度限制，"C56"标志用于表明解除最大速度限制，"D55"标志用于表明最小速度限制，"D56"标志用于解除最小限速限制，"E37"标志用于爬坡车道，"E41"标志用于表明速度等级，"E51—E54"，"E68—E69"标志用于表明速度区域，"E80"标志指通用速度限制，可与第 590 号命令（1992 年 6 月 24 日）中关于道路标记的外观规定一起使用。

第 6 点，截至 2022 年 8 月 1 日，"E31.1"标志可与第 784 号命令（2006 年 7 月 6 日）中关于道路标记的外观规定一起使用。

第 7 点，截至 2022 年 8 月 1 日，"E91"标志指可以使用黄色闪烁灯。

第 8 点，截至 2022 年 8 月 1 日，"H47"标志可与第 784 号行政命令（2006 年 7 月 6 日）一起使用。

资料来源:《指令》第 802 号，2012 年 7 月 4 日

使用道路标志标线通告，第1条，第3、4点

第3点，公共道路只能使用道路标志规定的或国家道路管理局批准的标志，参见第4点。道路或街道名称、门牌号等内容不纳入道路标志系统。

第4点，交通运输部可以批准国家道路管理局使用《道路标志标线使用的通告》以外的标志。

资料来源：《指令》第801号，2012年7月4日

使用道路标志标线通告，第3条

在建立标志或更改现有标志之前，请参阅第Ⅰ篇第2章和第3章以及第Ⅱ篇规定。按照第48条、第120条和第131条第5点规定，市政道路管理局或当地道路管理机构在确定标志或更改永久标志前，须征得警方同意。但是，针对第Ⅲ篇所述的方向指引标志可以不需要警方同意，但当影响道路安全时，警方可以要求拆除或修改此类标志。此外，涉及可变信息标志时，除获得警方同意外，还必须提供该标志相关的交通管理条款说明手册。

资料来源：《指令》第801号，2012年7月4日

根据2011年12月15日第1285号发布的公告，国家道路管理局负责处理市政道路管理局涉及工作的相关投诉。

如果国家道路管理局是投诉事件的当事方，则此投诉直接提交给交通运输部进行处理。

《道路交通法》第95条，第1、3点

第1点，交通运输部部长可以确定以下内容和定义：

1）道路标志；

2）路面标记；

3）信号系统；

4）通过在道路上设置其他标志或采取交通管理措施，规范和指导交通运行。

第3点，交通运输部部长有权决定是否使用第1点交通相关的规定，包括需要获得警方同意的规定。

资料来源：LBK第1055号，2012年11月9日

《道路交通法》第96条，第2点

　　　　如果警方与道路管理局就标志标线存在分歧，该事件则由交通运输部部长来决定。

资料来源：LBK 第 1055 号，2012 年 11 月 9 日

道路标志标线使用的通告，第4条

　　　　如果道路或桥梁突然受损，市政道路管理局、当地道路管理机构或道路产权方可在未经同意的情况下设置必要的标志。同时，必须尽快将情况通知警方。

资料来源：《指令》第 801 号，2012 年 7 月 4 日

有关道路工程的相关内容，请参阅《道路标志标线手册》。

道路标志标线使用的通告，第5条

　　　　警方应增加缺失的标志，更换不恰当的标志。

资料来源：《指令》第 801 号，2012 年 7 月 4 日

道路标志标线使用的通告，第6条

　　　　市政道路管理局或当地道路管理机构必须尽快删除或更改误导性的标志。

资料来源：《指令》第 801 号，2012 年 7 月 4 日

参考《道路交通法》第 99 条，第 2、3 点。

《道路交通法》第99条，第3点

　　　　如果第 2 点所述类型事物，与第 95 条第 1 点所述的标志类似，或者它们具有误导性或降低交通安全，可以将其删除。

资料来源：LBK 第 1047 号，2011 年 10 月 24 日

　　误导性标志是指可能混淆、误导道路使用者的标志或信息，或由于分散了道路使用者对道路交通标志注意而造成不便或危险的标志。

　　误导性标志 / 信息的实例包括：

◎ 使用不符合道路几何设计的符号或箭头。

◎ 私人使用标志展示广告或从道路上可以看到的其他与道路无关的信息。

◎ 在信号系统附近使用了红色或绿色光源。

◎ 在信号交叉口、环形交叉口和优先级交叉口中设置了广告，这会分散道路使用者的注意力，使其无法注意到其他道路使用者和交通标志。

◎ 可变标志的速度指示，高于永久标志的速度指示。

22.2 道路标志的相关要求

22.2.1 道路标志类型

道路标志标线通告，第4条，第1~6点

第1点，主要使用以下标志：

1）"A" 警告标志；

2）"B" 让行标志；

3）"C" 禁令标志；

4）"D" 指示标志；

5）"E" 信息标志。

第2点，警告标志表示危险。一般设置在道路使用者难以预判危险的位置，或者该位置道路使用者容易对危险程度产生错觉，放松警惕。

第3点，让行标志显示的是道路优先级的情况。

第4点，禁令标志显示具体的禁令要求。

第5点，指示标志用于指示道路使用者相关特殊交通行为。

第6点，信息标志用以显示其他重要的交通信息。

资料来源：《指令》第802号，2012年7月4日

道路标志只在必要时用于道路安全或交通分流。

在设置道路标志之前，应充分考虑现状标志设置情况、道路条件和周边环境等。

交通标志，尤其是警告和禁令标志，应避免不必要的设置，否则会削弱标志的警示性。应该强调的是，道路标志是道路的组成部分，应包含在道路设计方案中，确保道路使

用者在需要的时间和地点获得必要的信息。在编制道路设计方案和道路标志设计方案时，应确保与道路实际情况相符，且道路设计方案和道路标志设计方案之间不会出现矛盾。

22.2.2 道路标志外观

道路标志标线通告，第 3 条

第 1 点，在不影响第 3 点规定的情况下，国家道路管理局可以批准市政道路管理局或当地道路管理机构豁免本行政命令的规定。

第 2 点，在不影响第 3 点规定的情况下，交通运输部可以批准国家道路管理局豁免本行政命令的规定。

第 3 点，在与司法部协商后，可以豁免第 23 条中关于 E49—E52 的规定。

资料来源:《指令》第 802 号，2012 年 7 月 4 日

道路标志标线通告，第 4 条，第 7 点

道路标志的外观如下文所示。

资料来源:《指令》第 802 号，2012 年 7 月 4 日

道路标志标线通告，第 5 条，第 1 点

可变道路交通标志可以由光源或条带制成，外观可以在必要时进行修改，参见第 3 条。主板上的红色边缘和红色符号必须始终保持红色。可变道路交通标志与常规道路交通标志具有同等效力。

资料来源:《指令》第 802 号，2012 年 7 月 4 日

根据标志反光材料的规定，标志背面的灰色必须符合 2011 年 5 月 1 日的常规工作标准（AAB），对应于 RAL 色卡 7000 号。

道路标志标线通告，第 6 条，第 1 点

临时道路标志可使用现有主要标志的形式，但须增加黑色边框和黄色背景的辅助标志。

资料来源:《指令》第 802 号，2012 年 7 月 4 日

> **道路标志标线通告，第 15 条**
>
> 可变发光文字标志，必须为黑色背景，白色文字。
>
> 资料来源：《指令》第 802 号，2012 年 7 月 4 日

> **道路标志标线使用的通告，第 22 条**
>
> 除特殊情况外，道路标志的背面必须是灰色；但可变道路标志的背面可使用黑色。
>
> 资料来源：《指令》第 801 号，2012 年 7 月 4 日

22.2.3　标志的可视性

> **道路标志标线使用的通告，第 7 条，第 1 点**
>
> 道路标志的尺寸设置，应充分考虑到道路状况、照明条件及速度，并清晰可见，使道路使用者对道路标志信息有足够的反应时间。
>
> 资料来源：《指令》第 801 号，2012 年 7 月 4 日

道路标志的设置位置必须确保道路使用者能够看到标志上的所有符号和文字。

> **道路标志标线使用的通告，第 21 条**
>
> 即使在出现电源故障时，交叉口的让行标志也必须始终可见。
>
> 资料来源：《指令》第 801 号，2012 年 7 月 4 日

1. 道路标志牌面的反光材料

道路标志牌面的反光材料可以有如下分类：

◎ 类型 1　漫透射

标志从内部照射，采用允许来自标志内部的光漫射通过的材料。

◎ 类型 2　漫反射

这些标志板也称为非反射板，标志使用漫反射。

◎ 类型 3　中短距离的逆向反射

这些标志配有反光膜，符合《标记材料招标和施工规定》中规定的类型 3 标志材料

要求。

◎ 类型 4　中等距离的逆向反射

这些标志配有反光膜，符合《标记材料招标和施工规定》中规定的类型 4 标志材料要求。

◎ 类型 5　中长距离的逆向反射

这些标志配有反光膜，符合《标记材料招标和施工规定》中规定的类型 5 标志材料要求。

2. 小径上的道路标志可视性要求

如上节所述，非照明标志只能采用类型 2 的材料。由于自行车灯通常不能充分照亮道路标志，因此在小径上通常使用非照明标志。

在道路或小径上设置了照明设施的路段，类型 2 材料的标志也会比类型 3 材料的标志更明显。

如果道路标志在视距范围内也无法看清，则应考虑对其进行单独照明。视距范围指骑行者能够观察到道路标志并作出反应的距离，即在该范围内，骑行者应该能够在道路让行标志前安全地停下。

22.2.4　道路标志的位置

1. 设置在车道上方的标志要求

道路标志标线使用的通告，第 26 条，第 2 点

设置在车道上方的标志必须具有足够的净空，确保满足限高要求。

资料来源：《指令》第 801 号，2012 年 7 月 4 日

位于车道上方的标志净高为 4.5m。

道路标志标线使用的通告，第 26 条，第 3 点

如果将标志设置在步道、自行车道上或者行人较多的位置，标志的下缘距离地面的设置高度，在步行道上一般为 2.2m，自行车道上为 2.3m。

资料来源：《指令》第 801 号，2012 年 7 月 4 日

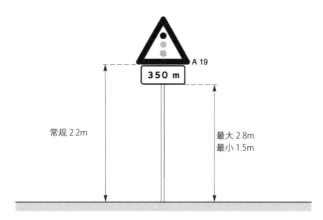

图 22.1　标牌距离地面的高度示意图

　　道路标志的主标牌下缘应距离地面 2.2m。如果设置了主标牌和辅助标志，则下方辅助标志的下边缘一般也应离地面 2.2m 的高度，最小可为 1.5m，最大不能超过 2.8m，具体见图 22.1。

　　设置在自行车道和人行道上的标志净高不应超过 2.8m，无论是一块主标牌还是两块标牌组合，下边缘净高都应满足此要求。

2. 横断面上的位置要求

　　常规道路标志与自行车道及车道边缘的距离要求参见图 22.2。

道路标志标线使用的通告，第 27 条，第 1 点
　　标志边缘或支撑边缘到机动车道边缘的最小距离为 0.5m。标志杆中心距中央安全岛、安全岛和中央分隔带的外非机动车道边缘的最小距离为 0.3m。如果标志的使用对象是机动车，那么机动车道右边缘与道路标志杆中心的距离应不大于 4.5m。

资料来源:《指令》第 801 号，2012 年 7 月 4 日

　　在人口密集区域内的道路上，如果要求标志距离车道边缘为 0.5m 时，设置在人行道上的标志可能影响行人通行。在这种情况下，如果道路标志的能见度没有明显降低，则可以将其设置在人行道的外边缘。

　　也可以选择将标志悬挂在人行道上，或者使用弯曲的支架，参见图 22.3。

　　道路标志与自行车道边缘的距离要求如下：

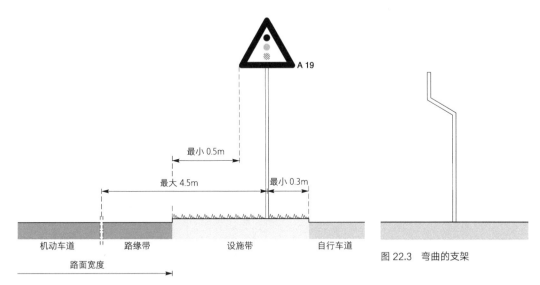

图 22.2 常规道路标志与自行车道及车道边缘的距离要求示意图

如果机动车道和自行车道／人行道之间设有分隔带，则应在分隔带上设置道路标志。

道路标志标线使用的通告，第 27 条，第 2 点

　　从自行车道／混行车道边缘到标志的距离，不得小于 0.3m。如果标志位于人行道的外侧且不能往后设置时，这一距离可以减少。

资料来源:《指令》第 801 号，2012 年 7 月 4 日

骑行者急转弯时可能需要更大的空间来穿过障碍物。如果空间足够，车道边缘到标志的距离应大于 0.3m。

研究表明，如果标志的支撑等物体距离自行车道边缘小于 0.3m，则可能会对骑行者造成重大事故风险。

对于新建和改建路段，任何道路设施都不应设置在距离自行车道边缘 0.3m 以内。

如果有条件，应移动现有的道路设施。如果机动车道和自行车道之间没有分隔带，那么道路标志应设置在人行道或者路肩。

为了使道路标志更明显，需要对自行车道提供照明。

/ 第 23 章 /
警告标志

23.1　警告标志的一般规定

道路标志标线通告，第 4 条，第 2 点

　　警告标志表示危险。一般仅设置在道路使用者难以预测危险或者远大于道路使用者预期危险的位置。

资料来源：《指令》第 802 号，2012 年 7 月 4 日

道路标志标线通告，第 10 条

　　警告标志为三角形，边框为红色，中心区域为白色，黑色符号表示交通的性质，但不适用于光信号标志"A19"、交叉口标志"A74"和距离标志"A75"。

资料来源：《指令》第 802 号，2012 年 7 月 4 日

23.2　自行车交通警告标志

自行车交通警告标志"A21"如图 23.1 所示。

图 23.1　自行车交通警告标志"A21"

道路标志标线通告，第 12 条"A21"标志用于表示前方存在自行车交通

　　此标志表示，该区域有骑行者或小型轻便摩托车驾驶员通行或穿越，可能存在发生事故的风险，应提高注意。

资料来源：《指令》第 802 号，2012 年 7 月 4 日

道路标志标线使用的通告，第 38 条

第 1 点，道路设计速度大于或等于 60km/h，自行车道与机动车道相连但不交叉，且骑行者和小型轻便摩托车驾驶员使用道路渠化段通过路口时，需设置"A21"标志。

第 2 点，如果自行车道在路段处穿过机动车道，必须设置"A21"标志，即"骑行者穿行"。

第 3 点，只有当骑行者或小型轻便摩托车驾驶员可能出现异常行为时，才能在交叉口使用警告。

资料来源:《指令》第 801 号，2012 年 7 月 4 日

标志也应设置在其他条件相似的道路以及自行车交通比较重要的道路上。

此外，该标志还可以设置在短时间内通行大量骑行者或小型轻便摩托车驾驶员的路段。标志上可以注明渠化段的长度。除非道路禁止超车或者十分狭窄，标志应设置在车道的两侧。

骑行者和小型轻便摩托车驾驶员可能过街的位置和驶出自行车道的位置均应该设置该标志，用以提醒机动车驾驶员，例如，在自行车道的末端设置"O45"阻挡护栏（图 23.2），同时，建议在距离骑行者路线或者减速区域约 20m 处，设置带有"E21.1"信息标志的"A21"警告标志。在开阔乡村地区，标志通常应设置在交叉点前 150~250m 处，如有必要，可以设置距离信息标志。

在图 23.2~ 图 23.7 中，给出了"A21"警告标示在不同情况下的使用示例。

部分路段上，道路两侧未设置自行车道，当骑行者和小型轻便摩托车驾驶员由设置了自行车道的区域进入未设置自行车道的路段时，需要机动车驾驶员注意自行车交通的存在，这种情况下，可以不使用辅助标示，仅使用"A21"警告标示，如图 23.2 所示。

由分方向设置自行车道过渡到单侧双向自行车道的路段上设置"A21"警告标志的示例，如图 23.3 所示。

当图中 B—C 段的机动车道上允许骑行者或小型轻便摩托车驾驶员使用时，在 B 点可以使用"E21.1"标志，A 点的"A21"警告标志不需要设置辅助标志。若 B 点使用了"D21"标志和"UD1"标志，则标志 B—C 段的机动车道上不允许骑行者或小型轻便摩托车驾驶员使用，此时 A 点的"A21"标志必须设置辅助标志"UA21.1"，标志上标明"穿越骑行者"，用于辅助提醒机动车驾驶员。

图中 A—B 段，由于设置了分方向自行车道，骑行者或小型轻便助力自行车驾驶员

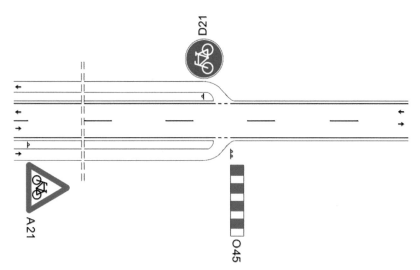

图 23.2　设置了自行车道的路段进入未设置的路段时"A21"警告标志的示意图

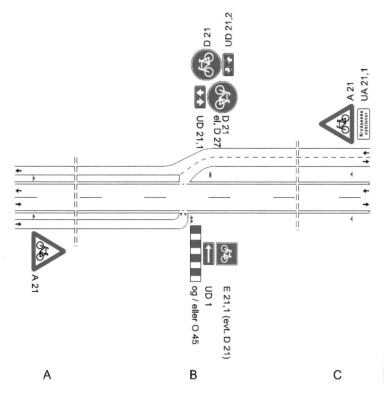

图 23.3　由分方向设置自行车道
到单侧双向自行车道时"A21"
警告标志的设置示意图

不允许在 A—B 段的机动车上行驶，因此，在相反方向上，"A21"标志必须设置辅助标志"UA21.1"，表明"穿越骑行者"。

当自行车道单侧双向设置过渡为分方向设置的自行车道时，可以用"A21"警告标志进行提醒，在 B—C 段，骑行者或小型轻便摩托车驾驶员不得设置在自行车道的区域外通行，则 A 点的"A21"标志必须增加辅助标志"UA21.1"标志上标明"穿越骑行者"，用于辅助提醒机动车驾驶员。在相反方向上，"A21"标志也必须具有辅助标志"UA21.1"标志，标明"穿越骑行者"，因为在 B 和 A 点之间的路段上不允许骑行者或小型轻便摩托车驾驶员在双向自行车道外骑行，具体如图 23.4 所示。

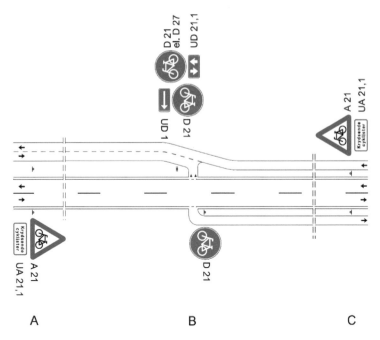

图 23.4　当自行车道单侧双向设置过渡为分方向设置的自行车道时"A21"警告标志的设置示意图

从单侧双向自行车道过渡到一侧设置自行车道、另一侧为混行道路时，骑行者或小型轻便摩托车驾驶员在 B—C 段会与机动车混行，必须通过标志警告提醒机动车驾驶员，则在 A 点设置"A21"警告标志，但此位置不应使用辅助标志。

在 B 和 A 点之间的路段上，因为设置了自行车道，则机动车道不应出现骑行者，因此骑行者需要在 B 点过街，所以需要设置"A21"警告标志，同时，必须设置辅助标志"UA21.1"，表明"穿越骑行者"，用于提醒机动车驾驶员注意穿行的骑行者，具体如图 23.5 所示。

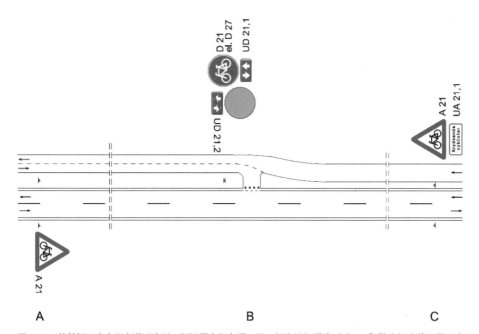

图 23.5　从单侧双向自行车道过渡到一侧设置自行车道、另一侧为混行道路时"A21"警告标志的设置示意图

　　设置了单侧双向自行车道在穿越道路时，前方道路不同通行条件下设置"A21"警告标志的示意图，如图 23.6 所示。

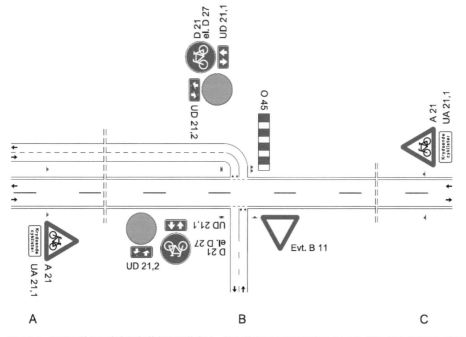

图 23.6　设置了单侧双向自行车道在穿越道路时，前方道路不同通行条件下"A21"警告标志的设置示意图

如果 A—B 段之间的路段设置单侧双向自行车道，当 B—C 段未设置自行车道，该路段允许骑行者与机动车混行，则 A 点设置的"A21"警告标志不需要"UA21.1"的"穿越骑行者"的辅助标志，设置"A21"警告标志的目的是提醒 B—C 段行车道上机动车驾驶员注意骑行者；当 B—C 段不允许骑行者使用，则需要在"A21"警告标志下方，设置辅助标志"UA21.1"，表明"穿越骑行者"，提醒机动车驾驶员注意穿越的骑行者。

由于 A—B 段之间的路段设置单侧双向自行车道，则不允许骑行者与机动车混行，因此，在对向交通上，必须设置"A21"警告标志的同时，必须增加"UA21.1"辅助标志，表明"穿越骑行者"。

在双向自行车道上的情况，请参阅"UD21.1"。

当环形交叉口处自行车道后移时，交叉口出口位置设置"A21"警告标志，同时设置"UA21.1"辅助标志，标明"穿越骑行者"，设置"U1.1"辅助标志，标明"50m"，用以提醒机动车驾驶员前方有穿越的骑行者，如图 23.7 所示。

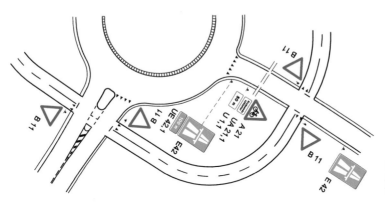

图 23.7　环形交叉口处自行车道后移位置的"A21"警告标志的设置示意图

/ 第 24 章 /
让行标志

24.1　让行标志的一般规定

《道路交通法》第 26 条　路权
第 1 点，在穿越道路交叉口时，驾驶员应特别注意。

第2点，当进入或横穿道路时，可以根据第95条规定的标记，表明驾驶员对相交道路驾驶员的让行义务（即指定让行义务）。

第3点，指定让行义务也适用于离开停车场、私人用地、加油站等其他类似区域、人行道、步行街、田野道路等区域时，以及从人行道、自行车道或隔离带外侧道路进入道路时。从自行车转向车道、其他非道路类型的自行车道驶入或穿越道路时，骑行者或小型轻便摩托车驾驶员拥有让行义务。

第4点，在其他情况下，通行方向相交时，应遵循让右义务，即驾驶员右侧的机动车拥有优先权，除第18条的另行规定外。

第5点，在道路上有让行义务的通行者，必须采用及时减速或停车的行为。为避免出现危险和不便，在穿越道路时让行者必须在能够确定其他车辆位置、距离以及速度的情况下，才能继续通行。

第6点，在无法确定是否会对对向车辆造成不便时，驾驶员不得进行左转。当进行右转时，机动车驾驶人员不得对直行的自行车和小型轻便摩托车造成不便。机动车驾驶员在允许双向通行的自行车道上，无法完全确定是否会对直行自行车和小型轻便摩托车造成不便时，不得进行左转；这同样适用于右转时迎面而来的自行车和小型轻便摩托车。在交叉口之外与机动车道相交的道路也是同样的规则。

第7点，驾驶员在靠近或驶入道路交叉口时，必须持续行驶，不能由于停车而引发交叉口拥堵或对其交通造成影响。在信号交叉口，如果驾驶员认为自己在绿灯结束之前无法通过交叉口，即使是绿灯也不能进入该交叉口。

资料来源：LBK 第 1047 号，2011 年 10 月 24 日

道路标志标线通告，第 4 条，第 3 点
让行标志显示了道路使用者之间的优先级关系。

资料来源：《指令》第 802 号，2012 年 7 月 4 日

24.2 与自行车道相关的让行标志

24.2.1 为骑行者设置的让行标志——B11

"B11"标志设置在骑行者具有让行义务的道路上。设置了双向自行车道的道路交叉口，骑行者在穿越时将始终具有让行义务。

作为独立道路的双向自行车道在穿越环形交叉口时，可以设置"B11"道路标记，隔离带较宽和较窄的情况，设置示意图分别如图 24.1 和图 24.2 所示。

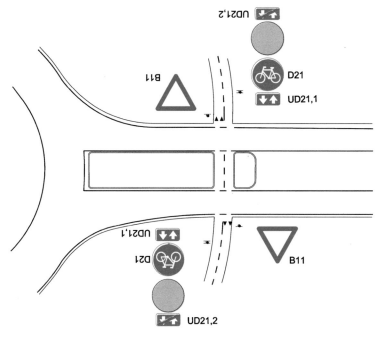

图 24.1 独立道路的双向自行车道穿越环形交叉口时，中央隔离带较宽时的标志设置示意图

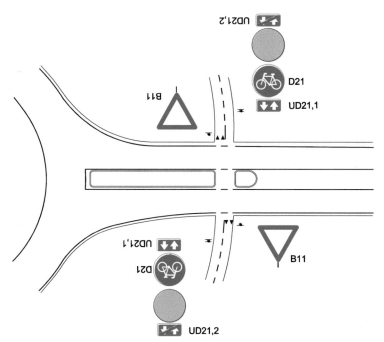

图 24.2 独立道路的双向自行车道穿越环形交叉口时，中央隔离带较窄时的标志设置示意图

24.2.2 双向自行车道辅助标志——UB11.2

双向自行车道辅助标志"UB11.2"如图 24.3 所示

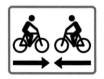

图 24.3 双向自行车道辅助标志"UB11.2"

道路标志标线通告，第 14 条，双向自行车道辅助标志"UB11.2"
　　该标志为辅助标志，表示此处道路上允许两个方向的自行车通行。这一标志
可以设置在"B11"和"B13"标志下方。

资料来源：《指令》第 802 号，2012 年 7 月 4 日

关于双向自行车道的标记，请参阅第 26 章中关于"指示标志"的规定，由"D21"和
"UD21.1"和"UD21.2"标志组成。
　　标准尺寸的底部标志应与标准尺寸的主标志同时使用。缩小尺寸的下方标志应与缩小
尺寸的主标志一起使用。

道路标志标线使用的通告，第 70 条
　　如果边缘车道上的驾驶员能够穿过与其相交的双向自行车道，那么应将
"UB11.2"标志设置在自行车让行标志"B11"和停车标志"B13"的下方。
　　第 2 点，如果双向自行车道在该道路上为起点或终点，也应设置"UB11.2"
标志。

资料来源：《指令》第 801 号，2012 年 7 月 4 日

/ 第 25 章 /
禁令标志

25.1 禁令标志的一般规定

> **道路标志标线通告，第 15 条**
>
> 禁令标志采用圆形。
>
> 除第 17 条中规定的例外情况，它们一律采用红色边框与黑色符号，表示禁止的交通类型。
>
> 资料来源:《指令》第 802 号，2012 年 7 月 4 日

25.2 与自行车相关的禁令标志

"C25.1"标志表示禁止自行车与小型轻便摩托车通行，如图 25.1 所示。

图 25.1 禁止自行车与小型轻便摩托车通行标志 "C25.1"

> **道路标志标线通告，第 17 条**
>
> "C25.1"标志：该标志表示禁止自行车与小型轻便摩托车通行。
>
> 资料来源:《指令》第 802 号，2012 年 7 月 4 日

考虑到安全原因，该标志可以设置在道路上禁止自行车通行的路段使用，尤其是机动车交通流量大且通行速度较快的道路。

在使用该禁令标志时，必须确保自行车交通在该路段有替代路线，如果替代路线的运行方向不明确，则应该清晰标明路线的行进方向。

符合条件的标志可以与 "E21.1" 标志（骑行者的推荐路线标志）相结合使用，参见本手册的第 31 章 "骑行者、骑马者和行人的路线指引说明"。

/ 第 26 章 /
指示标志

26.1   指示标志的一般规定

道路标志标线通告，第 18 条

指示标志为圆形，蓝色背景，白色符号，表示交通类型。

资料来源：《指令》第 802 号，2012 年 7 月 4 日

道路标志标线通告，第 19 条

指示标志应直接设置在需要进行指示的路段或路段起点。

资料来源：《指令》第 802 号，2012 年 7 月 4 日

指示标志的尺寸，应按照丹麦"道路规则"网站上《标志标记设计手册》的要求确定。

26.2   与自行车相关的指示标志

26.2.1   自行车道标志——D21

自行车道标志"D21"如图 26.1 所示。

图 26.1   自行车道标志"D21"

道路标志标线通告，第 20 条，自行车道标志"D21"

该标志表明只能由骑行者和小型轻便摩托车驾驶员使用的道路，但要考虑《道路交通法》第 14 条第 3 点中的规定。此外，路线也能被行人所使用，参见《道路交通法》第 10 条中的规定。可以通过辅助标志说明，小型轻便摩托车也可在车道上通行。

资料来源：《指令》第 802 号，2012 年 7 月 4 日

当道路明显为自行车道时，或者道路地面上标有自行车标记符号"V21"时，可以不设置该标志。如果小型轻便摩托车不能同时使用该自行车道，请在"D21"标志下增加"C25.2"禁令标志，表明"小型轻便摩托车禁用"。自行车道可以采用地面标记"V21"或自行车道指示标志"D21"进行标注，如图26.2所示。

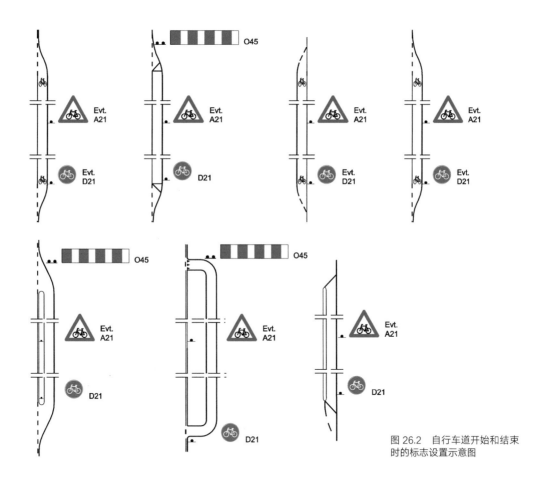

图 26.2　自行车道开始和结束时的标志设置示意图

沿道路设置的单侧双向自行车道

道路标志标线使用的通告，第109条，第1点

　　当小径满足公共工程部关于沿道路设置双向自行车道的条件时，才能将其设置为双向通行。

资料来源:《指令》第801号，2012年7月4日

此外，在道路上设置双向自行车道的要求可以参考 1984 年 7 月 6 日 95 号文的相关规定。

如果双向自行车道不是直接沿着道路设置的，而是作为独立车道时，则其不与道路同时发挥作用，将不会将其标记为本道路系统的双向自行车道，不会设置指示标志。

在未设指示标志的情况下，若要将一条双向独立小径视为公共骑行路径，则必须遵守以下要求：

◎ 如果小径平行于道路设置，则不得与道路有交通连接，也不得紧邻道路或通过侧路进行连接。

◎ 如果小径在紧邻道路的位置有一个较短的连接通道，则应在小径和道路之间设置物理分隔。

道路标志标线使用的通告，第 109 条，第 2、3 点

第 2 点，单侧双自行车道必须设置自行车道指示标志"D21"，共享道路标志"D26"或混用道路标志"D27"，以及辅助标志"UD21.1"和"UD21.2"。

第 3 点，必须将标志设置在道路开始和结束的位置，以及所有的交叉点。

资料来源：《指令》第 801 号，2012 年 7 月 4 日

道路标志标线使用的通告，第 109 条，第 4 点

在交叉口，双向自行车指示标志放置在交叉口之后，用以指示道路左侧行驶的骑行者。

资料来源：《指令》第 801 号，2012 年 7 月 4 日

26.2.2 双向自行车交通标志——UD21.1

双向自行车交通标志"UD21.1"如图 26.3 所示。

图 26.3 双向自行车交通标志"UD21.1"

道路标志标线通告，第 20 条，双向自行车交通标志"UD21.1"

该标志表示道路双向通行自行车。

资料来源：《指令》第 802 号，2012 年 7 月 4 日

26.2.3 禁止双向自行车交通标志——UD21.2

禁止双向自行车交通标志"UD21.2"如图 26.4 所示。

图 26.4 禁止双向自行车交通标志"UD21.2"

> **道路标志标线通告，第 20 条，禁止双向自行车交通标志"UD21.2"**
> 该标志表示道路不允许双向通行自行车。
>
> 资料来源:《指令》第 802 号，2012 年 7 月 4 日

该标志一般设置在"UD21.1"标志的背面，表明不允许逆行。

如果自行车道为连续单向通行，则可以在自行车道指示标志"D21"下设置该标志。

在其他情况下，将该标志设置在主标志的背面，且采用灰色背景。

> **道路标志标线使用的通告，第 109 条，第 5~7 点**
> 第 5 点，双向自行车道必须使用窄虚线标记，实线与间隔长度相同。标线必须在侧面道路和出口处延伸。
> 第 6 点，双向自行车道在与侧道交叉位置，应在双向自行车道的中线两侧施划自行车地面标记"V21"。
> 第 7 点，如果在双向自行车道上设置了让行标志"B11"或停车标志"B13"，则必须配备双向自行车道辅助标志"UB11.2"。
>
> 资料来源:《指令》第 801 号，2012 年 7 月 4 日

正面设置了双向自行车交通标志"UD21.1"，背面设置了禁止双向自行车交通标志"UD21.2"，既适用于所在通行方向的交通指引，也适用于相反方向的交通指引。

小型轻便摩托车和骑行者在双向小径的开始和结束位置越过行车道时，必须预先设置自行车交通警告标志"A21"与穿越骑行者辅助标志"UA21.1"，具体参见《警告标志手册》。

有关路径上的标记，请参阅第 32.2.2 节"小径上的标线"。

沿道路设置双向自行车道的示意图如图 26.5~ 图 26.13 所示。

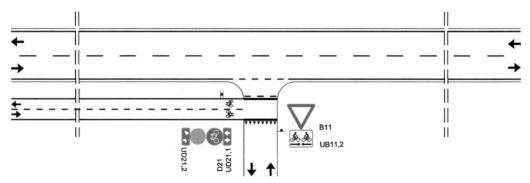

图 26.5   沿着主要道路设置双向自行车道与侧道的交叉位置的标志设置示意图

沿着主要道路设置的带有照明闸门的双向自行车道与侧道的交叉时，标志设置示意图如图 26.6 所示。若双向自行车道上未设置闸门，考虑到主要道路上的左转机动车，应建立蓝色自行车带。

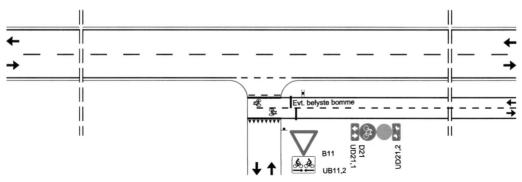

图 26.6   沿着主要道路带有照明闸门的双向自行车道与侧道的交叉位置标志设置示意图

设置了带有照明闸门的双向自行车道在与交通繁忙的侧道相交时，交叉口位置无信号控制，骑行者利用人行横道进行穿越，骑行者在该位置必须推行。在这种情境下的标志设置示意图如图 26.7 所示。

在次要道路的左侧设置了双向自行车道，双向自行车道在进入主要道路位置需要进行指引，标志设置示意图如图 26.8、图 26.9 所示。当双向自行车道设置在次要道路的左侧时，由于双向自行车道上离开的车辆与主要道路左转进入双向自行车道的车辆会发生"逆行"现象，为了保障骑行安全，需要设置闸门。

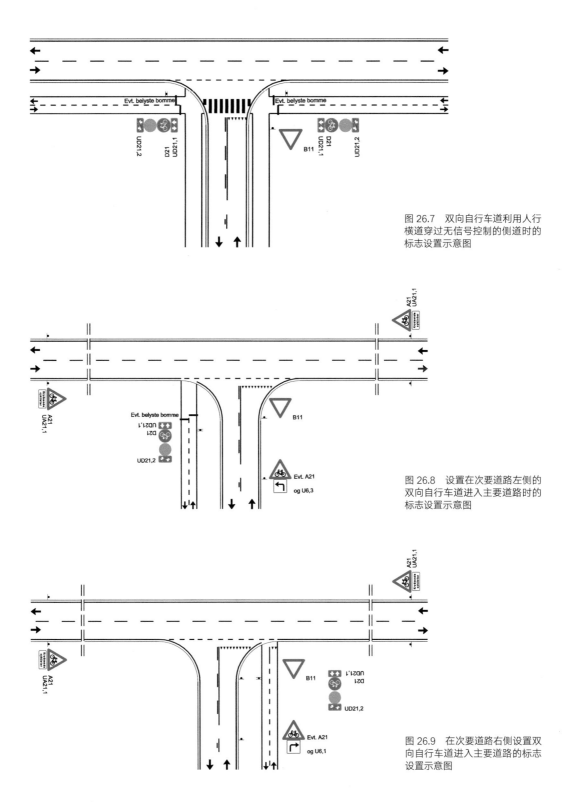

图 26.7　双向自行车道利用人行横道穿过无信号控制的侧道时的标志设置示意图

图 26.8　设置在次要道路左侧的双向自行车道进入主要道路时的标志设置示意图

图 26.9　在次要道路右侧设置双向自行车道进入主要道路的标志设置示意图

此外，其他类型交叉口标志设置示意图见图 26.10~ 图 26.13。

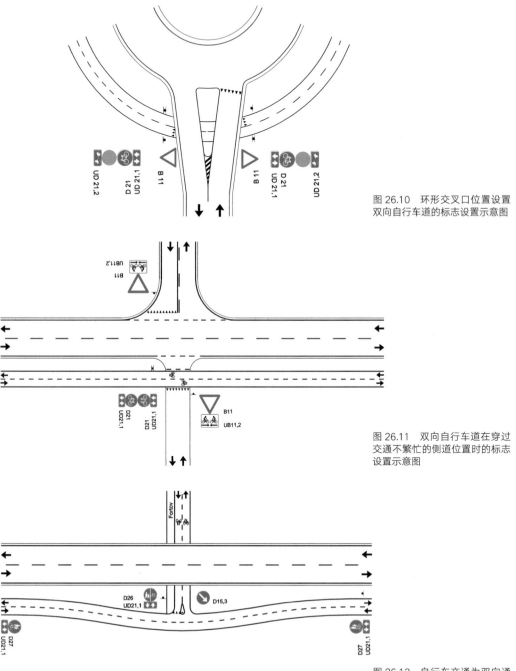

图 26.10　环形交叉口位置设置双向自行车道的标志设置示意图

图 26.11　双向自行车道在穿过交通不繁忙的侧道位置时的标志设置示意图

图 26.12　自行车交通为双向通行的共享道路进入混行道路位置标志设置示意图

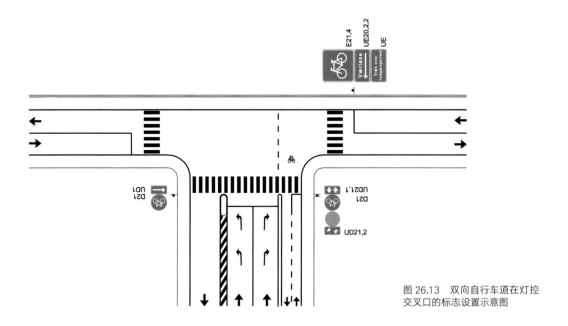

图 26.13 双向自行车道在灯控交叉口的标志设置示意图

26.2.4 共享道路标志——D26

共享道路标志"D26"如图 26.14 所示。

图 26.14 共享道路标志"D26"

道路标志标线通告，第 20 条，"D26"共享道路标志

该标志表示该道路允许多种交通方式通行，不同类型的交通方式可以通过隔离带、安全岛等方式进行分隔。设置了该标志的通道仅允许标志所示意的交通方式使用。

资料来源：《指令》第 802 号，2012 年 7 月 4 日

共享道路上的道路使用者必须是彼此分开的，可以通过设置物理隔离设施或设置地面标记等方式来实现。"D26"标志也可以用地面标记代替。

允许骑行者使用的步道

根据《道路交通法》第 14 条第 1 点和第 49 条第 5 点的规定，骑行者一般不允许使用步道。

但是，在该法的第 14 条第 4 点给了特例，某些情况下骑行者可以使用人行道或步行道，这种情况主要发生在学校周边。

可以通过以下交通状况、道路条件和标记设置情况来评估道路是否具备设置为共享道路或混行道路的条件。

（1）交通状况和道路条件

1）骑行者必须（至少在一段时间内）是道路交通中不可忽视的一部分群体。

2）在学校等附近，骑行者中大部分必须是儿童。

3）道路和交通状况使骑行者在道路上通行时存在风险。

4）在进行非机动车和行人分隔前，人行道至少宽 2.5m。

5）道路上步道宽度至少为 1m，宽度设置时应考虑行人数量增加等因素的影响，宽度应满足行人的基本通行，且不会造成其他不利影响。

6）在出口、坡道等紧邻人行道的位置，只有确保了足够的行人通行宽度，且在该宽度下行人没有危险或明显的缺点后，才能设置共享道路或混行道路。

7）在行进方向上，应提示存在自行车通行。

8）在人口较密集地区，不允许小型轻便摩托车使用人行道。

（2）标记

1）必须清楚地区分自行车道、人行道，以及为行人预留的部分。

2）标记必须包括纵向标线和指示标志。

3）纵向标线必须按照"道路标志标线的通告"的第 51 条进行，并用一条不间断的窄白实线作为分界线。

4）指示标志上的标记必须使用共享道路标志"D26"，并带有骑行者和行人的符号。此标记也可以使用自行车地面标记"V21"进行补充。

这种道路的设置方式应是临时性的，因为通常在小学周边的道路设计应具有较高的安全标准。

在狭窄且不允许小型轻便摩托车通行的路段上，共享道路标志"D26"可以使用禁止非登记小型轻便摩托车的标志"C25.2"进行补充说明。

26.2.5 混用道路标志——D27

混用道路标志"D27"如图 26.15 所示。

图 26.15 混用道路标志"D27"

道路标志标线通告，第 20 条，"D27"混用道路标志

　　该标志表示道路上允许多种交通方式使用，并且只能由这些类型的交通使用。该标志表示混用道路上的通行者必须顾忌其他道路使用者，参见《道路交通法》第 3 条第 1 段的规定。

资料来源：《指令》第 802 号，2012 年 7 月 4 日

　　根据《道路交通法》第 10 条的规定，常规的自行车道允许行人使用，采用标志"D21"自行车道进行标记。而混用道路标志"D27"主要适用于小径上需要将自行车道和步行道分离的路径。

　　当混用道路与双向道路连接时，该标志应配备辅助标志"UD21.1"和"UD21.2"，如图 26.3、图 26.4 所示。

/ 第 27 章 /
信息标志

27.1 信息标志的一般规定

道路标志标线通告，第 21 条

　　信息标志通常是矩形的，配有蓝色背景和白色符号或白色文本，第 23 条给出了例外的情况。

资料来源：《指令》第 802 号，2012 年 7 月 4 日

> **道路标志标线通告，第 22 条**
>
> 信息标志设置在需要信息说明的位置或者道路起点处。需要标明距离的标志可以配备辅助标志说明距离。
>
> 资料来源:《指令》第 802 号，2012 年 7 月 4 日

信息标志的尺寸，参照《标志的可视条件手册》中的规定。

27.2 与自行车相关的信息标志

27.2.1 断头路标志——E18

断头路标志"E18"如图 27.1 所示。

图 27.1 断头路标志"E18"

> **道路标志标线通告，第 23 条，断头路标志"E18"**
>
> 较细的白线可以表示道路将以小径的方式延伸。
>
> 资料来源:《指令》第 802 号，2012 年 7 月 4 日

断头路标志可以设置在道路起点处，即当道路使用者无法判断前方存在断头路的路段可以使用该标志。断头路标志"E18"应设置在靠近路口位置，以便道路使用者了解道路状况，从而可以继续使用道路。如果断头路前方以小径的形式延伸，则可以使用较细的白线表示前方小径，同时应标记小径上允许使用的交通方式。如果道路是通往该区域的唯一道路，则可以在通往居住区域等道路的起点处设置"E18"标志，同时配备辅助标志表明"封闭区域"。

对于不明显的相交道路的断头路，标志可以设置为较小尺寸，配上街道名称标志，也可以增加横向符号，参见图 27.2。

如果断头路标志与街道名称标志一起使用，则其尺寸通常与街道名称标志的高度相对应。详细要求请参见《关于安装道路名称标志的通告》(CIR，1981 年 3 月 31 日第 54 号)。通常断头路标志不应被当作路标使用，即使该道路有小路连通，也被认为是死胡同。

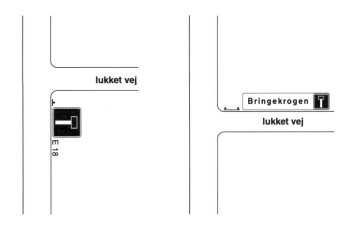

图 27.2 标志"E18"的设置示意图

27.2.2 单向行驶标志——E19

单向行驶标志"E19"如图 27.3 所示。

图 27.3 单向行驶标志"E19"

道路标志标线通告，第 23 条，"E19"单向行驶标志

资料来源:《指令》第 802 号，2012 年 7 月 4 日

道路标志标线使用的通告，第 115 条

第 1 点，在进入单向行驶道路前，必须设置"E19"标志。

第 2 点，如果道路上某些交通方式不是单向行驶，例如骑行者，则道路上设置"E19"后，必须设置额外的辅助标志，例如标志"U5"，标识骑行者除外。

第 3 点，单向交通的车道应施划双白实线 Q44 与道路其余部分隔开。在特殊情况下，如果自行车和小型轻便摩托车可以双向通行，则可以省略双白实线，但交叉口除外。

资料来源:《指令》第 801 号，2012 年 7 月 4 日

在设置中央隔离带的道路、匝道和地方性道路上，该标志仅在特殊条件需要时才使用。

"C19"禁止驶入标志，通常与单向行驶标志一并使用。在部分单向行驶的路段，可针对某种交通使用者设置禁止驶入标志。

单向行驶标志不应在交通行驶速度高、交通量密集的道路上使用。

此类单向行驶标志不适用于骑行者，一般在较短路段使用。设置单行道路会产生绕行。

条件允许的情况下，单向自行车道至少应与双向机动车行车道分隔开，参见图 27.4 中 B 和 C 所示。与机动车分隔后，非机动车道上禁止侧边停车或等待。

如果道路与自行车道之间存在分隔带或安全岛，则可以使用无辅助标志的"E19"和"C19"标志，如图 27.5 所示。

自行车道可以通过自行车道指示标志"D21"或者自行车标记符号"V21"进行表示，如图 27.6 所示。

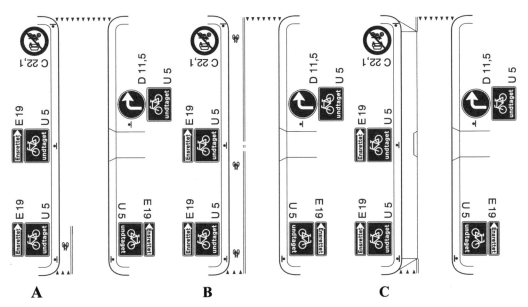

图 27.4　划线或存在高差的单行道上的分方向行驶的自行车标志设置示意图（A 是路口划线、B 是全线施划机非分隔线、C 是采用高差隔离）

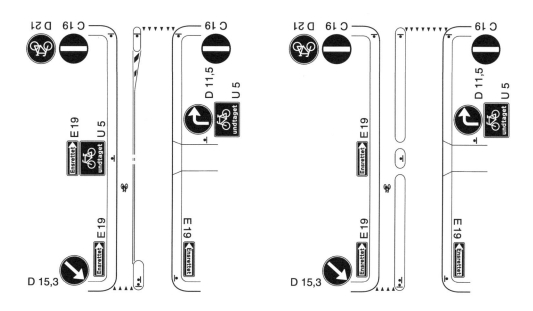

图 27.5　物理隔离的单行道上分方向自行车标志设置示意图

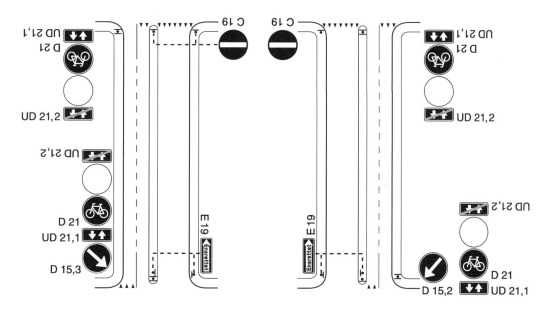

图 27.6　采用机非物理隔离的单行道上单侧双向自行车道标志设置示意图

27.2.3　骑行者的推荐路线标志——E21.1

骑行者的推荐路线标志"E21.1"如图 27.7 所示。

图 27.7　骑行者的推荐路线标志"E21.1"

> **道路标志标线通告，第 23 条，"E21.1"骑行者的推荐路线标志**
>
> 　　在标有"E21.1"的路线上，某些路段可能禁止小型轻便摩托车通行。
>
> 资料来源：《指令》第 802 号，2012 年 7 月 4 日

　　存在该信息标志的道路上，可以使用方向箭头作为该标志的补充。该标志的尺寸大小根据道路指示规范，参见本手册第 31 章"骑行者、骑马者和徒步者的路线指引"。

　　此外，在普通道路与高速公路相交、高速公路立交区域，该信息标志与方向指引标志一起使用。

　　另请参阅本手册第 26 章"指示标志"中的自行车道指示标志"D21"，以及本手册的第 31 章"骑行者、骑马者和行人的路线指引"中的相关说明。

/ 第 28 章 /
辅助标志

28.1　辅助标志的一般规定

> **道路标志标线使用的通告，第 9 条，第 1、2 点**
>
> 　　第 1 点，交通标志的含义可以通过主标志下方的矩形辅助标志上的文字、数字或符号来说明、限制或扩展。
>
> 　　第 2 点，警告标志、让行标志和禁令标志的辅助标志上都为白色。信息标志的辅助标志背景为蓝色。"E42"表示高速公路的辅助标志和"E44"表示高速公路终点的辅助标志，参见第 23 节，该辅助标志采用绿色背景。然而，"E33"的辅助标志则采用黑色背景。

28.2　与自行车相关的辅助标志

28.2.1　自行车辅助标志——U5

骑行者除外的自行车辅助标志"U5"如图 28.1 所示。

U5.1

U5.2

图 28.1　骑行者除外的自行车辅助标志"U5"

> "U5"辅助标志显示，某种特定交通方式不受信号控制。
>
> 资料来源：《指令》第 802 号，2012 年 7 月 4 日

在设置了信号控制的 T 形交叉口，且该 T 形交叉口主要道路上设置了连续的自行车道，该种情况下若设置自行车除外的信号辅助标志"U5.1"，则应在自行车道上同时施划让行标线，且让行标线应设置在人行横道之后，且骑行者尚未进入交叉口前。让行线与人行横道间的距离，应至少保障一辆自行车的长度，具体如图 28.2 所示。

根据《道路交通法》第 26 条第 6 款的规定，骑行者必须始终为行人让路。

使用"U5.1"辅助标志，即给骑行者提供了关于道路让行义务和交叉口处自行车交通行驶路径的相关信息。使用该标记方案时，骑行者不受 T 形交叉口的信号灯控制。如果不能按照图 28.2 所示的道路标记，则骑行者应遵守信号灯控制。

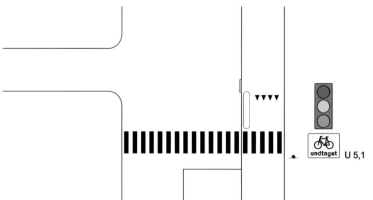

图 28.2　信号控制的 T 形交叉口上，连续自行车道上的让行标线示意图

/ 第 29 章 /
边缘标志和立面标记

29.1   边缘标志和立面标记的一般规定

道路标志标线通告，第 43 条

第 1 点，使用以下类型的边缘标志和立面标记：

1）"N" 边缘标志；

2）"O" 立面标记；

3）"P" 交通元素。

第 2 点，边缘标志用于提醒及注意靠近车道边缘的固定物体。

第 3 点，立面标记用于提醒路径中的突然变化。

第 4 点，交通元素强调安全岛、分隔带等类似部分。

资料来源:《指令》第 802 号，2012 年 7 月 4 日

在城市交通区域或者开阔乡村地区，按照《道路护杆和防撞护栏手册》要求，靠近车道边缘或小径边缘的固定物体应完全移除，如果无法移除，应设置与边缘杆颜色相同的反光材料（即立面标记）进行提醒。

边缘标志和立面标记应设置在交通使用者的自然视野中，为了确保其可见性，应尽可能地放置在视线方向上。

29.2   设置位置要求

以下设置位置要求适用于边缘标志和立面标记，但不包括 "N41" 边缘杆标志，具体要求如下：

道路标志标线使用的通告，第 147 条

边缘标志和背景板与自行车道边缘线的距离不得小于 0.3m。

资料来源:《指令》第 801 号，2012 年 7 月 4 日

/ 第 30 章 /
临时性道路标志

30.1　与临时性道路标志相关的一般规定

临时性道路标志仅在短时间内使用，后期需要移除。可变标牌不被视为临时性道路标志。

临时标牌设置的时间长短取决于道路变化情况，例如占道施工临时标牌，在道路占道施工时期或占道施工阶段被使用。

道路标志标线通告，第 6 条

　　第 1 点，临时性道路标志由主标志和辅助标志共同构成，可使用黑色边缘和黄色背景表示。

　　第 2 点，带文字的临时性道路标志可以用于指示道路条件。

　　第 3 点，"A16""A19""A20""A36""A43.1""A99"和"E53"等标志允许作为临时性道路标志使用。

资料来源：《指令》第 802 号，2012 年 7 月 4 日

使用道路标志标线的通告，第 19 条

　　第 1 点，临时性道路标志可用于占道施工使用。

　　第 2 点，只有当短时间内的道路交通信息与平时不同时，才可以使用临时性道路标志，当道路交通恢复常态后必须将其拆除。

　　第 3 点，临时性道路标志必须设置在显著位置，以便道路使用者及时获取道路信息。

　　第 4 点，临时性道路标志的尺寸、字体、设计和材料类型与道路标志相同。

　　第 5 点，临时出口标志上的数字必须以黑色轮廓线为界。

资料来源：《指令》第 801 号，2012 年 7 月 4 日

30.2　临时性行车道标记

有关临时性行车道标记的道路规范，请参阅第 33 章"占道施工的标记"。

出于道路安全，道路使用者必须可以清楚地看到临时性行车道标记，这一点非常重要。在黑暗中或路面潮湿等通行条件不佳的情况下，临时性标记的可见度尤其重要。通过利用具备足够反射度的材料，或在导向梁上设置带有主动发光型反光钉来提高标记的可见性。反射值由 RL 表示。

黄色临时标记必须按照道路交通标记规定和 DS/EN 1436 进行设置。黄色临时标记的 RL 必须至少为 200mcd/lx/m^2。对于交通道钉，根据"EN 1463-1"标准，用于行车道标记的规定，通过每勒克斯测量的反射亮度系数 R，必须符合永久性交通标志类型 3 的要求。

供应商必须按照上述的车道供应材料要求、施工规定、车道标记要求及一般工作描述（AAB）提供相关材料。

临时性黄色标线标记

道路标志标线通告，第 50 条

第 1 点，行车道和自行车道等道路上的标线标记是白色的。黄色标线标记为临时性标线标记，例如在占道施工或道路施工时必须在白色标记之前施划黄色标线标记。黄色标线标记也用于禁止停车标志"T61"和禁止泊车标志"T62"，参见第 55 节，蓝色标线标记可用于自行车带标线标记"S21"。

第 2 点，白色和黄色标线标记可以用反光道钉等进行补充或替代，反光道钉可以配备与标线标记颜色相同的灯或反光板。

资料来源：《指令》第 802 号，2012 年 7 月 4 日

使用道路标志标线的通告，第 158 条，第 3 点

使用黄色标线标记时必须注意，在任何天气和光照条件下，黄色标线标记都必须与相同道路上的任何白色标线标记有显著差异。

资料来源：《指令》第 801 号，2012 年 7 月 4 日

黄色标线标记应设置在白色标线标记前，当需要移除白色标线标记时，请参阅第 33 章"占道施工的标记"中的说明。如果白色标线标记错误引导了道路使用者，导致其进入工作区域，则必须移除白色标线标记。但对于道路上的车道线来说，不一定需要擦除。

此外，应该强调的是，车道上的黄色标线标记必须明显不同于同一条道路上的任何白色标线标记。最重要的是，不能让道路使用者误认为旧的白色标线标记（或未清除干净的旧标记）为新的黄色标线标记。

当有驾驶员被错误地引导到工作区域时，必须确保驾驶员有改变方向的空间，这对于占道施工来说尤为重要。

/ 第 31 章 /
自行车道上的路线指引

31.1　骑行者、骑马者和行人的路线指引

31.1.1　目标

本章设置路线指引的目标是为了更好地让骑行者了解路线和选择路线。

31.1.2　背景

自 1991 年道路规范首次发布以来，1993 年丹麦开通了一条长约 3500km 的国家自行车路线，此后已扩大到约 4200km。在 20 世纪 90 年代，除已标记的国家和地区的骑行路线外，许多城市都标记了本地的骑行路线。因此，这些年来，骑行者的基础设施已在国家、区域和地方路线上得到了保障。此外，欧洲自行车路线已经成网，该路网中包括 4 条丹麦国家路线。

马匹也被视为交通工具，需要在公共道路上骑行，马匹的骑行路线需在道路右侧设置独立通道。除部分明确禁止骑马的道路，或者部分专用交通小径外，在公共道路上骑马是合法的。目前，在公共森林中骑马可以享受最佳的骑行体验，在路面宽度超过 2.5m 的所有道路以及标记为骑马路径的地段，马匹都可以自由地通行。

31.1.3　前提条件

相关路线的设计说明是设置骑行者路线引导图的前提条件。

一条骑行路线可以包括不同种类的路段，如独立设置的小径、沿着道路设置的小径、森林或田地中的道路、公路和私人道路等，不同路段的铺装也会不同。

骑行路线可以跨界，在某些情况下，线路的不同路段，其管理和规划机构可能不同。因此，为了保证骑行路线和路线指引方向的一致性，相关部门有必要进行充分合作，开展路线指引的规划、建设和管理。

如果骑行路线在与机动车相同的道路网络上运行，无论既有道路的标志指引系统设置情况如何，也均需要设置骑行者、骑马者和行人的路线指引，以确保指引的连续性。当骑行者、骑马者和行人的路线与机动车不同时，例如在普通道路与高速公路的相交处，或高速公路的立交区，也应建立骑行者、骑马者和行人的路线指引，参见第 31.3 节。

路线指引上的标记应包含路线标识，即编号 / 名称 /Logo。然而，对于路线指引系统外的路段上，也应提供相关信息，如往返路线信息、从路线达到的某些目的地信息，以及可以用于标记方向的道路信息，同时，路线指引上应显示禁止骑自行车、骑马和 / 或步行的交通标志。具体路线指引指南见第 31.3 节。

路线指引标志设置时应充分与周边环境景观（如城市景观和自然风景）统筹考虑，美观是设置的重要因素。尽可能少的设置标志，并且应设置在对周边环境影响较小的位置。线路指引标志主要设置在道路旁的标志支架上，并且与其他路线指引标志处于同一高度。同时必须保持其清晰可见。

自行车路线指引标志不是针对小型轻便摩托车驾驶员设置的，尽管他们可以在自行车路线网络上的部分道路通行。

路线指引、信息标志和地图上的信息必须相协调，不仅应采用相同的路线编号，还必须使用相同的符号和颜色。这有利于使用者在指引图中清晰地进行定位，可以自主选择线路，避开交通繁忙道路。具体参见第 31.5 节的详细描述。

31.1.4　路线指引需求

路线指引设计时应考虑以下需求：

◎ 通行需求；

◎ 道路安全性需求；

◎ 道路可靠性需求；

◎ 线路方向性需求；

◎ 周边娱乐体验设施；

◎ 其他周边环境条件。

　　路线指引系统设置时需考虑本地出行者（即经常使用这条道路的人群）的需求，同时也应考虑外地旅游者（即未在当地生活过的人群或正在当地计划通过地图寻找地点的人群）的使用需求。路线指引必须清晰易懂，同时也应面向所有年龄段的骑行者使用者和不同的道路使用者。

31.1.5　术语

　　由于骑行路线由不同类型的道路构成，例如国道、城市道路、独立骑行路、森林中的道路等，因此，骑行路线一般使用"路线"表示，而不是"路径"。

　　这些骑行路线的共同点正是这些道路所涉及的标记。目前，骑行路线已经作为术语实践中应用，因此，下文将进一步表述这些道路所涉及的标记规则。

　　下文中"路径"更注重于规划，用来阐明骑自行车、骑马和步行具体路由。而"路线"还会涉及带有标记的路段。"N6""R18"和"L112"在文中分别为国家自行车道 6 号路线，区域性自行车道 18 号路线和地方性自行车道 112 号路线等的缩写，具体请参阅第 31.3.1 节"单一路线指引标志"。

　　骑行者，骑马者和行人应遵循路线中标志标识的指引。若未设置标记，则路线只能称作游览建议。这些指引可以在导览系统中标明，具体见第 31.5 节。

31.1.6　标志类型

1. 骑行者，骑马者和行人的路线指引标志

> **道路标志标线通告，第 30 条**
>
> 　　港口或者机场等地区的骑行者、骑马者和行人的路线指引可以利用这些标志。标志由骑行者、行人、骑马者或小型轻便摩托车符号组成或其组合符号构成。在标有自行车标志的路线上，部分路段可能禁止驾驶小型轻便摩托车。
>
> 　　　　　　　　　　　　　　　　资料来源:《指令》第 802 号，2012 年 7 月 4 日

2. 路线标志"F21.1"

◎ 骑行者路线标志为"F21.1.1"。

◎ 骑马者路线标志为"F21.1.3"。

◎ 行人路线标志为"F21.1.2"。

骑行者、骑马者和行人路线标志"F21.1.1""F21.1.3""F21.1.2"如图 31.1 所示。

图 31.1 骑行者、骑马者和行人路线标志"F21.1.1"
"F21.1.3""F21.1.2"

3. 路线指引中的方向标志"F21.2"

◎ 骑行者的方向指引标志为"F21.2.1"。

◎ 骑马者的方向指引标志为"F21.2.3"。

◎ 行人路线的方向指引标志为"F21.2.2"。

骑行者、骑马者和行人路线指引中的方向标志"F21.2.1""F21.2.3""F21.2.2"如图 31.2 所示。

图 31.2 路线指引中的方向标志"F21.2.1""F21.2.3""F21.2.2"

4. 路线指引中的指引路牌标志"F21.3"（图 31.3）

道路标志标线通告，第 30 条"F21"为路线指引路牌
　　该标志也可以在没有目的地和距离的情况下使用。

资料来源:《指令》第 802 号，2012 年 7 月 4 日

图 31.3 路线指引中的指引路牌标志"F21.3"

5. 路线指引中的路径图示标志"F21.4"（图 31.4）

图 31.4　路线指引中的路径图示标志"F21.4"

6. 路线指引中的位置标志"H45"（图 31.5）

道路标志标线通告，第 34 条"H45"为路线指引中的位置标志

该标志用于指示当前位置。可用于高速公路，也可用于骑行者、骑马者和行人的路线上。

资料来源:《指令》第 802 号，2012 年 7 月 4 日

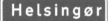
图 31.5　路线指引中的位置标志"H45"

7. 其他标志（图 31.6）

道路标志标线通告，第 23 条"E21.1"为骑行者推荐路线标志

在设置"E21.1"标志的路线上，部分路段可能禁止小型轻便摩托车上路。

资料来源:《指令》第 802 号，2012 年 7 月 4 日

图 31.6　为骑行者推荐线路、行人推荐线路和骑马者推荐线路标志"E21.1""E21.2""E21.3"

本文第 31.2~31.4 节描述了各类标志的含义、使用说明和具体设置要求。如果骑行者、骑马者和行人没有单独的指引，除非这些道路使用者禁止通行，否则均应遵循路线网络中的一般路线指引。第 31.5 节讨论了骑行者、骑马者和行人的信息标志。

31.1.7 路线指引的作用

路线指引中包括国家和地区路线，指引中涵盖了近端目的地和远端目的地。路线指引中国家和跨区域路线上的远端目的地，需根据相关道路管理部门编制的目的地目录进行设置，具体参见第31.8节的实例。

骑行路线上的远端目的地可以是较大的城镇、主要城市、渡轮码头、过境点和户外活动的特殊地点等。它们的距离约为50km，相当于1天的自行车骑行距离。近端目标地可能是较小的城镇、村庄、地区、居住点、景观（森林，湖泊，海滩）和重要景点等。为了标志内容清晰，标志上的方向和数量都应最小化，每个标志在每个方向的目标地不应超过两个。但在复杂的城市地区或连续性重要路段中，可以在每个标志的每个方向上标明超过两个目标地的信息。

> **使用道路标志标线的通告，第257条，第1点**
>
> 路线的方向指引必须保持连续。目的地一旦在标志上标注，就必须在该条路线上的后续所有标志上都进行标注，直到抵达目标地。
>
> 资料来源：《指令》第801号，2012年7月4日

因此，如果骑行路线跨道路管理区域，当路线进入下一个管理区域时，该道路管理机构在其设置的第一个路线方向指引标志上标明目的地，确保在路线指引的连续性。

> **道路标志标线通告，第30条"F21"为路牌道路指引**
>
> 标志也可以在没有目的地和距离的情况下使用。
>
> 资料来源：《指令》第802号，2012年7月4日

31.1.8 骑行网络路线指引系统

骑行者、骑马者和行人的网络路线指引系统包括路线的路由和指引标志系统，路线指引系统只显示与本系统相关的道路。如果途中未设置路线指引标志，可以沿道路直行，路线指引标志牌上的箭头不代表转向方向，箭头朝左仅用于确认该道路为骑行路线。

当路线转向时，在路线标志、方向指示标志、指引路牌或路径图示标志下方使用附加标志，增加箭头表示转向。

具体参见第31.2节中的标志插图。

31.1.9　骑行路线网络的出入口指引

出入口的指引标志可以为其他道路网络中的驶入路线提供指引，还可以为路线附近（2~3km）或路线外的各种服务目标提供指导。

31.1.10　临时性路线指引标志

如果道路发生临时施工，遇到洪水或山体滑坡等情况时，在一段时间内道路不允许骑行者、骑马者和行人通行，则应在另一条路线上建立临时性路线指引标志。可以通过在路线标志上的信息来进行路线指引，显示需要改变的路径。

对于临时性路线指引标志，应在黄色背景上使用黑色字母、符号和箭头。如果该路线为永久性路线，则需采用永久性路线指引标志，此类路线使用蓝白面板，如图31.7所示。

图 31.7　其他道路的临时性路线指引标志

31.2　路线和路线识别

骑行者在确定主要骑行路线时，通常会在几条路线中进行选择，因此指引路网图中应显示各种路径及目的地。

如果周边道路和目的地是在不断变化的，则应设置临时性路线指引标志，并且在每个路段更新路线指引。

使用道路标志标线的通告，第 412 条

第 1 点，骑行者、骑马者和行人的路线标记由路线标志或箭头指引方向标志组成。此外，对于骑行者，还可以使用指引路牌标志或路径图示标志。

第 2 点，必须在一条路线的所有方向上使用相同的标志。该标志包括用白色显示的骑行者、骑马者或行人符号、蓝色背板、路线编号、名称或路线专属Logo。数字和路线专属 Logo 应设置为白框。

第 3 点，路线的专属 Logo 必须经国家道路管理局批准，颜色必须为白色，参见第 413 条。

第 4 点，如果在道路标志上存在多个路径编号，则路径编号必须按次序排列，最小编号位于顶部。

资料来源：《指令》第 801 号，2012 年 7 月 4 日

路线专属 Logo 为一个图形，用来表示路线的可能使用者，专属图形 Logo 需在蓝色背板上，用白色显示，且应该便于理解，同时易于看见。禁止使用商业公司的图形 Logo 或类似标记。

> **使用道路标志标线的通告，第 413 条**
>
> 欧洲自行车和步行路线可以采用国家道路管理局批准的路线 Logo，需放置标志的下方位置。
>
> 资料来源:《指令》第 801 号，2012 年 7 月 4 日

自行车路线分为国家路线、区域路线和地方路线。部分的骑行路线也可以包含在欧洲自行车路线 EuroVelo 中。

> **道路标志标线通告，第 40 条"L45"为自行车路线编号标志**
>
> 国家自行车路线标志底色为红色，数字为白色。国家自行车路线的编号为 1~15。
>
> 区域和地方自行车路线标志底色为蓝色，数字为白色。区域自行车路线的编号为 16~99，地方自行车路线的编号为 100~999。
>
> 资料来源:《指令》第 802 号，2012 年 7 月 4 日

国家自行车路线主要作为丹麦和外国旅游者的骑行路线，该路线一般会经过景点、住宿点等客流吸引点，该线路可以帮助骑行者顺畅地跨区域通行。同样，这些路线也被本地居民使用。

31.2.1 欧洲自行车路线

欧洲自行车路线通过丹麦的有 4 条（见第 31.2.2 节）。路线的指引主要通过信息标志完成，这类线路的信息标志主要依托国家自行车路线或长距离步行路线标志。

如果欧洲自行车路线仍然需要在丹麦的骑行路段上单独显示欧洲路线的名称，则可以通过设置单独的子板，标明路线名称和 Logo。路线名称必须为丹麦语，并设置带有丹麦语的路标，任何标志必须为蓝色背景，并且与其他道路标志一样，需要获得国家道路管理局的批准。如有必要，可以使用彩色 Logo，具体如 31.8 所示。

F21.1   路线指引标志

F21.2   方向指引标志

F21.2   方向指引标志

图 31.8   欧洲自行车路线需要在
丹麦自行车骑行路线上显示时的
路线指引标志

31.2.2   国家自行车路线

使用道路标志标线的通告，第 414 条

第 1 点，国家自行车路线由其所在的城市指定、规划和调整。

第 2 点，如果路线沿着国道行驶，将需要与国家道路管理局联合进行确定、规划和调整。

第 3 点，新增加骑行线路或对现有线路进行更改、取消，必须在国家道路管理局进行报备，国家道路管理局会结合情况更新路线指引地图。

资料来源：《指令》第 801 号，2012 年 7 月 4 日

国家自行车路线是指经过国家多个地区，一般是南北向或东西向的道路，一般情况下每条线路均超过 200km。该类型路线主要针对骑行度假者进行设计和服务。

对于未进行铺装的国家自行车路线，必须要进行定期维护，设置相关的标志指引，以确保路线在任何天气情况下均能保证安全骑行，特别是在骑行度假集中期（大约 4 月 15 日至 10 月 15 日）期间。重要的是不应让骑行者错误地骑入其他更危险的路线。

丹麦国家自行车路线目前包括如下线路：

◎ N1 Vestkystruten（西海岸路线），长度为 560km。

◎ N2 Hanstholm（汉斯特霍尔姆）—København（哥本哈根），长度为 420km。

◎ N3 Hærvejen（陆军公路），长度为 450km。

◎ N4 Søndervig（森讷维格）—København（哥本哈根），长度为 330km。

◎ N5 Østkystruten（东海岸路线），长度为 650km。

◎ N6 Esbjerg（埃斯比约）—København（哥本哈根），长度为 330km。

◎ N7 Sjællands Odde（西兰奥德）—Rødbyhavn（勒德比港），长度为 240km。

◎ N8 Sydhavsruten（南海岸路线）Rudbøl（鲁德布尔）—Møn（莫恩），长度为 360km。

◎ N9 Helsingør（赫尔辛格）—Gedser（盖瑟），长度为 290km。

◎ N10 Bornholm（博恩霍尔姆岛环线），长度为 105km。

◎ N12 Limfjordsruten（利姆峡湾航线），长度为 610km。

图 31.9 中包含了 11 条国家自行车路线，具体路线的详细说明请参见第 31.7 节。

以下国家自行车路线也是欧洲自行车路线 EuroVelo 的一部分：

◎ Skage（斯卡恩）和 Grenå（格雷诺）之间的 N1Vestkystruten（西海岸路线）和
N5Østkystruten（东海岸路线）是 EuroVelo12 北海线路的一部分。

◎ N3Hærvejen（陆军公路）是 EuroVelo3 朝圣者路线的一部分。

◎ N8Sydhavsruten（南海岸路线）和 N9Helsingør（赫尔辛格）—Gedser（盖瑟）
的部分路线是 EuroVelo10 波罗的海自行车路线的一部分。

◎ N9Helsingør（赫尔辛格）—Gedser（盖瑟）也包含在北角—马耳他的 EuroVelo7
太阳路线中，同时也是哥本哈根—柏林的自行车路线中的一部分。

使用道路标志标线的通告，第 416 条

　　南北向路线编号为奇数，东西向路线编号为偶数。

　　　　　　　　　　　　　　　资料来源：《指令》第 801 号，2012 年 7 月 4 日

可以在路线编号下方的蓝色背板上添加白色文字名称作为补充，进行标记说明。国家
自行车路线的编号为 1~15。

使用道路标志标线的通告，第 415 条

　　在以下条件下，自行车路线可以被指定为国家自行车路线：

　　1）从国家层面来看，该路线具有一定的重要性，即它穿越了该国的多个地
区，路线长度至少为 200km；

　　2）该路线由旅游路线指导合作委员会提出；

　　3）路线没有中断点、循环道路或分支道路；

　　4）路线标记清晰，即使路线穿过城市或遇到渡轮码头时也应清晰地标明路线。

　　　　　　　　　　　　　　　资料来源：《指令》第 801 号，2012 年 7 月 4 日

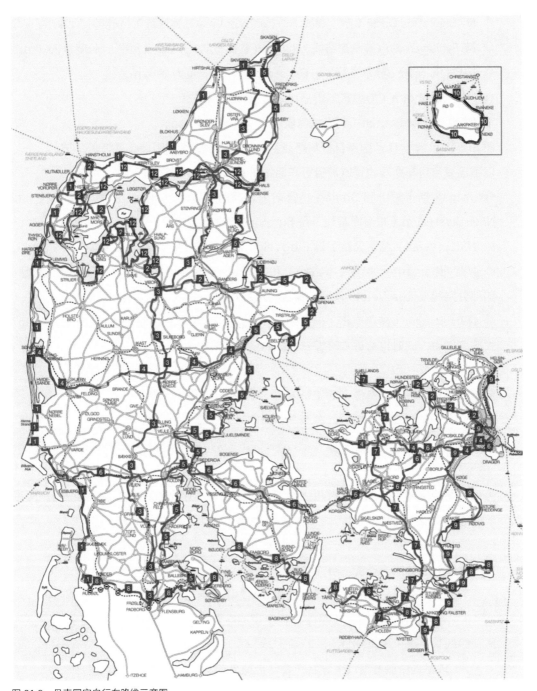

图 31.9　丹麦国家自行车路线示意图

路线不应具有双重编号，即多条路线走向重叠时也应唯一，短路段除外。

此外，国家自行车路线还应避免与"玛格丽特路线"重叠（注：玛格丽特路线是丹麦的一条旅游路线，该条路线拥有自成体系的标志标识指引系统）。

原则上，当路线全线或部分路段发生变动时，均需根据国家自行车路线的新规定进行。关于新增或修改现有国家自行车路线的方案应提交国家道路管理局，并提交给旅游路线指导合作委员会，参见《使用道路标志标线的通告》第 15 章的规定。

国家在设置自行车路线时，以国家道路管理局接收的方案作为参考，相关线路方案可以在国家道路管理局的网站上查询。

此外，当遇到路线临时发生变化时，如由于地面沉降导致的无法通行等情况，应设置临时标志，具体参见本章第 31.1.10 节所述。

31.2.3 区域性自行车路线

区域性自行车路线被定义为贯穿若干城市的自行车路线，其线路长度通常比一日骑行的行程略长，并且与住宿点等设施相连，且非国家自行车路线。区域性自行车路线标志如图 31.10 所示。

图 31.10 区域性自行车路线标志

使用道路标志标线的通告，第 417 条

第 1 点，区域性自行车路线由其所在的城市负责指定、规划和调整。

第 2 点，如果路线沿着国道行驶，则需要与国家道路管理局联合进行确定、规划和调整。

第 3 点，新增加骑行线路或对现有线路进行更改、取消，必须在国家道路管理局进行报备，国家道路管理局会结合情况更新路线指引地图。

资料来源:《指令》第 801 号，2012 年 7 月 4 日

区域性自行车路线的使用者，大部分为短途旅行和度假的出行者，此类骑行路线与国家自行车路线的交通特性类似，具有季节性特征。

区域性自行车路线应该像国家自行车路线一样，需要在一年中的大部分时间里保证其在任何天气条件下都可以安全使用，同时，对于没有地面铺装的骑行延伸路段需要进行维护，增加相关标志指引，以便符合骑行的相关标准规定。这样做的目的是防止骑行者错误地驶入其他自行车路线。区域自行车路线的编号为 16~99。

> **使用道路标志标线的通告，第 418 条**
>
> 第 1 条　可以在路线编号下方的蓝色背景上添加白色文字名称作为补充。
>
> 第 2 条　在管辖范围内，区域路线编号必须唯一。
>
> 第 3 条　跨越市政边界的骑行路线，在所涉市、镇必须编号相同。
>
> 第 4 条　当骑行者可以同时看到两个路线编号时，则在线路指引图上的相邻位置的路线编号不得重叠。
>
> 资料来源:《指令》第 801 号，2012 年 7 月 4 日

31.2.4　地方自行车路线

地方自行车路线由市政府规划和指定，也可与邻近的城市政府合作规划。

通常地方自行车路线主要服务于短距离交通（例如通勤和通学交通等），这些交通出行不受季节性影响。同时，也服务于当地人或外地游客的一日游出行。地方自行车路线标志如图 31.11 所示。

图 31.11　地方自行车路线标志

地方骑行路线既可以作为国家和区域路线的一部分，也可以独立使用，例如作为一日游的骑行路线。

地方自行车路线没有特殊的铺装要求。但是，通勤路线必须确保全年都是安全的。

使用道路标志标线的通知，第 419 条

第 1 点，可以在路线编号的蓝色背板上添加白色文字名称作为补充，或者替换为白色路线专属 Logo，其位置与框中编号位置相同。

第 2 点，路线的专属 Logo 避免与其他路线的 Logo 混淆。

第 3 点，在所有情况下，必须经国家道路管理局批准，才能批准带有 Logo 的专用路线标志。

资料来源：《指令》第 801 号，2012 年 7 月 4 日

地方自行车路线的编号为 100~999。

如果要在自行车路线标志中显示地方自行车路线的名称，可以在线路标志或线路指引中的方向标志上进行标注（图 31.12）。

图 31.12　线路指引中的方向标志

31.3　单一路线指引标志

31.3.1　标志类型

用于骑行者、骑马者和行人路线的标志，包括以下类型，具体标志示意图见本手册第"31.1.6"节。

（1）路线标志"F21.1"

◎ 骑行者路线标志为"F21.1.1"。

◎ 骑马者路线标志为"F21.1.3"。

◎ 行人路线标志为"F21.1.2"。

用于骑行者、骑马者和行人路线标志的附加标志。

（2）路线指引方向标志"F21.2"

◎ 骑行方向指引标志为"F21.2.1"。

◎ 骑马者的方向指引标志为"F21.2.3"。

◎ 行人的方向指引标志为"F21.2.2"。

骑行者、骑马者和行人路线的方向指引标志。

（3）路线指引路牌标志"F21.3"

该标志分为带距离和不带距离两种。

（4）路线指引路径图示标志"F21.4"

（5）路线指引位置标志"H45"

道路标志标线通告，第 29 条，第 6 点

标志采用蓝色背景，白色符号和白色文本。

资料来源：《指令》第 802 号，2012 年 7 月 4 日

道路标志标线通告的节选，第 30 条，关于针对骑行者、骑马者和行人的指引标志"F21"

港口或者机场等地区的骑行者、骑马者和行人的路线指引可以利用这些标志。标志由骑行者、行人、骑马者或小型轻便摩托车符号组成或其组合符号构成。在标有自行车标志的路线上，部分路段可能禁止小型轻便摩托车上路。

具体可以使用以下路标：

路线标志"F21.1"。

路线指引方向标志"F21.2"。

路线指引路牌标志"F21.3"，路标可以没有目的地且不带距离。

路线指引路径图示标志"F21.4"。

资料来源：《指令》第 802 号，2012 年 7 月 4 日

31.3.2　位置

标志主要设置在独立的标志架上。考虑美观要求，骑行者、骑马者和行人的标志可以与其他道路标志放置在同一个高度上。应避免放置在交通标志架和道路铭牌架上，但不包括带有道路编号和带有自行车道指示标志的标志架。容易导致信息混淆的设置案例如图 31.13 所示。

标志边缘必须距离机动车道至少 0.5m，距离自行车道至少 0.3m。具体示意图如图 31.14 所示。

图 31.13 由于指引标志位置设置不当而导致信息混淆的设置示例

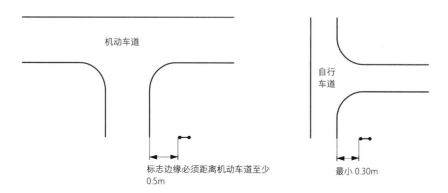

图 31.14 标志设置位置示意图

使用道路标志标线的通告，第 271 条

第 1 点，如果使用方向指引表示交叉口概况，则标志顶端（包括架子外轮廓）距离地面不得超过 0.9m。

第 2 点，方向指引标志之间的指示方向必须保持一致，且必须等长。

资料来源:《指令》第 801 号，2012 年 7 月 4 日

地面到指引标志底部的距离应至少为 0.5m，且不应大于 2.8m，具体如图 31.15 所示。

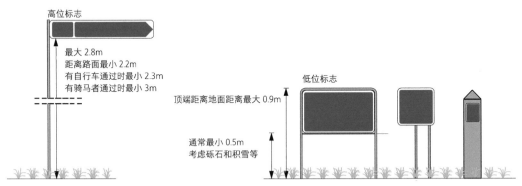

图 31.15   骑行者、骑马者和行人的指引标志的设计尺寸示意图（左图为高位标志；右图为低位标志）

在开阔乡村地区的道路上，建议此类标志的下边缘距离地面的高度最多为 1m，以便道路使用者在任何情况下都能看到指引标志。

在难以设置低位标志时，可以设置高位标志并放置在人行道和自行车道上。设置在人行道上的指引标志高度必须至少为 2.2m，设置在自行车道上的指引标志高度必须至少为 2.3m。对于除雪设备，则标志高度可能需要更高，但标志下边缘与地面的距离不应超过 2.8m，如果道路有骑马者通行，则指引标志应距离地面 3.0m。

使用道路标志标线的通告，第 26 条

第 3 点，如果将路标放置在人行道和自行车道上方或交通流量较密集的区域，在人行道上，高度必须至少为 2.2m，在自行车道上必须至少为 2.3m。

资料来源：《指令》第 801 号，2012 年 7 月 4 日

标志的设置应始终垂直于通行方向，并应确保标志不可旋转。

如果标志被放置在另一个高度较矮的标志旁边，则应保证指引标志的上边缘与另一个标志上边缘齐平（图 31.16）。如果不可能，该标志应尽可能远离另一个标志，但仍然要考虑可视性和可读性。

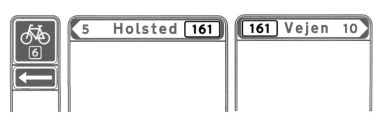

图 31.16 指引标志与其他普通标志一并设置的示意图

31.3.3 版面设计规则

骑行者、骑马者和行人的路线指引，根据"骑行者、骑马者和行人的路线指引指南"中的说明进行执行。

对于骑行者的路线指引，应使用骑行者路线指引符号（图 31.17 左图），参见道路标记使用通知第 412 条第 2 点（第 31.2 节）和道路标记使用通知第 30 条（第 31.3 节）。除非另有说明，否则在骑行者路线上，均允许骑马者、行人和小型轻便摩托车通行。

图 31.17 骑行者、骑马者和行人路线指引符号

对于骑马者或行人的路线指引，应使用骑马者或行人的符号（图 31.17 中图、右图），参见道路标记使用通知第 412 条第 2 点（第 31.2 节）和道路标记使用通知第 30 条（第 31.3 节）。

使用道路标志标线的通告，第 257 条，第 3~5 点

第 3 条 如果标志上有很多服务性符号，那么符号的指示方向表示指引方向，参见第 4 点。

第 4 条 符号朝向即行进方向。机场符号"M12"上，机头为行进方向。

第 5 条 如果标志上插入了多个服务符号，则使用的符号必须具有相同的高度。

资料来源：《指令》第 801 号，2012 年 7 月 4 日

骑行者路线的指引标志、骑马者直行路线的指引标志和行人右转路线的指引标志示意图，如图 31.18 所示。

图 31.18　骑行者路线、骑马者直行路线和行人右转路线的指引标志

如果某个路段上行人和自行车混行，即共享道路，则应设置两种路线指引标志，或者利用方向指引标志进行引导，如图 31.19 所示，具体参见第 31.3.1 节。

图 31.19　步行和自行车混行路段的指引标志示例

使用道路标志标线的通告，第 8 条，第 1 点
　　标志上的文本必须使用丹麦语进行引导说明。

资料来源:《指令》第 801 号，2012 年 7 月 4 日

通常字体高度为 71mm、60mm、50mm、42mm、36mm、30mm、25mm、21mm 和 18mm（图 31.20）。然而，在步行路线上，路线名称的通用高度可能低至 12mm 甚至 9mm。标志上的名称和编号以通用高度进行设置，该高度小于目的地的通用高度。但对于较长的路线名字标题，可以使用小两个字号的字体。

A a b 1 2 3

图 31.20　丹麦路线指引标志的字体，文字高度为 21mm

当方向指引标志上的路线名称较长时，需要使用更小的字体高度。方向指引标志通常设置在速度较低的路线上，因此使用更小的字体高度是可以接受的。上述提及的字号也可以使用在骑马者和行人的路线引导标志上。

指引标志上的标准距离以 km 为单位，10km 以内的距离采用十进制。

在指引标志上标注目标地名称的字体高度，应兼顾美观性和可读性。对骑行者而言，标志必须具有可读性，且标志的设置距离能够保证骑行者在看到标志后，对标志上的信息能够作出及时和正确的反应。但是，标志也不能过大，因为标志过大会造成其在周边环境中过于明显，从而对机动车通行造成干扰。白天标志上文字高度和阅读距离之间的关系如表 31.1 所示。

上述的标志设置要求同样适用于速度低于骑行者的骑马者和行人。行人通常会停下来阅读标志上的信息。

表 31.1　白天标志上文字高度和阅读距离之间的关系

文字高度（mm）	9	12	18	21	25	30	36	42	50	60	71
阅读距离（m）	4	6	8	10	12	16	19	22	26	32	40

只有在特殊情况下才能使用大于 42mm 的字体高度。例如在交叉口时，由于其情况比较复杂，需要单独考虑。

经验表明，骑行者、骑马者和行人能够阅读的文字往往比机动车更小、更窄。因此，相对于标准行车距离，可以简化标志上的文字间距（文字间距标准可参见《普通道路上的路线指引》）。

当文字高度为 50mm、42mm 和 36mm 时，文字间距可以减少 2mm。

当文字高度为 30mm、25mm 和 21mm 时，文字间距可以减少 1mm。

一条路线上的所有指引标志应相同，包括编号、颜色、专属 logo 等，具体参见《使用道路标志标线的通告》的第 412 条第 2 点，见本手册第 31.2 节所述。

欧洲自行车路线上的标志可以使用国家道路管理局批准的专属 Logo，专属 Logo 可以使用其他专用颜色，具体参见《使用道路标志标线的通告》的第 412 条第 3 点，见第 31.2 节所述。

沿常规道路网络设置的指引路标，通常使用类型 2 的反光材料即使用漫反射原理。这也适用于标志的背板、文字和图形。在选择背板的反光材料时，不应给道路使用者造成视觉上的干扰。在普通道路网络之外，标志背板上不需要设置反光材料。

自行车路线指引标志与常规道路网络上的标志相同，标志需要采用反光材料，详情参阅标志反光材料设置的相关道路规范。

31.3.4　路线引导标志说明——F21.1

各类路线指引标志与附加标志示例如图 31.21 所示。

1. 应用说明

路线指引标志用于标记路线，一般设置在人们可能对线路存疑的位置。在未设置指引标志的情况下，使用者可以默认为直行。但是，路线上如果存在较多岔路，影响使用者对路线的判断，则应将设置多个指引标志，从而确保路线明晰。

通常情况下，两个自行车指引路线标志之间的距离不应超过 3km，骑马路线指引标志间距不应超过 2km，步行路线指引标志之间的间距不应超过 1km。在遇到相交道路时，对直行和转弯的路线指引标志的设置需求可能会更大。

如果骑行路线上没有或者极少存在会让使用者发生误解的情况，则路线指引标志可以不设置指引箭头标志，如图 31.22 所示。但在复杂的交叉口位置，或由于其他原因，导致单一的路线指引标志的引导效果不佳，则可以使用方向箭头标志、指引路牌标志或路径图示标志进行补充，具体如图 31.23 所示。

当路线指引标志用作路线指引时，它可以用箭头进行补充，箭头应在主板的下方。此外，还可以在其下方显示与目的地之间的距离。

每个指引标志上，每个方向最多显示两个目的地。目的地和箭头应该设置在独立的标志牌上。

附加标志可以与主标志使用同一个版面，但应在视觉上加以区分。这种的设计方式可以确保指引标志和箭头指向标志方向一致，且不会因为故意破坏，导致牌面发生旋转，从而对使用者造成误解。

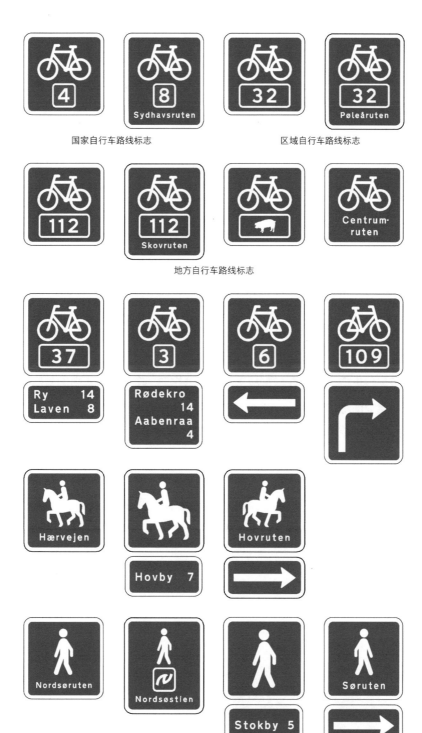

图 31.21　路线指引标志与附加标志示例

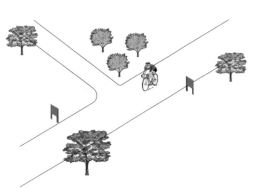

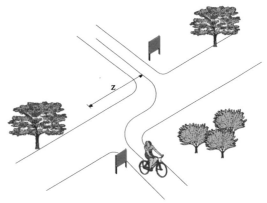

图 31.22　可以不设置骑行箭头指引标志的骑行路线示意图

图 31.23　需要辅助增加其他指引标志进行补充引导的骑行路线示意图

　　可以使用两种类型的箭头附加标志，一种为水平箭头标志"UD1"，该标志表示在此位置需要立即转向；另一种标志为转向箭头标志"U6.2 / U6.4"，该标志表示转弯地点在前方，具体示意图如图 31.24 中的左侧和中间位置的标志。

　　当遇到两条路线重合时，可在标志板上增加路线名称，如图 31.24 中的右侧标志所示。

　　带有附加标志的路线标志可以作为距离标志共同使用，用来表示近处和远处两个目的地的距离。如果同时使用箭头和距离标志，则应将距离标志放在箭头标志的上方，如图 31.25 所示。

2. 标志上显示的信息要求

　　一条路线上的所有指引标志应相同，包括编号、颜色、专属 logo 等，具体参见《使用道路标志标线的通告》的第 412 条第 2 点，见第 31.2 节所述。附加标志可以包含路线指引、方向和距离等信息。

图 31.24　水平箭头标志、转向箭头标志和路线重合标志

图 31.25 路线指引标志、箭头和距离标志共同使用的标志

3. 标志尺寸

标志版面的边长通常为 20cm、30cm 或 50cm。但在特殊情况下版面的边长可以降至 10cm，例如设置在森林道路和步行路线上的版面。

如果使用路线标志作为指引，则其标志版面边长为 20cm，30cm 或 50cm，版面文字高度为 18mm、21mm 或 30mm。通常情况下，沿公路设置的自行车路线上的路线指引标志的版面尺寸设计为 30cm。在市区和其他低速地方位置的标志版面尺寸最长为 20cm。标志版面的文字颜色和字体大小，见第 31.3.3 节所述。

使用道路标志标线的通告，第 412 条，第 4 点

如果在道路标志上存在了多个路线编号，则路线编号必须按次序排列，最小编号位于顶部。

资料来源:《指令》第 801 号，2012 年 7 月 4 日

如果标志上既有数字又有路线名称，或者路线名称较长需两行排版，则标志的高度和宽度都应更大，如图 31.26 所示。

图 31.26 路线标志的示例

附加标志本身应与主标志的宽度相同。但是，在宽度为 30cm 和 50cm 的标志下，带转向箭头的附加标志可以使用 20cm×20cm 的尺寸。

路线指引标志可以设置在道路两侧。宽度为 10cm 和 20cm 的路线标志通常放置在单个支架上，而更大边长的标志则可以放置在较低的门形支架上，如图 31.19 所示。

标志上的字体高度和尺寸，以及主标志和附加标志上的信息排版布局，可参照"骑行者、骑马者和行人的路线指引指南"中的说明。

4. 设置位置

如第 31.3.2 节中所述，标志通常位于道路横断面的右侧。

如果步行路线穿行城市，则可以选择在最适合的人行道一侧设置标志，对道路路线进行标记，如图 31.27 所示。

图 31.27　步行路线和地方自行车路线的标志示例

5. 公园、森林和城市地区等特殊条件下的标志尺寸设置规则

对于通过公园和森林的路线，标志可以使用 10cm×10cm 或 10cm×12cm 的尺寸，以便有足够的空间可以撰写路线名称。如果遵循手册中的其他说明，也可以使用木桩代替金属支架。同样，在城市地区，可以使用柱子或其他形式作为标志架，标志的宽度可达 20cm。

31.3.5　方向指引标志说明——F21.2

国家自行车路线的方向指引标志如图 31.28 所示。

区域自行车路线的方向指引标志如图 31.29 所示。

本地自行车路线的方向指引标志如图 31.30 所示。

1. 应用说明

路线方向指引标志主要在路线发生交叉时，需要改变骑行方向时进行使用，当遇到需要指明目的地和服务点时，也可使用。此外，路线方向指引标志可以用于显示其他路线和

图 31.28 国家自行车路线的方向指引标志示例

图 31.29 区域自行车路线的方向指引标志示例

主要道路网络，即使该路线不途经某个重点地点，也可以用路线方向指引标志指明位置方向，例如指向车站和码头。

当遇到如图 31.31 所示的路口，该位置两个路口之间相距超过 50m，无法仅通过路线指引标志清晰地确定具体的路线方向，因此可以在每个标志上增加方向箭头。方向指引标志的设置如 31.31 所示。该方向指引标志需设置在 p1 位置，同时，如图 31.31 所示的 p2 位置的方向指引标志需设置为双面显示，显示内容与 p1 位置的标志内容相同，p3 和 p4 则可以不设置带方向箭头的方向指引标志。进入和离开路线的方向指引标志如图 31.32 所示。

2. 标志上显示的信息内容的要求

一条路线上的所有指引标志应相同，包括编号、颜色、专属 Logo 等，

图 31.30 地方自行车路线的方向指引标志示例

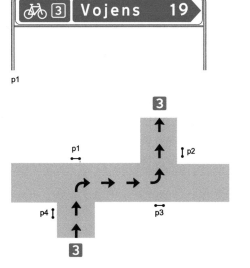

图 31.31 复杂路口的方向指引标志设置示意图

图 31.32   进入和离开路线的方向指引标志示例

具体参见《使用道路标志标线的通告》的第 412 条第 2 点，见第 31.2 节所述。附加标志可以包含路线指引、方向和距离等信息。

将方向指引标志作为从普通道路引导至骑行路线的标志时，应加入骑行路线的标志信息，包括编号、名称、专属 Logo 以及与骑行路线之间的距离。此外，还可以使用路线编号来标明目标地。

3. 标志尺寸

方向指引标志的颜色和文字参见第 31.3.3 节中的说明。方向指引标志的尺寸一方面取决于文字高度（参见第 31.3.3 节），另一方面取决于指引标志上信息的内容。

带有小型自行车标志（宽度小于 12cm）的方向指引标志，仅可用于设置了独立自行车道的道路或者森林道路。设置小尺寸的标志不适用于机动车驾驶员，因为小尺寸的标志会导致机动车驾驶员忽略标志上的信息。

4. 设置位置

在多条路线的交叉时，需要设置方向指引标志，具体标志的设置位置示意如图 31.33 所示，其中，p2 位置的方向指引标志如图 31.33 左侧，p3 位置的方向指引标志如图 31.33 右侧图。

在交叉口中，当已经设置道路标志时，根据上述原理设置方向指引标志。如果没有参考，请将方向指引标志设置在道路标志的位置，即行驶方向的右侧，具体见图 31.34。

请注意，方向指引标志与道路标志的牌面应具有相同的高度。

5. 服务性目的地信息指引标志的设置要求

如果现有的路线指引标志上没有足够的信息，则只能通过增加骑行者、骑马者和行人的服务性目的地信息指引标志来实现。机动车驾驶者将不能或不必遵循骑行者、骑马者和行人的服务目的地的指引标志要求。方向指引标志中包括指向服务地的标志，如图 31.35 所示。

有关服务性信息指引路标，请参阅《普通道路上的服务指引手册》。

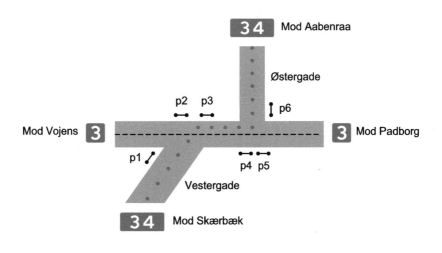

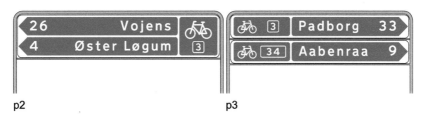

图 31.33　多条路线的复杂交叉口的方向指引标志设置位置示意图

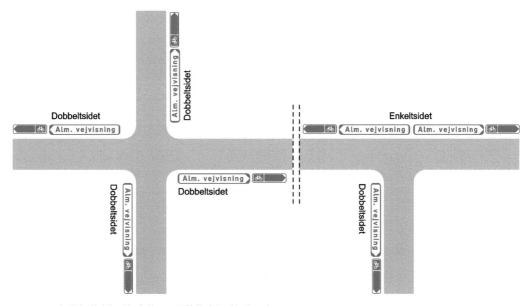

图 31.34　与常规道路指引标志共同设置的线路指引标志示意图

图 31.35　方向指引标志中包括指向服务地的标志示例

使用道路标志标线的通知，第 411 条

　　第 1 点，针对骑行者、骑马者和行人的服务性目的地信息指引标志，主要与 F21.2 方向指引标志牌一并设置，在方向指引标志上增加较小的服务目的地标志和／或服务目的地名称。

　　第 2 点，较小的服务性目的地标志可以设置在路线指引标志上。

资料来源:《指令》第 801 号，2012 年 7 月 4 日

　　应将服务性目的地信息指引标志放置在横断面如第 31.3.2 节中所述的位置。方向指引标志在作为服务性目的地信息指引时，应提供自行车（骑行／步行）的符号，以向道路使用者显示该标志仅适用于这些道路使用者。

　　"M30"原始露营地信息指引标志的含义如下：

　　（1）该标志指的是允许非机动道路使用者搭帐篷的帐篷区域。

　　（2）在帐篷区域内通常有水、厕所以及供生火的位置。

　　（3）该标志通常放置在离开自行车／骑行／徒步路线的位置（通常位于与该路线相邻的野外道路或森林道路上）。

　　具体场地使用规则应遵循现场使用说明规定。

　　其他几个服务性目的地信息指引标志（"M"标志）也可以作为骑行者、骑马者和行人去往目的地的指引。骑行者、骑马者和行人按照此标志指引使用无机动车的捷径去往目的地，具体如图 31.36 所示。

　　"M100.1"为杂货店标志，"M100.2"为出租房间标志，两个标志表示位于乡村地区的小型服务设施，具体如图 31.37 所示。

　　该类服务性信息标志是需要单独申请设置的，提供服务的公司通常需要支付设置费和维护费，但道路管理局也可以决定自行承担该费用（图 31.38）。具体请参阅"普通道路上的服务指引"手册。

图 31.36　路线外去往景点的指引标志示例

图 31.38　指向大贝尔特的火车枢纽的服务性信息标志示例

图 31.37　"M100.1" 标志（左）和 "M100.2" 标志（右）示例

31.3.6　指引路牌标志说明——F21.3

　　使用指引路牌标志而不是方向指引标志时，是因为指引路牌标志上增加了几何箭头标志，较方向指引标志而言，在交叉口更为容易辨认和读取。指引路牌标志应设置在进入交叉口前。

　　指引路牌标志的基本信息包括自行车符号、路线标志和几何箭头，以及可能指引的目的地和距离信息，也可以省略目的地和距离信息，具体如图 31.39 所示。

图 31.39　指引路牌标志示例

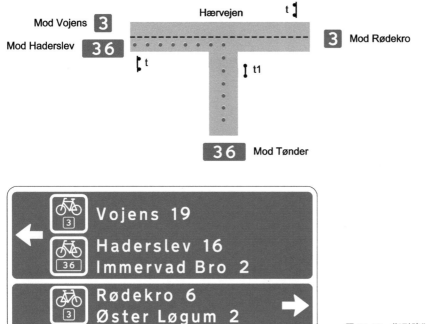

图 31.40   指引路牌标志示例

指引路牌标志的尺寸一方面取决于文字高度（参见第 31.3.3 节），另一方面取决于指引标志上信息的内容，具体见图 34.40。

31.3.7   路径图示标志说明——F21.4

当特别需要为骑行者提供指引时，路径图示标志会放置在交叉口的右侧。

路径图示标志包括交叉口图解，骑行者、骑马者或行人的符号标记或其组合标记以及路线标号。

如果通过环形交叉口只有一条路线需要路线指引，则可以使用带有附加走行信息的标志（U6.8），具体标志牌如图 31.41 中的右下图所示。图 31.41 是交叉口路径图示标志示例，其中，左图为路径图示标志"F21.4"，右上图为自行车路线指引标志"F21.1.1"，右下图为附加走行信息标志"U6.8"。

31.3.8   位置标志说明——H45

如果该处没有其他标明地点的信息，则可以在供骑行者、骑马者和行人使用的独立路线上设置该位置标志标明具体地点（图 31.42）。

图 31.41　交叉口路径图示标志示例

Helsingør　　Rødekro

图 31.42　位置标志示例

使用道路标志标线的通知，第 300 条，第 1 点和第 2 点

第 1 点，位置标志"H45"上只能显示其所在地的名称。

第 2 点，位置标志必须放置在需要显示地点的道路右侧。

资料来源：《指令》第 801 号，2012 年 7 月 4 日

位置标志除标注城市名称外，也可以标注骑行者、骑马者和行人的路线途经的溪流[例如乌格比河（Uggerby Å）] 以及著名景点 [例如多莱鲁普山（Dollerup）]。

位置标志的颜色和文字说明具体如第 31.3.3 节所述。

位置标志的标牌高度最大为 50mm，最小为 30mm。标志的尺寸可参照本手册第 31.3.3 节中的说明。

位置标志必须放置在需要显示地点位置信息的道路右侧。

31.4　骑行者、骑马者和行人偏离路线时的指引标志

除路线指引外，还包括骑行者的推荐线路指引标志"E21.1"、行人的推荐线路指引标志"E21.2"、骑马者的推荐线路指引标志"E21.3"以及方向箭头标志，具体如图 31.43 所示。

图 31.43　骑行者的推荐线路指引标志"E21.1"（左）、行人的推荐线路指引标志"E21.2"（中）、骑马者的推荐线路指引标志"E21.3"（右）以及方向箭头标志示例

31.4.1　信息标志的使用说明——E18，E21.1~E21.3

道路标志标线通告，第 23 条

　　断头路信息标志为"E18"，标志中利用较细的白线表示道路将以小径的方式延伸。

　　骑行者的推荐路线标志为"E21.1"，在设置了"E21.1"标志的路线上，某些路段可能禁止小型轻便摩托车通行。

　　行人的推荐路线标志为"E21.2"。

　　骑马者的推荐路线标志为"E21.3"。

资料来源：《指令》第 802 号，2012 年 7 月 4 日

　　通常在骑行者、骑马者和行人的专用路线外，信息指引标志"E21.1~E21.3"需要指引时使用。

　　具体来说，上述信息标志可以用于需要特别引导的位置，该位置禁止骑行者、骑马者和行人使用，例如高速公路或高速公路立交区等位置。

　　当某条道路禁止骑行者、骑马者或行人与其他道路使用者共同使用时，道路管理局必须进行注明，同时需设置"E21"信息标志，确保骑行者、骑马者或行人能够通过别的道路抵达目的地。

　　信息标志"E21.1~E21.3"也可用于引导道路上的轻型交通使用者，参见《信息标志手册》。

　　断头路信息标志"E18"上可以显示骑行者、骑马者和行人的符号标记。例如，行人符号可以用于道路尽头有梯道或不希望自行车通行的地方。

　　需要注意的是，按照"残疾人通道手册"要求，如果轮椅无法通过，则必须在该位置的附加标志中进行标明，具体见图 31.44。

图 31.44 断头路信息标志"E18"与骑行者、骑马者、行人和轮椅使用者符号标记共同使用示例

31.4.2 信息标志的使用说明——E21.1~E21.3

使用道路标志标线的通告，第 412 条

　　第 1 点，骑行者、骑马者和行人的路线标记由路线标志或箭头指引方向标志组成。此外，对于骑行者，还可以使用指引路牌标志或路径图示标志。

　　第 2 点，必须在一条路线的所有方向上使用相同的标志。该标志包括用白色显示的骑行者、骑马者或行人符号、蓝色背板、路线编号、名称或路线专属 Logo。数字和路线专属 Logo 应设置为白框。

　　第 3 点，路线的专属 Logo 必须经国家道路管理局批准，颜色必须为白色，参见第 413 条。

　　第 4 点，如果在道路标志上存在了多个路径编号，则路径编号必须按次序排列，最小编号位于顶部。

资料来源：《指令》第 801 号，2012 年 7 月 4 日

附加标志板可以与主标志采用同一面板，但应在视觉上加以区分。

如果某些使用者的路线与本路线的道路使用者不同，则路线的附加标志指引也应遵循本路线的指引方向，从而确保路线的连续性。

31.4.3 信息标志版面设计要求——E21.1~E21.3

信息标志的颜色和文字在第 31.3.3 节中给出，标志的外形应为矩形。

如果标志位于交通量较大的路段，则边长应至少为 40cm。其下方的附加标志尺寸应与信息标志一致。

当该位置的信息标志用于骑行者、骑马者和行人的路线指引时，该位置的标志也可以使用方向指引标志，具体见第 31.3.5 节所述。

31.4.4   信息标志的设置位置——E21.1~E21.3

信息标志一般设置在交叉口前道路右侧。该位置与路线标志位置相同。

31.5   导览系统

31.5.1   一般说明

骑行者、骑马者和行人的路线导览系统包括信息板、路线图和路线手册。

◎ 信息板是骑行者、骑马者和行人路线的相关信息的概览图，也包括相关附属信息，主要设置在沿途路线上。

◎ 路线图为骑行者、骑马者和行人的等效概览图，一般由几张概览图组成，路线图由使用者随身携带。

◎ 路线手册是骑行者、骑马者和行人路线图的合集，带有地图信息和旅游信息。

为了方便骑行者、骑马者和行人能够更好地使用导览系统，确保两者之间能相对应，达到最佳的使用效果，建议信息板和路线图的图例一致，如图 31.45 所示。

国家自行车路线在国家路线地图、区域路线地图和地方路线地图以及信息板上均须标

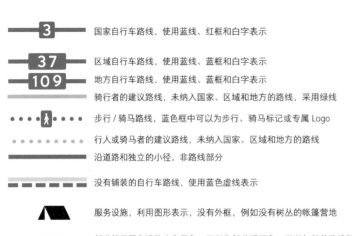

图 31.45   路线图图例示意图

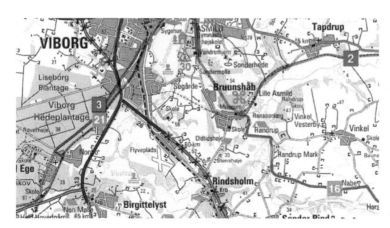

图 31.46 维 堡 县（Viborg）
1 : 100000 自行车路线图的示意
图 [版权归维堡县（Viborg）和
丹麦地理数据局所有]

注。同样，区域和地方路线上的路线编号和名称，应显示在区域和地方路线地图上，以及骑行者、骑马者和行人的信息板上。

如果存在未明确地区，则地方路线地图还可能包含一些未明确的信息建议。在这种情况下，使用绿色而不是蓝色。此外，应在路线图和信息板上标注没有铺装的路段，这适用于所有类型的路线导览系统。图 31.46 是自行车路线图的示意图。

31.5.2 信息板

1. 使用说明

信息板用于骑行者、骑马者和行人的路线指引，一般设置在道路或路径明显发生变化以及道路使用者需要了解路线的位置，例如在市区外围或进入休闲娱乐区的入口，或多条路线相互交叉的位置。

在城市地区，当骑行者、骑马者和行人需要了解城市内的重点目的地或骑行路线延伸的信息时，也可以设置信息板。

2. 内容和版面设计规则

信息板由一定比例的地图、自行车符号"M61"，以及指引目的地的路线列表组成。同时信息板上也会给出比例尺，指北针和图例说明。

信息板上的信息包含了骑行者、骑马者和行人的路线、路径、服务设施、其他交通路径、森林、水域等内容，用户可以利用信息板自行定位。

城市地区和乡村地区的信息板也可以按照常规道路服务指南手册中的设计指南进行设计。

信息板上的信息更新频次，在理想状况下更新频次为一年一次，一般在夏季到来前进行更新。信息板的版面和支架的设置规则与其他指引标志一致，具体参见第 31.3.3 节。

实际设置中信息板也可以采用金属材质，但如果需要经常更新，则应使用可替换的材料。信息板设置时请尽量远离阳光直射，从而避免标志褪色，同时应防止湿气进入板面，导致的信息内容可读性下降。

骑行者的信息板一般选择 1∶100000 的比例尺。在骑马者和行人路线上，信息板应选择 1∶50000 或 1∶25000 的比例尺。

当信息板上需要显示区域骑行路线或国家自行车路线或远距离骑行路线的概况时，应选择更大的比例尺。

信息板上包括地方骑行路线和部分未明确的道路，可选择 1∶50000 或 1∶25000 的比例尺。

此外，当信息板上需要提供城市区域的街道名称信息、重要建筑物信息（如商店和服务场所、无障碍通道等）时，需要更小的比例尺，如 1∶10000、1∶7500 或 1∶5000。

3. 设置位置

信息板设置时，应避免使用者停下来阅读而造成事故或处于危险中。信息板设置的位置应该保障自行车可以停放，以便使用者读取信息。

信息板设置位置应距离道路至少 1.5m。

可根据需要，垂直或倾斜安装面板，具体如图 31.47 所示，中间图为垂直面板，右图为 45° 的倾斜面板。道路边缘和信息板之间应保持一定的距离，以便使用者可以选择站在非驾驶区域阅读，从而避免被撞击的风险。

信息板不得放置在可视范围内，避免视线遮挡，具体参见第 14.3 节，开阔乡村地区的交叉口可视范围要求。

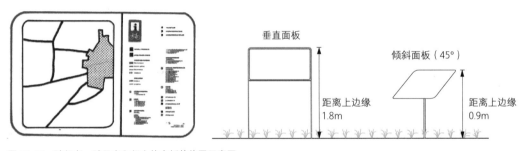

图 31.47　骑行者、骑马者和行人信息板的位置示意图

31.5.3　路线图和路线手册

1. 使用说明

导览图发挥作用的前提条件是创建路线图，使用者可以通过该路线图为旅行作准备，同时也方便在旅行途中进行查看。

因此，规划路线系统的机构，应充分与其他相关机构或使用者代表沟通，确保线路的及时更新和准确规划。

2. 内容

路线图或路线手册上的信息应与信息板一致。

设计国家或区域自行车路线的路线图通常按比例 1∶100000 进行设计。

在路线图上应显示路线的编号、名称和专属 Logo，以及住宿、旅行社、景点等相关服务信息。此外，还应提供可能影响道路安全的提示信息，例如禁止骑行者、骑马者和行人通行的路段、危险路段、没有标志路段，以及在通过城市区域时的推荐路段等。

其他规定参见 31.5.1 节中的说明。

31.6　标志示意图

本节给出路线引导标志"F21.1"、方向指引标志"F21.2"、指引路牌标志"F21.3"、路径图示标志"F21.4"、位置标志"H45"、信息标志"E21"的示例，具体如图 31.48~图 31.53 所示。

国家自行车骑行路线标志　区域自行车骑行路线标志　　地方自行车骑行路线标志　　　　　长距离骑马　地方行人
　　　者路线标志　路线标志

（a）路线引导标志

（b）标志下方带有箭头辅助标志的路线指引标志　　　　（c）标志下方带有目的地和距离辅助标志的路线指引标志

图 31.48　路线引导标志"F21.1"示例

国家自行
车骑行路
线标志

区域自行
车骑行路
线标志

地方自行
车骑行路
线标志

（a）方向指引标志

（b）带有服务性信息标志的方向指引标志

图 31.49　方向指引标志"F21.2"示例

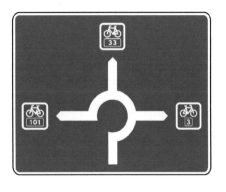

图 31.50　指引路牌标志"F21.3"示例

图 31.51　路径图示标志"F21.4"（左）和国
际骑行路线指引标志"F21.1.1"（右上）和转
向箭头标志"U6.8"（右下）示例

图 31.52 位置标志"H45"示例　　　图 31.53 路线外指引信息标志示例

31.7 丹麦国家自行车路线

丹麦国家自行车路线网络示意图如图 31.54 所示。

◎ N1 Vestkystruten（西海岸路线）长度为 560km

从 Rudbøl（鲁德布尔）到 Skagen（斯卡根）的西海岸，沿途经过广阔的沙滩，能够感受海水的气息，骑行通过沙丘或沙滩，途经瓦登海对于骑行者来说是一种很棒的体验。途经该条路线的骑行者一般来自于南方，骑行时路线上一半的风力来自于西南方向。该路线的路面一般会有砾石，因此适合于山地自行车，即宽轮胎自行车。

◎ N2 Hanstholm（汉斯特霍尔姆）— København（哥本哈根）长度为 420km

路线的起点为北海的现代化的汉斯特霍尔姆港口，途经田野和森林，最终沿着海岸抵达古老的哥本哈根 Øresund（厄勒海峡）避风港。路线主要是设置了自行车道的道路，但是在 Jægerspris（耶厄斯普里斯）区域是原始无铺装的土路。

◎ N3 Hærvejen（陆军公路）长度为 450km

路线途经 Viborg（维堡）和 Padborg（帕德堡）之间的自行车路线，该路线具有悠久的历史，目前该路线已可抵达 Skagen（斯卡根）。为避免穿行大岛，过去的人们曾通过此路线去往日德兰高地。家庭采用骑行旅游出行时，通过此路线能够途经中世纪教堂建筑，唤醒人们古老的回忆。未来，这条路线可以继续延伸。

◎ N4 Søndervig（森讷维格）— København（哥本哈根）长度为 330km

路线从最平坦的西日德兰岛出发，穿过日德兰中部的最高山峰，骑行者将真正体验日德兰海脊的景色变化。该路线主要为市政道路，其中包括从卡伦堡到哥本哈根的旧皇家道路。

◎ N5 Østkystruten（东海岸路线）长度为 650km

这条路线从 Skagen（斯卡根）到 Sønderborg（桑德堡），沿着东海岸设置，路线蜿蜒。目前为丹麦自行车路线中最长的路线。在峡湾处，可以沿途参观旧城区。

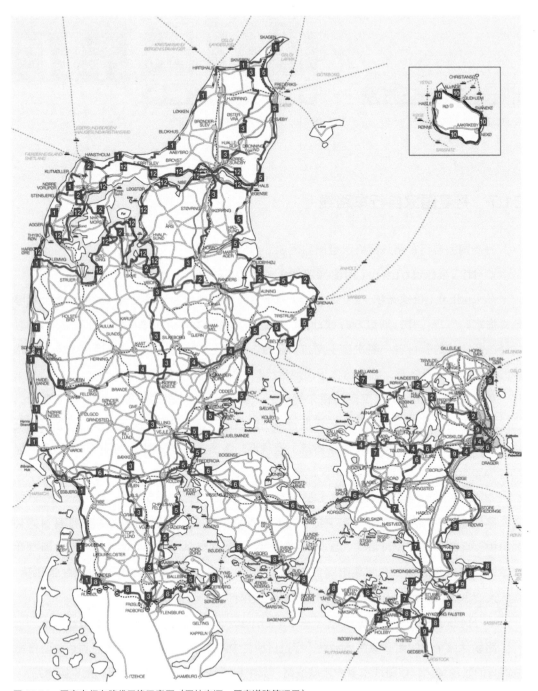

图 31.54　国家自行车路线网络示意图（图片来源：国家道路管理局）

◎ N6 Esbjerg（埃斯比约）—København（哥本哈根）长度为 330km

该路线从 Esbjerg（埃斯比约）经过 Odense（欧登塞），延伸至哥本哈根的蒂沃利岛。骑行时可以充分领略日德兰广袤的农田，见到黑尾奶牛，感受风吹麦浪的景色。

◎ N7 Sjællands Odde（西兰奥德）—Rødbyhavn（勒德比港）长度为 240km

路线从 Sjællands Odde（西兰奥德）至 Rødbyhavn（勒德比港），主要为沥青铺装的小径。途经多个景点 [如 Sommerland Zealand（萨默兰新西兰），Tystrup-Bavelse（蒂斯特鲁普—巴维尔斯）湖泊，BonBonland（邦邦乐园）和 Lalandia（拉兰迪亚）]，适合家人出行。

◎ N8 Sydhavsruten（南海岸路线）（Rudbøl—Møn）（鲁德布尔 - 莫恩）长度为 360km

从西部平坦的瓦登海到莫恩的白色悬崖，骑行者首先到达南部的边境陆地，然后是南部零星岛屿——阿尔斯岛、菲英措辛厄岛、朗格兰岛、洛兰岛、法斯特岛和莫恩岛。这将是一次丰富多彩的旅行，能够感受陆地和水上的变化，还能乘坐渡轮。

◎ N9 Helsingør（赫尔辛格）—Gedser（盖德尔）长度为 290km

路线为一条 Helsingør（赫尔辛格）至 Gedser（盖德尔）的国际路线，通过该路线将北欧地区与欧洲连接起来，将哥本哈根与柏林连接起来。骑行在西兰海岸和法尔斯特沿岸，能够体验蜿蜒的道路，观赏庄园和城堡景观。

◎ N10 Bornholm（博恩霍尔姆岛环线）长度为 105km

博恩霍尔姆岩石岛与丹麦其他地区的风景差异较大，可以算得上是异国情调。环岛之旅有许多很棒的自行车道，包括古老生活区的小径、废弃铁路和森林的道路。

◎ N12 Limfjordsruten（利姆峡湾航线）长度为 610km

该路线沿着港口和渔村的利姆峡湾海岸，途经沙丘、海岸和大片平坦的海滩，同时路线也将经过北欧最重要的鸟类保护区之一的 Vejlerne（瓦埃勒纳）。该路线为最后一条国家自行车路线，因其为东西向线路，因此路线走向几乎笔直。

31.8 远端和近端目标地的信息目录示例——国家自行车路线 3

路线经过了 Padborg（帕德堡），Rødekro（罗德克罗），Jels（耶尔斯），Randbøldal（兰博达尔），Vrads（弗拉兹），Viborg（维堡），Hobro（霍布罗），Aalborg（奥尔堡），Østervrå（东角），Skiveren（斯基韦伦）等目的地时，国家自行车路线 3 信息目录示例如表 31.2 所示。

其中，第一列为路线中各路段的起终点名称和距离，第二列为两个方向上的远端目的地和近端目的地名称，第三列为支线目的地名称，第四列为景点和服务目的地名称。

表 31.2　国家自行车路线 3 信息目录示例

起终点名称和距离	远端目的地 / 近端目的地名称		支线目的地名称	景点和服务目的地名称
	与路线相同的方向	与路线相反的方向		
Padborg 40km Rødekro	Rødekro/Frøslev Rødekro/Kliplev Rødekro /Hjordkær Rødekro	Padborg Padborg/Frøslev Padborg/Kliplev Padborg/Hjordkær	Kruså Aabenraa	Frøslevlejrens 博物馆
Rødekro 43km Jels	Jels 1 Øster Løgum Jels/Hovslund St. Jels /Vedsted Se\s/Vojens Jels	Rødekro Rødekro/Øster Løgum Røde ko/Hovslund St. Rødekro /Vedsted Rødekro /Vojens	Over Jerstal	Haderslev Ådal
Jels 50km Randbøldal	Randbøldal/Askov Randbøldal/Ve/en Randbøldal/BæMre Randbøldal	Jels Jels/Askov \e\s/Vejen Jel s/Bække	Rødding Skodborg Vorbasse	
Randbøldal 45km Vrads	Vrads/A/ø/re Kollemorten Vrads/T/nnet Krat Vrads	Randbøldal Randbøldal/A/ørre Kollemor ten Randbøldal /Tinnet Krat	Nørre Snede Givskud Jelling	Rørbæk 湖
Vrads 55km Viborg	Viborg/Funder Kirkeby Viborg/Kragelund Viborg/Thorning Viborg/Skel høje Viborg	Vrads Vrads/Funder Kirkeby Vrads/Kragelund Vrads/Thorning Vrads/5/ce//?ø/e	Silkeborg Nørre Knudstrup	
Viborg 40 km Hobro	Hobro/Vammen Hobro/ Klejtrup Hobro/Fyr kat Hobro	Viborg Viborg/Vammen Viborg / Klejtrup Viborg/Fyrkat	Rødding	Verdenskortet i Klejtrup
Hobro 55 km Aalborg	Aaborg/l/ebbestrup Aalborg/Arden Aalborg//?eb//c/ Aalborg	Hobro Hobro /Vebbestrup Hobro/ Arden Hobro/Rebild	Skørping Støvring	Rold Skov Rebild bakker
Aalborg 58 km Østervrå	Østervrå/Hammer Bakker Østervrå/Dronninglund Østervr å/Jyske Ås Østervrå	Aalborg Aalborg/Hammer Bakker Aa 1 borg/Dronninglund Aalborg/Vys/ce Ås		Dorf Mølle Dronninglund Kunstcenter
Østervrå 40 km Skiveren	Skiveren/7o/ne Skiveren	Østervrå Østervrå/To/ne	Frederikshavn	Landbrugs- og Landskabsmuseet

/ 第 32 章 /
车道标线标记

32.1 交通标线标记

32.1.1 一般规定

关于道路交通标线标记的一般规定遵循"指令"第 802 号中，道路标志标线通告的第 49 条规定，具体如下：

道路标志标线通告，第 49 条规定

第 1 点，在道路上可以使用以下类型的标记标线：

1）"Q"纵向标线；

2）"R"箭头标记；

3）"S"交叉口标记；

4）"T"停止线和停车标记；

5）"V"道路上的文字和符号等。

第 2 点，纵向标线是指沿道路方向设置的标线。

第 3 点，箭头标记用以指示道路使用者的行驶方向。

第 4 点，交叉口标记表示存在交叉口，注意让行。

资料来源：《指令》第 802 号，2012 年 7 月 4 日

32.1.2 设置目的

道路沿线设置必要的标线和标记是为保障道路使用者安全而采用的交通管理措施。

必须强调的是，在不同天气条件和照明条件下，标线和标记不易察觉。因此，在条件允许的情况下通常辅以交通标志进行引导，如补充禁令标志或在适当情况下也可设置具有交通控制意义的道路标志。

但是，若《交通法》或《道路建设法》对部分区域的交通规则提出了明确规定，则可以省略标志牌。

道路标线宽度根据实际情况进行选择。

道路标志标线通告，第 50 条 第 1 点

行车道和自行车道等道路上的标线标记是白色的。黄色标线标记为临时性标线标记，例如在占道施工或道路施工时必须在白色标记之前施划黄色标线标记。黄色标线标记也用于禁止停车"T61"和禁止泊车"T62"，参见第 55 节，蓝色标线标记可用于自行车带标线标记"S21"。

资料来源:《指令》第 802 号，2012 年 7 月 4 日

黄色标线标记仅用作纵向标线（Q）、箭头标记（R）和交叉标记（S）的临时调节。具体关于纵向标线（Q）、箭头标记（R）和交叉标记（S）的设置要求请参阅本手册中其他章节。

在特殊条件下黄色交叉标记的使用说明详见第 32.4 节。

使用道路标志标线的通告，第 158 条，第 3 点

使用黄色标线标记时须注意，在任何天气和光照条件下，该标记都应与同一条道路上的白色标记存在明显区别。

资料来源:《指令》第 801 号，2012 年 7 月 4 日

使用黄色反光道钉来补充或替换黄色标线通常是合适的，具体设置方法请参阅后面的交通道钉部分。有关车道标线标记的亮度特性及规定请参见相关规定。一般工作描述（AAB）中规定了车道标记必须满足的功能要求。

交通标线标记材料

道路标线标记通过冷漆、热熔性材料或硬化材料进行，或通过采用不同材料成分（箔和热塑性塑料）的预制线和符号、交通钉或其他方式进行。

根据颜色和功能而言，道路标线标记可分为：

◎ 白色交通标线标记。

◎ 临时交通管制的黄色交通标线标记。

◎ 禁止停车和禁止泊车时的黄色交通标线标记。

◎ 穿越交叉口的自行车带的蓝色交通标线标记。

32.2 纵向标线

32.2.1 车行道边缘线

1. 车行道边缘线

> **使用道路标志标线的通告，第 173 条**
>
> 车行道边缘线可用于车道分隔带、应急车道、公交车道和停车道。
>
> 资料来源：《指令》第 801 号，2012 年 7 月 4 日

2. 宽边缘车道的车行道边缘线

> **使用道路标志标线的通告，第 175 条，第 2 点和第 7 点**
>
> 第 2 点，当道路边缘到平行道边缘线的距离大于或等于 0.9m 时，即宽边缘车道，车行道边缘线必须变宽。
>
> 第 7 点，在双向交通的单车道道路上，车行道外边缘线应加宽。
>
> 资料来源：《指令》第 801 号，2012 年 7 月 4 日

宽边缘车道的宽度应至少为 1.2m，包括线宽。

宽边缘车道适用于自行车、小型轻便摩托车和其他非机动车辆（也可以是车辆的一部分）及人行道共同使用的车道。

3. 带自行车道的车道边缘线

使用自行车标记"V21"或自行车道标记"D21"时，宽边缘车道可标记为自行车道。在成为自行车道的情况下，该条道路遵循《道路交通法》中关于自行车道的规定，包括禁止在自行车道上停车或相关停车规则。

自行车道应至少 1.5m 宽，包括线宽。

市政道路管理局或当地道路管理机构应确保所有道路使用者都清楚地了解该条道路为自行车道。因此相隔大约 100m 处会设置一个自行车标记"V21"，100m 的距离能够确保所有道路使用者在正常条件下都可以看到至少一个标记。

当一条自行车道可采用实线边缘线"Q46"和自行车标记"V21"进行标记，自行车标记"V21"可在实线边缘线"Q46"发生中断后增加，达到引导的目标。此外，应按照一定间距进行设置。请参阅本手册中的"道路交通标线标记、文本和符号"（见"道路规则"网页）。

4. 交叉口的车道边缘线

> **道路标志标线通告，第 175 条**
>
> 第 5 点，如果机动车道穿过交叉口，则其右侧边缘线应设置得较宽，便于带有高差和铺装隔离的自行车道、施划标线的自行车、宽边缘车道上的骑行者和小型轻便摩托车驾驶员穿行。在其他情况下，边缘线宽度相对较窄。然而，在交叉口位置时如果需要利用标线强调特殊方向时，则任何情况下边缘线都可以做得很宽。
>
> 第 6 点，在重要交叉口，为了限制直行车道上的机动车道进入左转区域，可以将直行车道左侧边缘线加宽，必要时可以进行延伸，并将左转车道采用宽边缘线进行使用。
>
> 资料来源:《指令》第 802 号，2012 年 7 月 4 日

32.2.2　小径上的标线

> **道路标志标线通告，第 52 条**
>
> 对于不同道路类型或交通方向的车道可使用窄的实线、虚线或禁止标线。实线表示正常情况下不得穿越的线，也可以用来表示车行道边缘线。沿着道

路行驶的两个方向的自行车交通路径须标有中央虚线，并沿小径设置自行车标记"V21"。

资料来源：《指令》第 802 号，2012 年 7 月 4 日

使用道路标志标线的通告，第 176 条

第 1 点，必须通过使用道路交通标线对路面上的道路使用者进行分隔，否则需设置物理隔离。

第 2 点，双向自行车道应沿道路方向进行划分，并为设置转弯的自行车和小型轻便摩托车划定区域。

第 3 点，从前进方向上看，路径的边缘线较窄，且设置在路径的右侧。如果需要设置偏离（主方向的）路径，例如在公交车停靠处，则可以在路径的左侧也增加一个边缘线，可以从偏离段的前 10m 到后 10m 之间设置。

第 4 点，路径上的引导线表面不能存在逆光反射。

资料来源：《指令》第 801 号，2012 年 7 月 4 日

路径上的线条可以采用窄的单线。

路径上的实线可用于将路面划分为不同道路使用者的车道，也可以利用实线将人行步道范围划分为自行车道和人行道，以及在双向自行车道划分骑自行车者和轻便摩托车，也可以在空间不足的地方，利用实线划出使用区域，例如在地下通道内。

在没有道路照明的情况下，也可以使用实线作为路线路径的边界。

如果使用实线作为自行车骑行路线的边界，则应该施划在自行车右侧，在标线不添加反光材料时，需要设置宽度为 10cm 的实线。

进入和通往建筑物的车道等不需要施划边缘线。路面宽度较窄时可不施划道路边缘线。在主要交叉口，根据通常的引导方向设置自行车带。

请参见 D21"设置沿路的双向自行车道"，见第 26 章。

"Q48"标线：用于划分车道的实线。

"Q49"标线：用于划分车道的虚线。

"Q49"标线：用于单侧双向自行车道。当沿道路设置分方向自行车道时，则不需要设置"Q49"。

"Q50"标线：小径上的实线。

32.3   导向箭头标记

32.3.1   适用于 R11~R14 的车道导向箭头的一般规定

根据特定位置的速度和道路状况调整导向箭头的大小和彼此的间隔。

> 使用道路标志标线的通告，第 177 条
>
> 单一的右转或左转车道应设置导向箭头标记。有转向路标的路段和岔道，则不需要设置导向箭头。
>
> 资料来源：《指令》第 801 号，2012 年 7 月 4 日

32.3.2   适用于 R11~R15 的车道导向箭头的一般规定

> 道路标志标线通告，第 53 条，针对 R11~R15
>
> 箭头可以与表示交通类型的标记或文字一起使用，参见第 57 条标记。机动车道上的导向箭头不适用于骑行者和小型轻便摩托车驾驶员，除非存在施划了自行车标记"V21"，具体参见第 57 条。
>
> 资料来源：《指令》第 802 号，2012 年 7 月 4 日

32.3.3   自行车道上的箭头

> 道路标志标线通告，第 54 条
>
> 自行车道路上的导向箭头标记具有与第 53 条中所述的相同含义。
>
> 资料来源：《指令》第 802 号，2012 年 7 月 4 日

"R16"自行车道上的导向箭头标记尺寸和设计要求参见第 32.6 节的规定。

32.4　交叉口标线

32.4.1　交叉口标线的一般规定

> **使用道路标志标线的通告，第 180 条**
>
> 　　第 1 点，临时交叉路口的标线可以是黄色的，参见《道路标志标线使用的通告》第 50 条。在设置临时标线标记时，必须擦除或覆盖原有的白色标线或标记。
>
> 　　第 2 点，不能单独使用反光道钉进行划线。
>
> 资料来源:《指令》第 801 号，2012 年 7 月 4 日

32.4.2　让行线——S11

> **使用道路标志标线的通告，第 181 条**
>
> 　　第 1 点，根据《道路交通法》第 26 条第 2 点的规定，对交通使用者设置了指定让行义务的道路交叉口，必须设置"S11"让行线。指定让行义务路口只能使用标志"B11"来表示，其中道路标线必须使用清晰耐用且不易被覆盖的材料，例如通往施工工程的路口。
>
> 　　第 2 点，让行线应与最近的行车道或自行车道的边缘保持适当的距离（较短），但也可以设置在行车道或自行车道的边缘，尤其是在交通密集但行驶速度较低的区域。
>
> 　　第 3 点，指定让行义务一般根据《道路交通法》第 26 条第 3 点的规定划分。但特殊情况下必须进行标记，可以参照《道路交通法》第 26 条第 2 点中关于"指定让行义务的标记"的规定。在这种情况下，如果需要使用让行线来划分《道路交通法》第 26 条第 3 点中的指定让行义务，那么必须将其设置在人行横道或步行道之前。
>
> 资料来源:《指令》第 801 号，2012 年 7 月 4 日

　　让行线通常应放置在距离较重要的车道前 0~1.5m 的位置，具体参见《车道标记手册》。

　　如果交叉口入口处设置了带有高差铺装差异的自行车道或标线隔离自行车道，则应将让行线放置在自行车道之前。

32.4.3　停止线——S13

信号控制交叉口

在下列情况下，信号控制交叉口或人行横道位置的机动车停止线通常应位于人行横道之前 4~5m 的距离处：

◎ 设置了延长式的自行车道。

◎ 交叉口进口道的机动车车道数量多于 1 条。

自行车道停止线应靠近行人区，此方案可以减少直行的骑行者和穿越行人的事故风险。也能确保，在绿灯时右转的骑行者可以看到同一方向上的直行骑行者。

穿越交叉口且穿越多条行车道的行人可能会被车辆挡住。机动车道停止线应设置在距离人行横道线 4~5m 的位置，能够保证在车辆启动时，驾驶员可以观察现场的行人，并在必要时采取有效的制动，具体见图 32.1。

研究表明，卡车驾驶员很难看到位于驾驶室右侧且距离小于 5m 的骑行者。

如果在同一入口中有多条机动车道，则每条车道停止线都应与人行横道保持相同的距离。

32.4.4　自行车带——S21

自行车带"S21"示意图如图 32.2 所示。

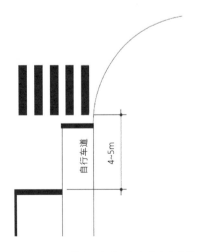

图 32.1　信号控制交叉口处的自行车道和行车道上停止线设置示意图

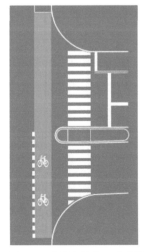

图 32.2　自行车带"S21"示意图

道路标志标线通告，第 55 条，自行车带 "S21"

　　交叉口的自行车带，表示骑行者和小型轻便摩托车驾驶员必须使用这一路段。该路段标有宽虚线和蓝色底。自行车带上必须设置自行车标记 "V21"。

　　　　　　　　　　　　　　　　　　资料来源：《指令》第 802 号，2012 年 7 月 4 日

在骑行者和机动车之间存在冲突的路段应设置自行车带。

使用道路标志标线的通告，第 185 条，第 1、2 点

　　第 1 点，骑行者或小型轻便摩托车驾驶员需要让行的路段不应设置自行车带 "S21"。

　　第 2 点，自行车带必须用宽虚线标记，至少应在自行车带的左侧进行标记，且标记线应施划至相交道路上交通方向分离点（译者注释：相交道路对向车道前为止）。但是，如果自行车带用蓝色铺装进行标记，且自行车带直穿分离点，则该标记线可以省略。

　　　　　　　　　　　　　　　　　　资料来源：《指令》第 801 号，2012 年 7 月 4 日

如果相交道路的车道宽度小于 5.5m，则宽虚线应该一直穿过交叉口。该线由 50cm 长和 30cm 宽的线组成。

使用道路标志标线的通告，第 185 条，第 3 点

　　自行车标记 "V21" 必须始终设置在自行车带上。

　　　　　　　　　　　　　　　　　　资料来源：《指令》第 801 号，2012 年 7 月 4 日

　　在复杂的交叉口中，自行车带可以横穿交叉口，并且自行车带的右边界可以用宽虚线标记。在右侧的自行车道由另一个标记（例如人行横道或让行线）自然界定的情况下，可以省略该区域右侧的虚线。

　　在复杂的交叉口中，除了用宽虚线替换标记之外，整个自行车带可以用蓝色自行车带。如果骑行者和小型轻便摩托车驾驶员的事故风险特别大，则应使用此标记，例如在交叉口之前，车道和自行车道之间没有合理的自由通行空间。

　　除蓝色以外的颜色不得用于标记交叉口的自行车带。

丹麦交通研究中进行的一项调查显示，在次要十字交叉口或十字交叉口上横穿时，采用蓝色自行车进行标记带对直行骑行者和右转机动车驾驶员之间的事故有积极影响。

如果自行车带没有用蓝色进行标记，则为路面的颜色。如果为了强调自行车道的连续性，则可以采用特殊铺装，例如采用红色铺装进行强调。

> **使用道路标志标线的通告，第 185 条，第 4 点**
> 当自行车带穿过交叉口时，应在自行车带两侧设置宽虚线，同时在自行车带上施划自行车标记。
>
> 资料来源：《指令》第 801 号，2012 年 7 月 4 日

32.5 文字和图形标记

"V21" "V42" "V44" 标识的一般规则

> **道路标志标线通告，第 57 条，关于 "V21" "V42" "V44"**
> 文字或图形标记可用于采用 "Q46"（实线）边界线或 "Q44" 双虚线表明车道中的交通方式。它表示该路径只能由文字或图形示意的此种交通方式使用。具体文本和符号参见第 53 条和 54 条。
>
> 资料来源：《指令》第 802 号，2012 年 7 月 4 日

> **使用道路标志标线的通告，第 157 条**
> 文字或图形标记必须按照附录 5 中显示尺寸和设计要求在道路上进行铺设。
>
> 资料来源：《指令》第 801 号，2012 年 7 月 4 日

自行车标记 "V21" 如图 32.3 所示。

图 32.3 自行车标记 "V21"

道路标志标线通告，第 57 条、自行车标记"V21"

交叉口的自行车带，标明骑行者和小型轻便摩托车驾驶员必须使用这一路段。在第 51 条所述的使用"Q46"（实线）边界线进行区分，或者是小径或人行道上自行车标志，表示骑行者和小型轻便摩托车驾驶员可在该区域骑行。根据《道路交通法》第 14 条第 3 点，这些道路仅能供骑自行车者和小型轻便摩托车驾驶员使用。但根据《道路交通法》第 10 条规定，行人也可以使用。

资料来源：《指令》第 802 号，2012 年 7 月 4 日

使用道路标志标线的通告，第 190 条

第 1 点，采用"Q46"实线边缘线设置的自行车道，需要按照一定间隔设置自行车标识"V21"；此外当"Q46"实线边缘线发生中断后，也须设置"V21"标记，达到引导的目的。

第 2 点，自行车带"S21"中须设置自行车标记"V21"。

资料来源：《指令》第 801 号，2012 年 7 月 4 日

自行车标记"V21"的设置间隔大约为 100m，从而确保所有道路使用者在正常条件下可以看到至少一个标记。

在交叉口位置，可以利用"V21"标明骑行者和小型轻便摩托车驾驶员的行驶方向和可停留位置，特别是当非机动车道发生偏移时，具体参考《道路交通法》第 49 条第 3 点中的描述。

自行车标记"V21"可以增加一个箭头，用以表明骑行者和小型轻便摩托车驾驶员应遵循的行驶方向。

32.6 尺寸

图 32.4 为自行车标记"V21"的两种标记形式，即 B 标记和 C 标记。

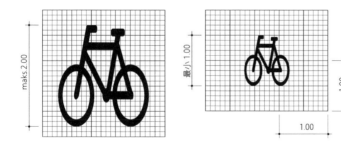

图 32.4 自行车标记"V21"的两种标记形式（左图为 B 标记、右图为 C 标记）

自行车导向箭头"R16"一般长为 1.7m，线宽为 0.1m，如图 32.5 所示。

R16.1	→
R16.4	↱
R16.5	↴
R16.6	↟→
R16.7	↡→

图 32.5   自行车导向箭头"R16"的示意图

32.7   实例

32.7.1   沿道路设置的自行车道起终点标记

在自行车道的起点和终点处，可以根据图 32.6 和 32.7 设置自行车道标记。

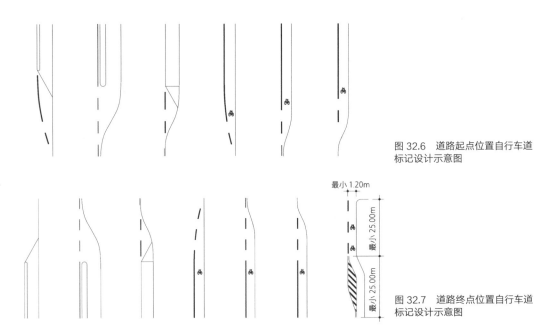

图 32.6   道路起点位置自行车道标记设计示意图

图 32.7   道路终点位置自行车道标记设计示意图

32.7.2   自行车道与道路相交时起终点自行车标记

当分方向自行车道穿越道路合并为单侧双向自行车道时可按照图 32.8 进行标记。当单侧双向自行车道穿越道路为分方向自行车道时可以参考图 32.9 进行标记。

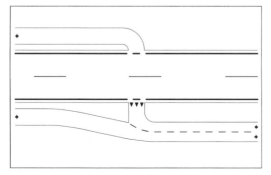 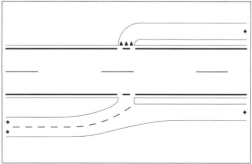

图 32.8　分方向自行车道穿越道路合并为单侧双向自行车
道时标记设置示意图

图 32.9　单侧双向自行车道穿越道路为分方向自行车道时
标记设置示意图

可参考《道路管理规定》，根据 1984 年 7 月 6 日颁布的关于公共工程的通知中"沿路设置双向自行车道"的内容设置。

32.7.3　交叉口自行车道标记

1. 无信号灯控制的交叉口

如果道路设有宽边缘车道或标线隔离的自行车道，请按图 32.10 进行标记。自行车道也应设置自行车道标记"V21"。

采用分隔带或高差隔离的独立自行车道在进入交叉口时可按照图 32.11 进行标记。

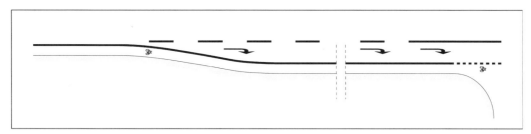

图 32.10　宽边缘车道或标线隔离的自行车道标记设置示意图

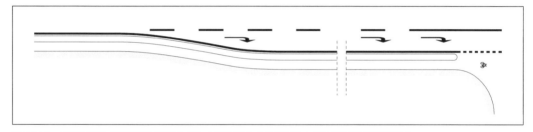

图 32.11　采用分隔带或高差隔离的独立自行车道在进入交叉口时的自行车道标记设置示意图

当采用分隔带或高差隔离的独立自行车道在进入交叉口位置与右转机动车道合并设置时，可按照图 32.12 进行标记。

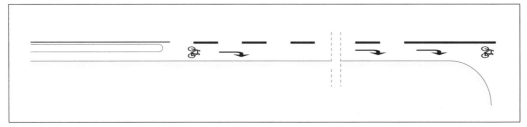

图 32.12　分隔带或高差隔离的自行车道进入交叉口位置与右转机动车道合并设置时的自行车道标记设置示意图

2. 信号灯控制的交叉口

信号控制的交叉口可以将自行车道设置在机动车右转车道和直行机动车道之间，见图 32.13，也可将右转自行车道单独设置，放置在道路最右侧，见图 32.14。

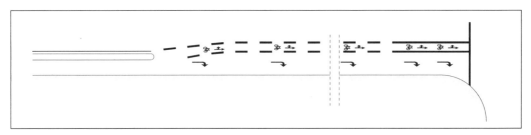

图 32.13　信号控制交叉口自行车道设置在机动车右转车道和直行机动车道之间示意图

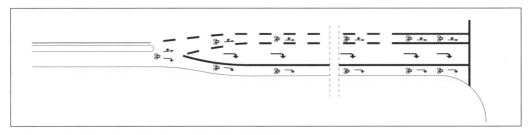

图 32.14　信号控制交叉口将自行车右转车道设置在最右侧示意图

3. 双向自行车道过街

当双向自行车道穿过次要道路时，则按照图 32.15 左图所示进行标记。当双向自行车道穿过信号控制的交叉口时，自行车标记如图 32.15 右图所示进行设置，具体的分方向设置方式取决于信号控制情况。

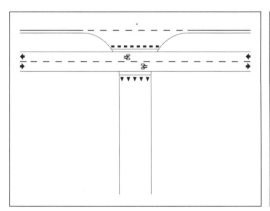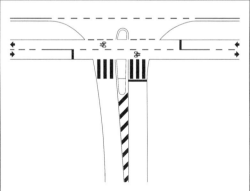

图 32.15　双向自行车过街自行车标识设置示意图（左图：穿过次要道路；右图：穿过信号路口）

32.7.4　公交车站位置标记

在穿过港湾式公交车站时，自行车道可以根据图 32.16 所示进行标记。

在没有条件设置公交港湾的情况下，可以采用直列式公交站台。当标线隔离的自行车道在穿过直列式公交车站位置时可采用虚线进行标记，具体可参考图 32.17 进行标记，在某些情况下，通过直列式公交站时也可以不用施划标线。

只有在该路段交通流量有限，且机动车限制速度小于或等于 50km/h 以下，标线隔离的自行车道在穿过直列式公交站台时，才能采用以上标记方式。

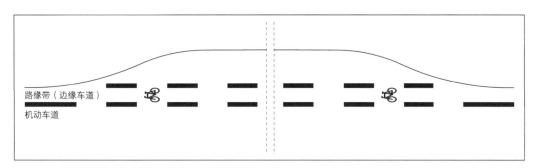

图 32.16　港湾式公交车站台位置的自行车道标记示意图

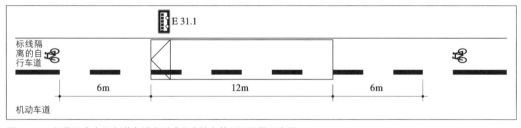

图 32.17　标线隔离自行车道穿越直列式公交站台的标记设置示意图

占道施工的标记

/ 第 33 章 /
占道施工的标记

33.1 规划和施工

占道施工是道路上非预期性的障碍，道路使用者在日常行驶中，并不希望存在任何的障碍（理想状态下）。

因此，占道施工标记能够起到提醒、引导和保护道路使用者的作用，具体如下：

◎ 将道路使用者从常规和习惯驾驶中唤醒，并提醒其注意异常障碍物，避免发生事故；

◎ 引导道路使用者安全通过道路作业区，避免发生事故；

◎ 在发生事故时保护道路使用者和施工人员，以免造成人身伤害。

无论占道施工的范围如何，这都可能给道路使用者、施工人员和监督员带来不便和风险。因此，在规划和设置道路施工标记时需要谨慎，并需要根据需求进行不断调整，以保证道路使用者遵守标记的规则，从而确保安全。

几何尺寸

1. 路面净宽（图 33.1）

2. 自行车道和人行道的路面净宽

关于占道施工标记等的法令，第 15 条

　　第 1 点，沿路的单侧双向自行车道，在占道施工路段必须按照相关规定设置标记。

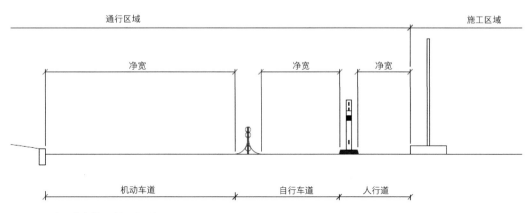

图 33.1　路面净宽的尺寸规则示意图

> 第 2 点，沿道路的单侧双向小径，在占道施工路段也必须保留 1.7m 及以上
> 的通行宽度。
>
> 资料来源：《指令》1129 号，2013 年 9 月 18 日

当人行道的路面净宽小于 1.0m 或单侧双向自行车道上的净宽小于 1.3m 时，会导致交通堵塞，并可能会导致道路使用者使用对向道路从而带来安全隐患。

当遇到障碍物时，路面侧向净宽应增加 0.3m。单向共享道路的宽度最小值为 1.5m。其他净宽要求另见第 17.2 节。

3. 自行车道和人行道的净高

道路施工路段，自行车道上的净高应至少为 2.8m，人行道上至少应为 2.5m。

33.2　道路标志的设置要求

> **使用道路标志标线的通告，第 26 条**
>
> 第 1 点，道路标志应当设置在车道右侧，但后续另有规定除外。在多于一条车道的高速公路和快速路上，交通标志应设置在行车道两侧。
>
> 第 2 点，道路标志也可以悬挂在道路上方。这种道路标志设置时应保证高度，以确保不影响道路的净空高度。
>
> 第 3 点，如果将标志设置在步行道或自行车道上，或者行人频繁经过的路

段，设置在步行道上的标志牌底部距离地面不应少于 2.2m；设置在自行车道上方的标志牌底部距离地面不应少于 2.3m。

资料来源：《指令》第 801 号，2012 年 7 月 4 日

机械设备在施划标记时不应占用自行车道，因为它可能导致：

◎ 自行车与机械设备碰撞发生事故；

◎ 因占路导致的骑行空间有限而发生事故；

◎ 骑行者会选择在机动车行车道上骑行。

但是，标记设备可以放置在施工围挡范围区的自行车道上。

33.2.1   施工导行 / 施工围挡

在如下区域范围可能会设置施工导行 / 施工围挡：

◎ 在自行车道和人行道上；

◎ 在市区的地区性道路上；

◎ 在应急车道上；

◎ 封闭一个交通方向时，例如，临时变为不同方向交替使用时需要进行施工导行；

◎ 当设置了中央隔离带的道路整条道路需要封闭时；

◎ 在十字交叉口和环形交叉口；

◎ 遇到工程车或施划标线的作业车时；

◎ 工作区终止区。

自行车道和人行道的施工导行

关于占道施工标记等的法令，第 64 条

第 1 点，自行车道上的施工导行必须放置尺寸为 150cm × 33cm 的阻挡护栏 "O45"。如果障碍物的尺寸超过阻挡护栏 "O45" 的长度，则至少放置两个护栏。标记灯 "N46" 必须全天点亮，除非标记能够得到其他方式的充分照明。

第 2 点，人行道上的施工导行应放置高低尺寸不同的阻挡护栏 "O45"，高度

分别为 70~80cm 和 10~20cm。阻挡护栏"O45"也可以作为障碍杆。如果使用连续支撑，则必须将较低的"O45"固定锁设置得更高。在人行道的固定平台上须至少放置两个护栏。标记灯"N46"必须全天点亮，除非标记能够得到其他方式的充分照明。

第3点，当交通锥"N44.2"高约100cm 时，交通锥可代替交通柱"N44.1"。

第4点，如果施工围挡范围较小，则可以省略第1段和第2段中提到的阻挡护栏"O45"。

资料来源：《指令》第1129号，2013年9月18日

充分照明是指在 34m 的距离处可以看清标志标记，对应于小型轻便摩托车驾驶员来说即水平道路上的停车视距，具体见第 17.3.3 节。

在进行标记照明情况评估时，需要检查所在路段是否能够整夜开启照明设备。应在人行道上设置高低不同的隔离护栏和挡板，防止盲人或视力障碍者意外进入施工区域，从而避免其被挖掘产生的坑槽、施工作业设备和瓷砖材料等造成意外伤害。图 33.2 为标记灯"N46"和阻挡护栏"O45"。图 33.3 为自行车道上的施工导行示例，左图设置了标记灯"N46"和阻挡护栏"O45"，右图增加了两个阻挡护栏"O45"。

图 33.2 标记灯"N46"（左）、阻挡护栏"O45"（右）

图 33.3 自行车道上的施工导行示例

33.2.2   纵向分隔

关于占道施工标记等的法令，第 65 条，第 1~3 点

第 1 点，交通区域和施工作业区域之间必须设置纵向分隔，分隔区域应由边缘标志板"N42"、交通柱"N44.1"和交通锥"N44.2"等构成；纵向分隔区域可设置交通分隔设施，并进行标记，具体见法令第 67 条第 9 点。

第 2 点，自行车道或人行道与施工作业区之间的纵向分隔，可采用每 3.0m 设置一个交通柱"N44.1"，并辅以高低不等的阻挡护栏"O45"的方式。高低不等的阻挡护栏"O45"其距离地面的高度分别为 70~80cm 和 10~20cm。可以使用阻挡护栏"O45"，也可以使用类似的栏杆进行分隔，其目的是防止行人和骑行者意外地进入作业区。除非标记得到充分照明，否则应该沿着纵向分隔每隔 10m 设置一个 70~150cm 高的照明设施。

第 3 点，在长期占道作业施工工程中，当使用边缘标志板"N42"、交通柱"N44.1"或交通锥"N44.2"进行纵向分隔时，交通锥的间距不应超过如下要求：

1）在密集建成区间距为 10.0m；

2）在密集建成区之外的建筑区域间距为 30.0m；

3）在自行车道 / 人行道和施工区域位置的间距为 3.0m。

资料来源:《指令》第 1129 号，2013 年 9 月 18 日

充分照明是指在 34m 的距离处可以看清标志标记，对应于小型轻便摩托车驾驶员来说即水平道路上的停车视距，具体见本手册第 17.3.3 节。

在评估标记是否得到充分照明时，请检查道路的照明是否在夜间关闭。

纵向分隔用于如下情况：

◎ 交通区域和作业区进行分离；

◎ 在交通区域中分离交通类型；

◎ 在作业区内用于标记非作业区；

◎ 将作业区或交通区与周边邻近区域进行分隔；

◎ 避免道路使用者在边坡或垂直坑槽处发生跌落的风险。

可以采用以下方式设置纵向分隔：

◎ 利用边缘标志板"N42"，包括"N42.2"和"N42.3"两种类型（图 33.4）；

◎ 利用交通柱"N44.1"（带或不带板条）（图 33.5）；

◎ 利用交通锥"N44.2"（图 33.5）；

◎ 利用车道分隔器"N44.3"（用于分隔对向车道）（图 33.5）；

◎ 采用混凝土砌块的方式（当市区速度限制在 50km/h 以下时）；

◎ 导向梁（如图 33.6 所示的交通柱之间的连接梁）；

◎ 交通管制；

◎ 护栏。

1. 沿着自行车道或人行道的栏杆

关于占道施工标记等的法令，第 65 条，第 4 点

道路施工便桥必须设置栏杆。

资料来源:《指令》第 1129 号，2013 年 9 月 18 日

图 33.4 边缘标志板"N42.2"（左）和边缘标志板"N42.3"（右）

图 33.5 交通柱"N44.1"（左）、交通锥"N44.2"（中）、车道分隔器"N44.3"（右）

图 33.6 作业区与步行道及自行车道之间的纵向分隔示例

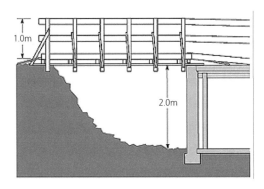

图 33.7　施工时设置便桥的情况示意图

　　沿自行车道或人行道，高差大于 2m 时，建议设置栏杆或类似的防护措施作为防坠落保护措施，参见《丹麦工作环境管理局指南》（简称《指南》）A.2.1 的要求，具体如图 33.7所示。

《指南》A.2.1，第 7.1 节，栏杆

　　栏杆必须起到防止通行者掉落的作用。

　　根据丹麦工作环境管理局的标准，应在栏杆 0.15m 处设置脚踏杆，0.5m 高位置设置膝盖杆，1.0m 高位置设置扶手。

　　在满足以下条件下，可以使用木质栏杆，栏杆立柱之间的最大间距为 2.25m：

　　　　◎　当立柱承受 1.25kN（125kg）的点荷载时，其扶手不会偏离原始位置超过 25mm。

　　　　◎　手和膝盖所在高度的护栏，必须使用厚度为 31mm、高度为 125mm的木板，脚踏杆则必须使用厚度为 31mm、高度为 150mm 的木板。

资料来源：《指南》A.2.1 中关于在建筑和施工现场等处坠落的危险条款要求。

　　关于栏杆的其他要求请参阅"道路规则"网站上的《无障碍交通手册》。

2. 机动车辆与骑行者或行人之间的纵向分隔

　　行车道与骑行者或行人之间设置是否需要纵向分隔，主要取决于速度、交通量和交通区域的宽度。

对于道路施工，以下情况应建立纵向分隔：

◎ 机动车与行人之间的设计速度差超过 30km/h 时。

◎ 机动车和自行车之间的设计速度差超过 50km/h 时。

33.2.3　封闭和绕行

可以通过限制交通方式、改变交通组织、完全或部分封闭道路等方式来拓展足够的空间从而确保道路建设、施工作业人员安全和维护交通安全。

在某些情况下，为道路建设创造足够的空间是有利的，可缩短道路施工时间，从而减少占道施工的时间。

在占道施工中，单行交通组织方案必须得到交警的同意，具体参见"指令"关于占道施工标记等的法令第 5 条。

1. 针对骑行者和行人的道路封闭要求

> **关于占道施工标记等的法令，第 48 条**
>
> 第 1 点，如果道路或人行道被封闭，则应考虑另设一条道路或人行道。
>
> 第 2 点，如果骑自行车的人和行人被导行到其他道路，导行后所涉及道路的道路管理局必须参与临时路线的决策。同时，必须在道路封闭之前及时通知相关的道路管理局。
>
> 资料来源：《指令》第 1129 号，2013 年 9 月 18 日

必须在封闭道路之前及时通知导行后所在道路的道路管理机构，以便能够及时通知周边机构、学校（学生和家长）。施工区域的临时道路示例如图 33.8 所示。

图 33.8　施工区域的临时道路示例

2. 骑行者和行人的临时路线

有关骑行者和行人临时路线的设计说明，请见本手册第 31 章"自行车道上的路线指引"中的道路指引路线要求。道路施工时，自行车道和人行道上标志示例参见第 34 章。

重要的是，绕行方案中的路线编号应连续，以避免与其他临时性指引标志产生误解。

应在道路封闭前 14 天内通知道路使用者该路线将要封闭。同时也有必要提醒其他临时过境的道路使用者。道路指引标志说明另见本手册第 33.3.3 节的说明。

3. 骑行者和行人的道路安全和可达性

在引导骑行者和行人穿过道路时，应考虑过街安全，根据现状情况可设置减速装置或利用现有的临时安全岛。

如果工作区域较短（小于行车道宽度的两倍），在未设置机动车纵向分隔的情况下，如果整体风险低，可考虑将骑行者和行人引导至工作区域旁边的行车道，同时应限制机动车的行驶速度。

针对 3cm 以上的水平高差，应进行标记，并沿水平高点铺设沥青坡道或类似坡道，长度至少为 2m，坡度至少为 300‰（1∶3），建议为 100‰（1∶10）。

33.3　标记材料等

33.3.1　警告标志

道路标志标线通告，第 30 条

以下两种情况必须在设置警告标志的同时，增加标明距离的辅助标志。一种是针对密集建成区外在进行施工作业时，作业区前 150~250m 以外的位置设置的警告标志；第二种是针对高速公路上的警示标志。

资料来源:《指令》第 802 号，2012 年 7 月 4 日

自行车交通警示标志"A21"如图 33.9 所示。

图 33.9　自行车交通警告标志"A21"

道路标志标线通告，第 12 条"A21"标志用于表示前方存在自行车交通

　　此标志用于提醒骑行者或小型轻便摩托车驾驶员在通行或穿越该区域时可能存在危险。

资料来源:《指令》第 802 号，2012 年 7 月 4 日

使用道路标志标线的通告，第 38 条

　　第 1 点，道路设计速度为大于等于 60km/h，路段无自行车道，路口处渠化了供骑行者和小型轻便摩托车驾驶员使用的车道时，需设置"A21"标志。

　　第 2 点，如果自行车道在路段处穿过机动车道，应设置"A21"标志，并设置辅助标志"UA21.1"即穿越骑行者。

　　第 3 点，在路口处，当骑行者或小型轻便摩托车驾驶员所处位置非常规位置时，应使用该标志。

资料来源:《指令》第 801 号，2012 年 7 月 4 日

33.3.2　指示标志

道路标志标线通告，第 19 条

　　指示标志应设置在需要进行指示的路段或路段起点。

资料来源:《指令》第 802 号，2012 年 7 月 4 日

1. 自行车道指示标志"D21"（图 33.10）

图 33.10　自行车道指示标志"D21"

道路标志标线通告，第 20 条，自行车道指示标志"D21"

　　该标志表明道路仅供骑行者和小型轻便摩托车驾驶员使用，但要考虑《道路交通法》第 14 条第 3 点中的规定（即当自行车或小型轻便摩托车可能对自行车道上行驶其他使用者造成严重不便时，则不得在自行车道上行驶）。此外，参见《道路交通法》第 10 条中的规定，没有人行道时，行人也可以使用该道路。

资料来源：《指令》第 802 号，2012 年 7 月 4 日

双向自行车道应使用"UD21.1"和"UD21.2"作为辅助标志，具体见第 26.2.2 节和第 26.2.3 节。

2. 共享道路标志"D26"（图 33.11）

道路标志标线通告，第 20 条，共享道路"D26"

　　该标志表示该道路允许多种交通方式通行，不同类型的交通方式可以通过隔离带、安全岛等方式进行分隔。设置了该标志的车道仅允许标志所示意的交通方式使用。

资料来源：《指令》第 802 号，2012 年 7 月 4 日

图 33.11　共享道路标志"D26"

　　设置共享道路标志后，可以在地面施划路面标记，作为对标志的补充，具体标记如图 33.12 所示。

图 33.12　共享道路上的路面标记示意图

3. 混用道路标志"D27"（图 33.13）

道路标志标线通告，第 20 条，混用道路标志"D27"

　　该标志表示道路上允许多种交通方式使用，并且只能由这些类型的交通使用。该标志表示混用道路上的通行者必须考虑其他道路使用者，参见《道路交通法》第 3 条第 1 点的规定。

资料来源：《指令》第 802 号，2012 年 7 月 4 日

图 33.13　混用道路标志"D27"

双向混用自行车道应使用"UD21.1"和"UD21.2"作为辅助标志，辅助标志说明具体见第 26.2.2 节和第 26.2.3 节。

33.3.3　道路指引标志

　　为了提醒骑行者和行人的绕行，可以使用"E21"标志、"F21"标志和黄色信息标志或附加标志进行说明，如图 33.14 所示，图中具体标志说明见第 31 章。

　　在确定临时指引路线标志的文字高度时，应兼顾美观性和可读度（表 33.1）。标志必须对骑行者具有可读性，且标志设置距离应确保骑行者对标志上的信息作出恰当的反应。但是，标志也不能过大，因为标志过大会造成其在周边环境中过于明显，从而对机动车通行造成干扰。

图 33.14　骑行者和行人的绕行标志

表 33.1　骑行者和行人的道路临时标志的阅读距离和文字高度尺寸表

阅读距离（m）	8	10	12	16	19	22
文字高度（mm）	18	21	25	30	36	42

33.3.4　临时通行搭板

　　临时通行搭板可以是钢板、木板或塑料板等不同材质的平板。临时通行搭板可以在道路施工的挖掘区域、下方有管线穿越的路面或为了保护路面免受重型车辆压力损坏时使用。

　　临时通行搭板应防滑并符合一般摩擦系数要求。临时通行搭板与原有路面高差不应超过 3cm，可通过铣刨或使用橡胶坡道或沥青坡道等进行平滑处理。同时应固定临时通行搭板并进行降噪处理。在人行道上铺设临时通行搭板时应尽量注意与地面的衔接，尽可能减少轮椅使用者通行时的滑动，如图 33.15 所示。

　　临时通行搭板设置时应设置警告标志，警告标志应设置为"A35"高差警告标志、"A37"不平警告标志或"A99"注意其他危险警告标志，并附上"铁板"、"高差"等类似辅助文字标志。

图 33.15　临时通行搭板及橡胶坡道设置示例

/ 第 34 章 /
在开阔乡村地区道路施工交通导行示例图

34.1 自行车道和行车道施工交通导行——采用交通标志标线进行导行

图 34.1 为采用交通标志标线的自行车道和行车道施工交通导行示意图。

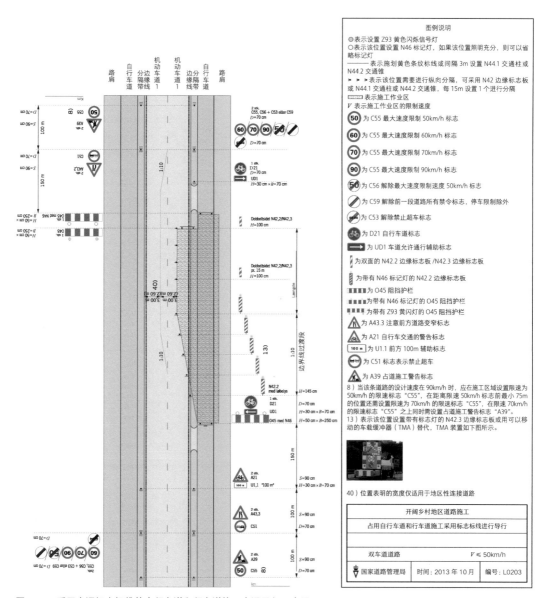

图 34.1 采用交通标志标线的自行车道和行车道施工交通导行示意图

34.2　自行车道和行车道施工交通导行——采用交通信号灯进行导行

图 34.2 为采用交通信号灯的自行车道和行车道施工交通导行示意图。

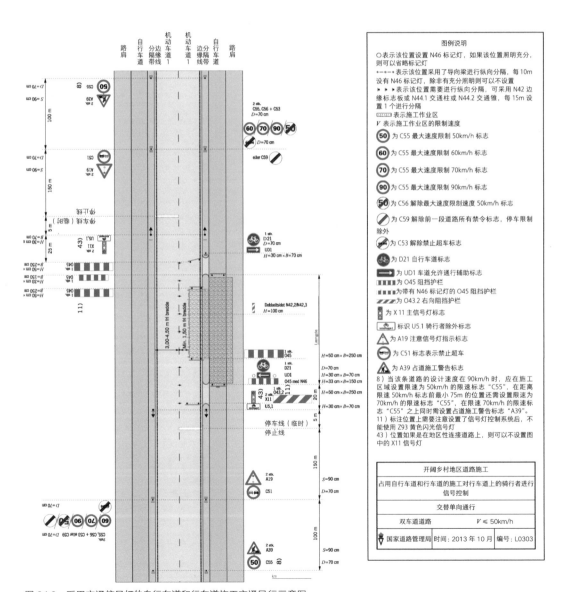

图 34.2　采用交通信号灯的自行车道和行车道施工交通导行示意图

/ 第 35 章 /
在城市地区道路施工交通导行示例图

35.1 自行车道施工交通导行——采用自行车交通与人行道混用的方式导行

图 35.1 为采用自行车交通与人行道混用的自行车道施工交通导行示意图。

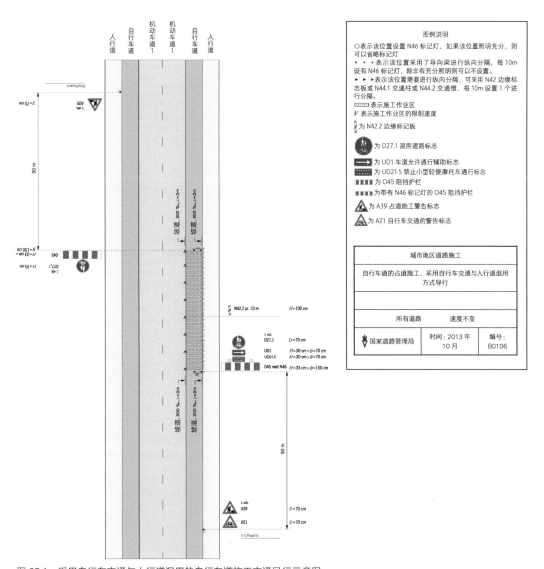

图 35.1 采用自行车交通与人行道混用的自行车道施工交通导行示意图

35.2　自行车道施工交通导行——采用压缩机动车道，自行车交通占用机动车道的方式导行

图 35.2 为采用压缩机动车道、自行车交通占用机动车道的自行车道施工交通导行示意图。

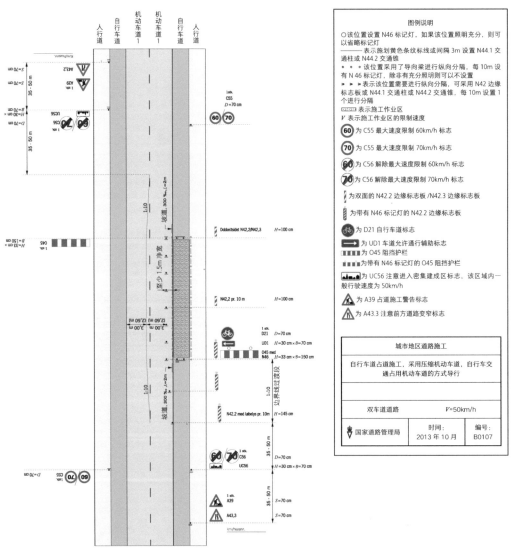

图 35.2　采用压缩机动车道、自行车交通占用机动车道的自行车道施工交通导行示意图

35.3 自行车道施工交通导行——采用自行车交通与人行道共享的方式导行

图 35.3 为采用自行车交通与人行道共享的自行车道施工交通导行示意图。

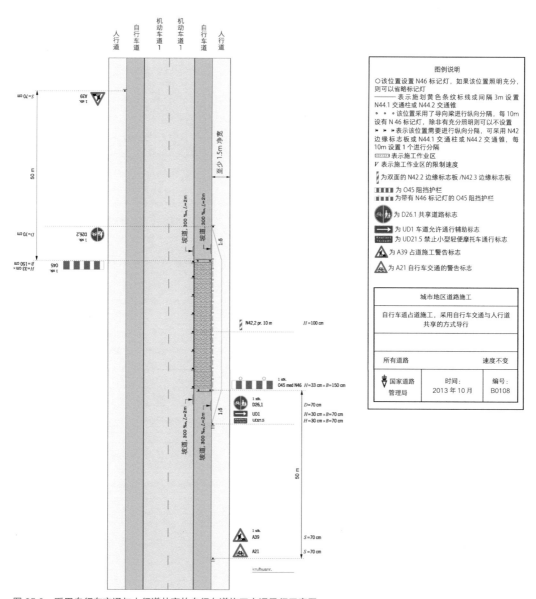

图 35.3 采用自行车交通与人行道共享的自行车道施工交通导行示意图

35.4 机动车道和部分自行车道施工导行——采用压缩机动车道的方式导行

图 35.4 为采用压缩机动车道的机动车道和部分自行车道施工导行示意图。

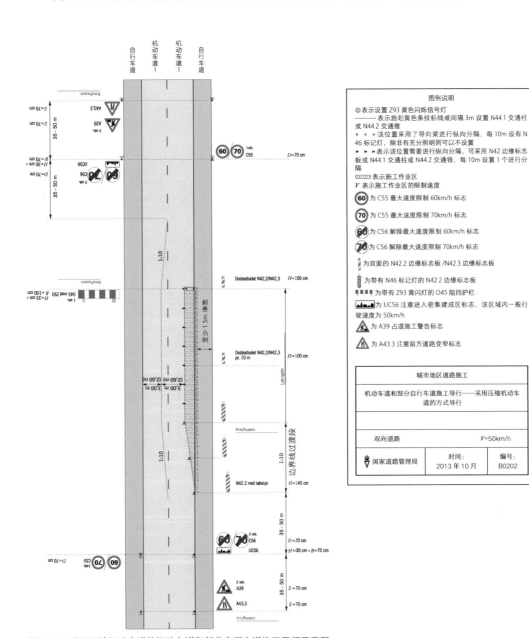

图 35.4 采用压缩机动车道的机动车道和部分自行车道施工导行示意图

35.5 自行车道和行车道施工交通导行——采用交通标志标线进行导行

图 35.5 为采用交通标志标线的自行车道和行车道施工交通导行示意图。

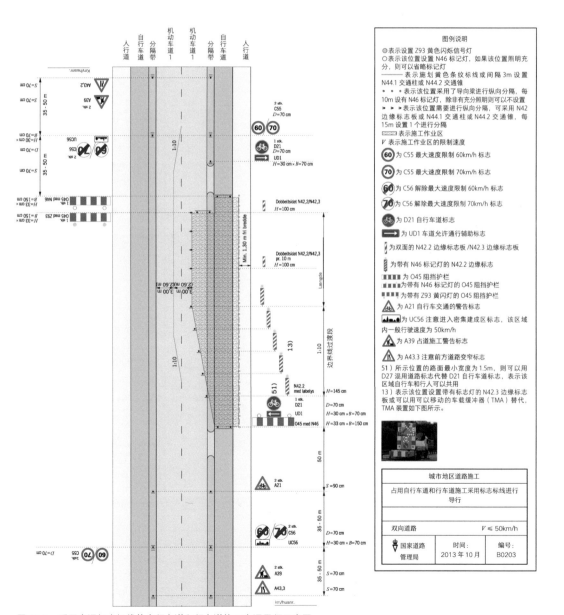

图 35.5 采用交通标志标线的自行车道和行车道施工交通导行示意图

35.6　自行车道和行车道施工交通导行——采用交通信号灯进行导行

图 35.6 为采用交通信号灯的自行车道和行车道施工交通导行示意图。

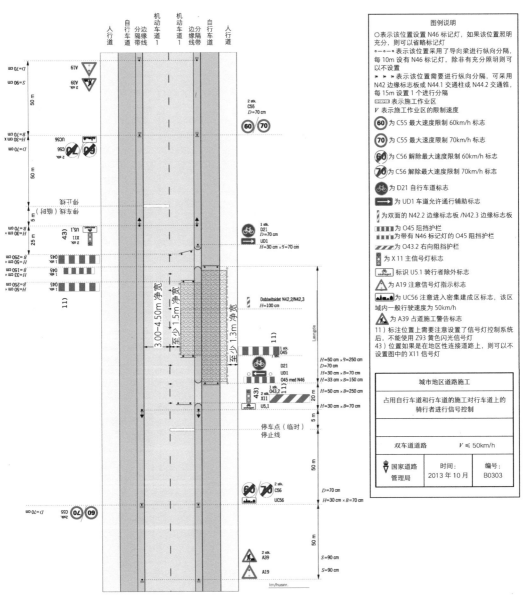

图 35.6　采用交通信号灯的自行车道和行车道施工交通导行示意图

/ 第 36 章 /
交通信号

36.1　交通信号的应用领域

道路标记条例，第 58 条

第 1 点，道路上可以使用以下类型的交通信号：

1）"X"交通信号灯；

2）"Y"方向指示信号灯；

3）"Z"闪光警告信号灯。

第 2 点，交通信号灯，用于控制交叉口和过街路口的交通，并通过交替的单向通行来控制道路交通。

第 3 点，方向指示信号灯，用以控制车道是否在该方向上开放，以便通行。

第 4 点，闪光警告信号灯表示停车或用以提示危险，工作状态闪烁时，在车辆、行人通行时应注意瞭望确保安全后通过。

资料来源:《指令》第 845 号，2013 年 7 月 14 日

交通信号灯示意图如图 36.1 所示。

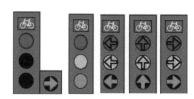

图 36.1　交通信号灯示意图

道路标记条例，第 62 条（节选）

"X16"表示自行车信号灯，信号灯由主信号灯或较小的方向指引信号灯构成。在红色信号灯上方，设置与自行车引导标识"E21.1"图案相同的标记。骑行者必须遵守该信号的指令。当小型轻便摩托车驾驶员与骑行者使用相同的道路区域，则该信号灯也适用于小型轻便摩托车驾驶员。

资料来源:《指令》第 845 号，2013 年 7 月 14 日

36.2 交叉口交通信号设置的相关要求

36.2.1 充分考虑交通量

交叉口交通信号设置时需要充分了解不同节假日和不同时段的交通量，具体如下：

◎ 需要考虑不同交通特征交叉口中所有方向上不同时段（包括高峰时间、白天，夜间）的交通量；

◎ 需要考虑所有类型的车行交通的交通量，即包括公交车 / 卡车，客车 / 货车和自行车 / 小型轻便摩托车；

◎ 需要考虑行人交通量。

交通信号设置时应说明和权衡交叉口各类交通流或交通方式之间的关系，同时应遵循道路管理局关于每条道路不同路段的交通使用者的出行目的。各类交通流包括如下类型：

◎ 学生；

◎ 盲人和视力受损者；

◎ 聋哑人；

◎ 普通行人；

◎ 骑行者；

◎ 公共交通；

◎ 急救车辆；

◎ 货物运输车辆；

◎ 客运车辆等。

交通量作为交通信号配时的基础数据，在采集时应包括所有道路使用者，同时应按方向和类别进行统计。

为了得到交叉口的使用需求，更好地进行交叉口信号配时，在交通量统计时应统计所

有时段内会通过的不同类型流量，而不是某个时段通过的交通流量。流量统计时应涵盖所有有需求的时段，同时需要选择具有代表性的日期进行调查。

在新建道路上进行交叉口信号设计时，可以根据交通模型中给出的 ADT 值（具体见道路使用规则的"通行能力和服务水平"章节）确定交通量。

如果交叉口的交通因信号调节而改变，则必须根据现状交通量重新预测调节后的交通量。在预测时，交叉口的尺寸应基于规范值。

交叉口断面设计时应充分预测未来的交通量。建议在设置交通信号系统后，持续监控交通拥堵情况，并作为交通工程管理的一部分。

36.2.2　速度

交叉口的速度决定了该交叉口是否需要进行交通信号控制，同时也决定了交通信号控制规则。因此，在交叉口进行信号设置时，应充分了解交叉口所有车道的道路使用者的运行速度，从而更好地进行交叉口交通信号设计。

骑行者

针对骑行者来说，需要利用骑行速度来计算交叉口骑行者的安全时间和等待时间，具体情况见第36.4.2节的规定。在进行交叉口交通信号设计时，不同类型骑行者的速度可参考如下：

◎ 快速骑行者 / 小型轻便摩托车的通过速度为 10m/s（36km/h）；

◎ 自行车骑行者直接通过交叉口时的速度为 5m/s（18km/h）；

◎ 自行车骑行者在直接通过交叉口时，当遇到纵坡大于30‰的情况下，其速度为 4m/s（14.4km/h）；

◎ 骑行者在进行二次过街时，为了保障骑行者在绿灯结束前能够穿越第1组人行横道线，其骑行过街速度平均一般为 2.5m/s（9.0km/h）。

36.3　交叉口的信号规范的技术原则

36.3.1　功能要求

道路标志标线使用通告的修订方案，第198条
交通信号用以调节直行机动车辆与交叉方向道路使用者之间的冲突。

资料来源:《指令》第 844 号，2013 年 7 月 14 日

道路标志标线使用通告的修订方案，第 197 条

第 1 条：交通信号灯设置后必须始终处于工作状态。

第 2 条：当信号灯发生异常停止工作时，必须将其移除。当短期信号中断而导致信号灯损坏且无法立即修复时，这同样适用。

资料来源：《指令》第 844 号，2013 年 7 月 14 日

道路标志标线使用通告的修订方案，第 201 条

在所有信号控制路口中必须施划停止线。特殊情况下可以不施划，如遇到道路施工，路面无法施划停止线的情况。

资料来源：《指令》第 844 号，2013 年 7 月 14 日

下面给出了没有信号控制的情况下，在处理主要冲突和次要冲突时的一般要求。

1. 主要冲突

交叉口内，各类交通方式的交叉方向（即如图 36.2 所示，以西进口流线为例，交叉方向为西进口与南北方向的所有道路使用者之间的流线）冲突是主要冲突。

在某些情况下，非机动车道路使用者之间的主要冲突可能被排除在信号监管之外。

2. 次要冲突

次要冲突为相同或相反方向的道路使用者流线之间的冲突，以图 36.2 为例，由西进口进入的机动车所有方向流线与西进口进入的非机动车和行人之间的交织，以及与对向方向（东进口）进入的所有方式的流线之间的交织均为次要冲突。

其中至少一方是处于移动状态。这种冲突可以通过信号调节来解决，但并不一定可行。

考虑安全因素、道路通行能力以及其他因素的影响，交叉口可以通过设置信号灯专用相位的形式来减少次要冲突。例如可以采用专用的左转相位来解决左转车辆与对向直行车辆之间的冲突，信号灯可以设置为单独的左转引导箭头信号灯，从而提高道路的通行能力。

次要冲突对于道路使用者来说可能是很难预判并进行及时处理的，因此可能需要进行独立的信号调节。

出于安全考虑，通常需要设置一个完全控制左转车辆的信号灯组，这种做法被称为

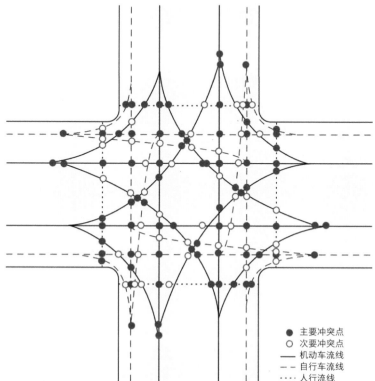

● 主要冲突点
○ 次要冲突点
—— 机动车流线
– – 自行车流线
⋯⋯ 人行流线

图 36.2　十字交叉口位置的所有交通使用者之间的主要和次要冲突示意图

"分离左转"或"独立左转"相位。在本手册中，该术语为"分离左转"。

　　类似地，也可以建立一个信号控制组，在左转的基础上，增加右转或直行车辆的控制。

道路标志标线使用通告的修订方案，第 199 条

　　发生以下情况时，左、右转弯车道必须分别使用 3 组光箭头信号灯（即箭头信号灯"X12"）进行调节：

　　　　1）设置了两个或多个左转弯车道；

　　　　2）设置了两条或多条骑行者或行人的右转车道。

资料来源：《指令》第 844 号，2013 年 7 月 14 日

在下列情况中，还应考虑对次要冲突进行信号调节：

◎ 存在左转或右转至双向自行车道的情况；

◎ 左转车辆较多时；

◎ 左转目标方向为多个车道时；

◎ 可能会以大于 50km/h 的速度进行左转的情况；

◎ 在 T 形交叉口，存在两条或更多条左转车道时；

◎ 左转车辆在合流处将遇到大型车辆时；

◎ 自行车或行人的右转量较大时；

◎ 机动车右转转弯半径较大，可能对行人和骑行者产生影响时；

◎ 设置了公交车道时；

◎ 道路交通事故率高；

◎ 转弯时视距不足时。

3. 骑行者之间的主要冲突

道路标志标线使用通告的修订方案，第 206 条

自行车和小型轻便摩托车标志"US8"或辅助标志即骑行者除外标志"U5"只能在设置了主信号灯"X11"和箭头信号灯"X12"的情况下使用。

当骑行者与机动车之间可以避免冲突时，或者可以通过自行车信号灯"X16"调节此类冲突的情况下，可以在主信号灯或箭头信号灯下方或者进口停止线的右侧或停止线后方 5.0m 内设置辅助标志即骑行者除外标志"U5"，表示骑行者不受主信号灯控制。

资料来源：《指令》第 844 号，2013 年 7 月 14 日

对于使用信号调节来说，在某些情况下通过设置适当的标志标记和几何设计的方式避免骑行者之间的冲突，将有利于骑行者的可达性。

通常主信号灯也适用于骑行者，只有设置了独立骑行者信号灯时，骑行者才能不被主信号灯控制。主信号灯无论设置于自行车路径的左侧或右侧，一定要说明该信号灯是否适用于骑行者。因此，如果主信号灯不适用于自行车和小型轻便摩托车骑行者，则必须在主信号灯下设置辅助标志"U5"骑行者除外。如图 36.3 所示为标志设置的示意图，按照该示意图进行标志设置时，由南向北的左转骑行者不受 T 形交叉口的主信号灯控制，左转时可前行至对向路口再进行过街。该解决方案适用于骑行者数量有限的情况。

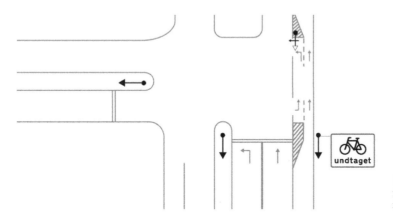

图 36.3　T 形交叉口自行车道
分方向时骑行者过街标志设置
示意图

信号调节交叉口路口，路口自行车道无法分道时，骑行者之间的非信号控制主要冲突，应该通过让行标志"S11"进行调节。例如，在自行车道无法分车道的 T 形交叉口上，通过设置让行标志"S11"来提醒南北向过街的骑行者注意东西向左转进入的自行车，具体如图 36.4 所示。

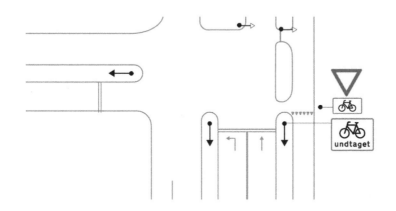

图 36.4　T 形交叉口自行车道无
法分车道时的标志设置示意图

4. 骑行者和行人之间的主要冲突

在某些情况下可不通过信号调节，而使用适当的标志标记和几何设计的方式避免骑行者和行人的冲突，也可能有利于骑车人的可达性。

当主信号用于调节行人和机动车之间的冲突，而行人和骑行者之间的冲突采用指定路权进行调节时，将会在信号灯下方增加骑行者除外辅助标志"U5"，表示此信号对于骑行者来说不适用，如图 36.5 和图 36.6 所示。

但是，当非信号控制区域设置了自行车地面标记"V21"时，通常表示此位置骑行者有优先权，如图 36.5 所示，此情况不适用于盲人或者视线不佳或行人较多的位置。

当非信号控制区施划了人行横道，并设置了人行横道标志"E17"时，表示该位置行人具有优先权，如图 36.6 所示。

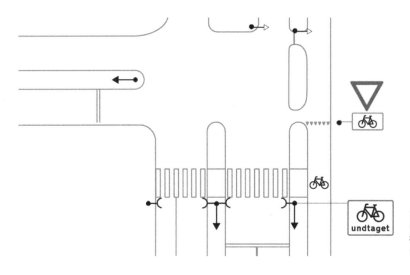

图 36.5　行人和骑行者之间的冲突采用自适应调节且骑行者具有指定路权的交叉口的标志标识设置示意图

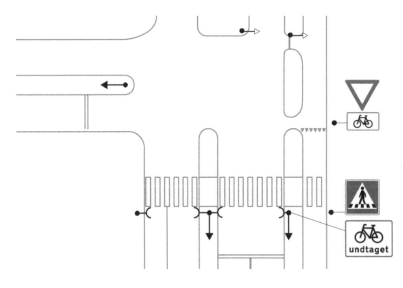

图 36.6　行人和骑行者之间的冲突采用自适应调节且行人具有指定路权的交叉口的标志标识设置示意图

36.3.2　道路几何设计时的前提条件

在设置信号前，需要进行道路系统的几何设计。在道路几何设计时需要对项目现状情况及存在问题进行分析。

道路交叉口设计的一般几何要素（即确定交叉口的形状和范围的要素），包括以下内容：

◎ 交叉口车道的数量和布局；

◎ 交叉口出口的车道数；

◎ 行人和骑行者的区域；

◎ 无管制的交通流量；

◎ 车道宽度；

◎ 安全岛和分隔带或其他的宽度；

◎ 转弯半径；

◎ 人行横道的布置；

◎ 停止线的位置；

◎ 交叉口的左转等候区；

◎ 信号设备的位置。

本节重点描述了影响信号设置的步行和自行车几何要素的设置要求。

1. 行人和骑行者的区域

如果几何设计中有行人和骑行者，则必须考虑这些道路使用者是否应该有自己的专属区域。这可能会对各类交通所需的通行时间产生影响。

2. 停止线的位置

自行车道上的停止线位置设置了行人过街信号灯，则信号灯应设置在靠近行人过街的位置，但也应在停止线之后，同时信号灯应设置为音响提示的信号灯杆。

在具有延伸自行车道和右侧车道的方案中，车辆的停止线应该相对骑行者的停止线后缩 5m。这确保了右转货车司机可以看到停留在停止线前的骑行者。

为了确保过街行人不受过早启动的汽车伤害，以及骑车人不受右转机动车的影响，当交叉口范围内设置了自行车道或多条车道时，受信号控制的机动车停止线通常设置在距离人行横道至少 5m 处。

3. 交叉口的左转自行车等候区

详细设计包括自行车道的位置、设计形式及路段和路口的标志标线，设计必须谨慎。

具体可以在本手册的"城市交通区域"中可以了解更多相关信息。

左转自行车必须继续越过十字交叉口，并在十字口最右角等待转弯。这就产生了三个问题，应该从几何设计上找到令人满意的解决方案。

◎ 如果右转车辆为绿色箭头处于通行状态，在左转骑行者等待的拐角处，应该有足够的空间让骑行者通行，避免冲突。

◎ 在交通信号设施中，如果未设置一次性左转的绿色通行信号，左转骑行者可能难以完成左转弯。因此需要在骑行者等待信号转换时设置智能识别装置，确保左转顺利通行。

◎ 在 T 形路口，主要道路上的自行车道如果设置了信号灯，则次要道路上应有特殊的标志标线，以便次要道路上骑行者左转进入主要道路直行自行车道时不会产生冲突。

36.4　道路交叉口的交通信号灯设置及配时

36.4.1　信号灯设置要求

1. 信号灯设置的位置

骑行者信号灯"X16"的具体要求为：

道路标志标线使用通告的修订方案，第 210 条

第 1 点，只有存在自行车道时，才可以使用骑行者信号灯"X16"。

第 2 点，当放置在同一灯杆上时，骑行者信号必须置于主信号灯下方和箭头信号灯（带有 3 个灯的信号灯）下方。

资料来源：《指令》第 844 号，2013 年 7 月 14 日

骑行者信号灯适用于骑行者和小型轻便摩托车驾驶员。

道路标志标线使用通告的修订方案，第 211 条

第 1 条，某方向上的骑行者或小型轻便摩托车驾驶员希望具有独立信号调节下，应使用 3 个箭头的箭头信号灯。带有 3 个箭头的信号灯仅可用于单独标记为自行车道的道路。

第 2 点，只有沿箭头方向行驶且不需要让行时，才能使用绿色箭头。

第 3 点，不可以使用组合箭头。

资料来源：《指令》第 844 号，2013 年 7 月 14 日

骑行者的信号灯应设置在自行车停止线位置，或在条件允许且不引起歧义的情况下，也可设置沿行进方向的停车线前方 5m 处。

骑行信号灯设置位置，应至少确保等待区内的骑行者能够看到信号。自行车信号的位置应确保其不会与主信号和箭头信号混淆。

上文"道路标志标线使用的行政指令修订案"第 211 条中的规定仅是对骑行者和小型轻便摩托车驾驶员设置的 3 个箭头信号灯的要求。

2. 双向自行车道的骑行者信号

关于在道路上设置双向自行车道的通知（节选），C 条

3）双向自行车道在穿过交叉口，两条不同方向的自行车道必须同时亮起绿灯。同时，自行车道旁边的人行横道也同时亮绿灯。但是，可以接受步行信号和骑行信号之间的微小偏差。

4）双向自行车道在穿过交叉口时，可以通过为右转机动车或自行车单独设置信号的方式来化解相交道路上右转机动车和反向自行车以及左转机动车和同向自行车之间的冲突。如果不采用信号的情况，则在进入交叉口前必须为右转机动车设置一条单独的右转道，且直行机动车禁止使用这条车道，从而避免路口与自行车发生交织。此外，必须充分而清晰地了解所有情况下可能出现的冲突。在任何情况下，都必须设置明确的交通标志、标线和标记，自行车道的照明至少应满足 1979 年 9 月 26 日发布的关于道路照明的通知中第 2.1.7 条第 4 段以及第 2.2.4 条的规定。后续将增加自行车道区域彩色铺装的详细规范。

5）如果对双车道自行车道的骑行者单独设置信号调节，则两条对向自行车道必须设置两个以上的转向信号。当双向自行车道上骑行者可以与转弯机动车同时行驶时，则可以使用机动车道的信号，除非由于特殊要求，骑车人的信号必须与该方向的主信号不同。此外，自行车道的每个方向可使用不同的信号灯型。

资料来源：CIR 第 95 号，1984 年 7 月 6 日

对于双车道自行车道的信号调节，建议完整阅读《关于在道路上设置双向自行车道的通知》的内容。

3.声音信号

声音信号在设置时必须仔细考虑其服务的道路使用者，信号灯正确的设置位置需要确保当红灯亮起道路使用者可以停止在正确的区域。

道路标志标线使用通告的修订方案，第 214 条

第 1 点，在自行车道应设置低位信号灯，低位信号灯布设时应确保信号灯下边缘及其灯杆与地面净空至少为 2.5m。

第 2 点，在机动车道应设置高位信号灯，高位信号灯布设时应确保信号灯下边缘及其灯杆与地面净空至少为 5m。

资料来源:《指令》第 844 号，2013 年 7 月 14 日

当人行道上的低位信号灯设置在隔离带或路肩处时，信号灯下边缘距离路面的高度（净高）为 2.2m。考虑到清除积雪工作，人行道上的信号装置的净高可以增大。

建议道路管理局的道路养护运营商参与讨论道路清洁和除雪条件，包括安装信号设备等。

在停止线处的骑行者信号灯应按照骑车者的视线高度进行设置，信号灯下边缘与地面的距离不小应于 1.5m。

灯杆、悬臂架或信号灯的任何部分与车道的间距都不应小于 0.5m，与自行车道的间距不应小于 0.4m。即使有空间，信号灯与车道的间距也不应大于 1.0m，与自行车道的间距不应大于 0.6m。

在停止线处设置的非悬臂式主信号，其位置与机动车车道的横向距离不应大于 3.0m，与自行车道的横向间距不应大于 1.0m。

36.4.2 安全时间和等待时间

设计速度的确定

道路标志标线使用通告的修订方案，第 221 条

安全时间必须足够长，确保其他方向的绿灯结束之后，最后一个通过的道路

使用者仍可以安全通过交叉口。安全时间的长度，取决于交叉口的几何形状、各种中途点的交通量、信号灯启动和停止时的转换时间等。

资料来源：《指令》第 844 号，2013 年 7 月 14 日

根据当地交通状况，由道路管理者决定每种情况下的速度和时间，如表 36.1 所示。

表 36.1　计算安全时间的参数值

道路使用者尺寸	最先通过停止线的道路使用者	最晚通过停止线的道路使用者	
	驶入速度 $V_{驶入}$（m/s）	驶出速度 $V_{驶出}$（m/s）	绿灯后的可通行时间（安全时间，可以理解为黄灯时间）T_E（s）
机动车（总长 8m）（行人不计算长度）	$13^{1)}$	13	$3^{2)}$
自行车直行和左转时（自行车长度按 0m 计算）	8	$5^{3)\,4)}$	2
自行车右转时（自行车长度按 0m 计算）	$10^{5)}$	5.5	0
行人	2.5	$0.7{\sim}1.5^{6)}$	0

注：[1] 在实际使用中，无论允许速度多高，道路使用者都无法达到更高的速度。

[2] 可能会根据具体情况进行评估。由速度比决定，是否使用更高的值。

[3] 对于大于 30‰ 的增速，计算速度必须降低到 4m/s。

[4] 对于大量左转自行车，应使用 2.5m/s 的计算速度。

[5] 对于大量存在快速通行的小型轻便摩托车和骑行者时，应使用大于 10m/s（36km/h）的计算速度。

[6] 0.7m/s 是极慢时间，1.0m/s 是慢速时间，1.2~1.5m/s 是正常时间。

36.4.3　信号灯组设计

1. 骑行者的等待时间

使用自行车信号时，应设置至少 8s 的通行时间，以便骑行者能够安全地通过整个交叉区域。这样做的原因是在绿灯亮起时，许多骑行者可能未到达交叉口。

在右转机动车辆和骑行者之间存在次要冲突的情况下，可以让骑行者的信号灯在右转机动车辆信号灯变绿前 2~4s 变绿。它可以帮助机动车驾驶者更易看见骑行者，并减少次要冲突。让骑行者绿灯先亮的方式也可以增加骑行者右转时间，从而降低事故风险。

如果 T 形交叉口的主要道路上设置了自行车道，则应对左转骑行者进行控制，避免与同一方向直行交通发生冲突。

T 形交叉口设置了左转骑行信号灯时，直行方向绿灯不应与左转骑行信号灯同时亮起，从而避免左转方向的骑行者和驾驶员与直行方向的道路使用者发生冲突。

2. 信号之间的关系

道路标志标线使用通告的修订方案，第 220 条

如果次要冲突未进行单独控制，则适用以下规定：

1）骑车者的绿色信号不得晚于同一行驶方向的主信号的绿色信号。

2）行人绿灯的启动时间不得晚于同一交通方向的主信号的绿灯。

3）行人的绿灯不得晚于同一方向骑车人的绿灯。

资料来源：《指令》第 844 号，2013 年 7 月 14 日

36.5　特殊冲突下的交通信号设计

特殊冲突的信号调节包括以下情况，例如：

◎ 道路和小径之间的独立交叉口；

◎ 交替单行的路段；

◎ 铁路道口附近的交通信号灯。

特殊冲突在进行信号控制时，应使用与交叉口信号调节相同的交通信号。因此，只有在与交叉口信号设计相关的规则发生变化或需要补充的情况下，才需要讨论特殊冲突的信号控制条件。

36.5.1　道路与小径之间的独立交叉口

道路和小径之间的独立交叉口包含施划标记的步行区域以及标记自行车交通通行的标记区域。

道路和小径的独立交叉口进行信号调节时，应进行特别设计，设置单独的标记和信号，以提高系统的可辨识度，从而尽可能顺利地进行信号管理。

> **道路标志标线使用通告的修订方案，第 225 条**
>
> 　　第 1 点，道路和小径之间的交叉口，对于每个通行方向，高位信号的数量必须至少为两个。
>
> 　　第 2 点，当小径在穿过道路时需要延续，则必须通过在中间位置设置栏杆或类似物来引导路径使用者。
>
> 　　　　　　　　　　资料来源:《指令》第 844 号，2013 年 7 月 14 日

对于有人行道或自行车道的交叉口的信号调节，还应考虑轻型交通使用者之间的冲突进行调节。

对于道路和小径之间的独立交叉口中的交通信号系统，应与其他交通信号系统的管理要求相同。

第 五 篇
道路设备与养护

**R 部分
道路设备**

第 37 章　道路照明设施

**S 部分
道路养护**

第 38 章　道路和小径的操作

/ 第 37 章 /
道路照明设施

道路照明属于道路交通的一部分，主要用于确保夜间道路的可达性、道路行车安全和提高道路使用者的安全感。

37.1 城市建成区域照明规定

通常位于城市地区的道路都需要照明，以下内容介绍了何时设置照明设备以及如何实现照明。

1. 一般道路

市区通常（并非全部）是由密集建成区标志"E55"界定的区域（图 37.1）。城市建成区的照明要求需遵循道路照明方案的要求。道路建设时，根据道路等级选择相应的路面照度。

图 37.1 密集建成区标志"E55"

照明等级的选择取决于道路或交通区域类型，主要包括以下类型：

◎ 高速公路和高速公路立交区；

◎ 道路交通；

◎ 交叉口；

◎ 环岛；

◎ 地区性道路的连接路线；

◎ 人行道，步行区 / 街道和停车位；

◎ 人行横道；

◎ 减速设施。

2. 道路交通、交叉口、环岛、地区性道路的连接路线和小径的照明要求

不同类型道路的照明等级要求如表 37.1 所示，但是需要注意的是此处提供的交叉口照明要求是指干道和干道之间交叉口，地方性道路上交叉口的照明要求与表 37.1 中的交叉口不同。

表 37.1 不同类型道路的照明等级要求

	速度等级	车道上的行人	行车道上的骑行者	来自对面的眩光[1)	照明灯及照度（照明等级）		
					2~3 车道	4 车道	6 车道
交通道路	高	否	否	是	L7a	L6	L6
		否	否	否	L7b	L7a	L6
	中	否	否	是 / 否	L7b	L7a	L6
		否	是	是 / 否	L7a	L7a	—
		是	是 / 否	是 / 否	L6	L6	—
	低	是	是	是 / 否	LE4	—	—
交叉口	相邻道路上最高照明等级				交叉口照明等级		
	L2				LE2		
	L4				LE3		
	L6				LE4		
	L7a				LE4		
	L7b				LE5		
环岛	没有骑行者或行人				作为一个交叉口[2)		
	骑行者或行人				最低 LE4[2)		
地区性道路的连接路线	靠近高层建筑				E1		
	低或分散的定居点				E2		
小径	实际交通系统中的路径				E2		
	休闲步道				无要求		
步行区 / 街道					最小 E2		
停车位					最小 E4		

注：[1) 如果在无中央隔离带，但存在对向交通的情况，或者中央隔离带宽度小于 3m 时，则判断为存在对向眩光，选择"是"。

[2) 照明区域包括环岛、入口和出口区域以及任何交叉区域和自行车道及机动车道。中心岛的外部 3.5m 始终保持 E1 级照明。

表 37.1 表中的交通道路需要结合速度等级分类提出照明要求，选择机动车道速度等级的前置条件如表 37.2 所示。

表 37.2 选择机动车道路速度等级的前置条件

机动车速度等级	选择的前置条件
高（60~70km/h）	任何轻型交通与机动车交通之间通过硬隔离进行分隔（如隔离带、硬质铺装等）。整条道路上不存在平面交叉，可以通过立体交叉实现转换
中（50km/h）	行人与机动车交通之间应始终通过硬隔离进行分隔。根据机动车和自行车的交通量的大小，决定自行车道是否通过路肩或硬隔离与机动车道分隔
低（30~40km/h）	适用于存在大量骑行者但未设置自行车道的道路，或在学校、机构、商店等附近存在大量穿行需求的轻型交通使用者的道路

3. 人行道，步行区 / 街道和停车位

如果人行道、步行区、自行车道或小型轻便摩托车的骑行路径属于道路交通的一部分，则均会被照亮。具体的照明类型，如表 37.1 所示。必须确保骑行路径尽头及闸门位置被照亮。

在实际使用中，道路交通网络应包括纳入道路规划的道路，同时也必须包括服务于道路使用者的道路。具体城市区域交通规划参见本手册 A 部分"城市区域规划"的相关要求。

步行区以及与道路相邻的停车位都需要设置照明。照明类型要求应如表 37.1 所示。

37.2 开阔乡村道路的照明规定

小径

开阔乡村的小径通常无需设置照明设施。如需设置照明装置，应确保连接双向自行车道的末端及闸门处均被照亮，且满足照明等级 E4.1 的要求。

/ 第 38 章 /
道路和小径的操作

38.1 道路管理局的义务和责任

38.1.1 公共道路上的义务

根据《公共道路法》，任何道路管理局都有责任维护其职责范围内的公共道路，保持交通功能和良好的使用状态。同样，《私人公共道路法》规定，负责这条道路的维修人员必须保持道路的交通功能，同时确保道路在运行上保持良好和安全的可用状态。

如果交通运输部部长没有制定运营和维护工作的规则和规范，则由道路管理局决定在道路上开展运营和维护作业。

根据《冬季养护和道路养护法》，道路管理局有义务在公共道路开展清洁、除雪和防滑作业。然而，对于人行道和小径，该义务可能会强加给相邻道路的房产所有者。

由道路管理局确定道路的清洁度、积雪清除和防滑控制的标准以及实施步骤。此外，作业的实施指南应在与警方协商后制定，需提供内容的原因是：

◎ 道路管理局必须提供说明其作业范围和顺序的指导原则；

◎ 需要提出道路网的清洁度和冬季作业服务频次标准，因为这些标准可能会被运用到相关赔偿案件中；

◎ 这些标准将作为道路管理局是否履行义务的依据。

1. 城市和城市定居点以外区域

道路管理局有责任负责影响道路通行安全的清洁工作，负责的区域不包括停车场和休息区。

2. 在城市和城市定居点（建成区）

在城市和城市定居点，道路管理局的清洁职责将不仅是维护道路安全，清除生活垃圾，还包括保持道路整体的卫生，使其美观整洁。

在城市和城市定居点地区，道路管理局可以在与警方协商后，规定与公路或小径相邻的房产所有者应在人行道和道路上履行清洁、除雪、实施

图 38.1　土地所有者通常对步行道和小径具有清洁义务

防滑措施的义务。针对的房屋所有者规定的管理范围不得超过周边交通区域的 10m。路面和路径是指主要用于行人通行的交通区域，如图 38.1 所示。

道路管理局本身应承担公交车站、有铺装的路面等区域的防滑和除雪责任，以及垃圾桶内废弃物清理工作等。

保持地面清洁的责任，包括消除杂草，清扫沥青、地砖铺设的道路或其他交通区域，以及清除垃圾和其他特别有污染的或影响通行的物体。

除雪的职责包括在降雪后尽快清理道路积雪的义务。

防止路面打滑的责任包括在出现打滑问题后，尽快用砾石、沙子或类似物对交通区域进行操作的义务。

道路管理局可在与警方协商后，制定详细的清洁规则，包括清洁时间、化学品的使用规定以及废物的处理或清除规定。如果要求土地所有者清除周边杂草，该规定应包括清除时禁止使用杀虫剂的要求。

为了确保市政区域范围内的所有土地所有者的清理义务一致，如果设有市议会，道路管理局可以将决定权留给市议会。

交通运输部部长没有相应的法律权限批准市议会决定国家道路上的土地所有者管理义务。但是，在同一个市域内制定统一的管养规则是合适的，因此，当地公路管理局对于国家公路的管养规则可以与其相邻道路所属的市域道路的管养规则保持一致。

对于由于交通原因，该区域禁止通行的土地，不能对土地所有者强加任何管养义务。但是，土地所有者产权范围内的道路和小径是整个道路系统中的一部分，即使社会交通不能进入，也可以对其提出管养义务要求。

对上述义务的决定，必须在一个或多个市政当局常用的宣传栏中公布。土地所有者的

承诺也应在道路管理局的网站上可以找到。《冬季服务规定》中，也将提及有关除雪和防滑措施的决定。

38.2 冬季服务

冬季的天气对道路管理部门提出了特殊要求，这些条件下也必须确保道路网络满足交通类型和流量的要求。

冬季会遇到的特殊情况：

◎ 地面摩擦减小（特别是由于霜冻和冰冻或道路上的雪球）；

◎ 可达性降低（由于降雪和积雪造成的道路不通）。

冬季时，为了保障必要的交通通行、货物运输以及其他特殊的社会性交通，道路管理局应采用以下方式：

◎ 必要时保证车道、小径和人行道的可通行性；

◎ 告知道路使用者道路状况。

从而确保交通可以在安全的环境下运行。

1. 服务目标

道路管理局应将其道路和小径网络划分为不同的道路等级，尤其是冬季服务时期，并确定每个道路等级的服务目标。

在确定这些服务目标时，道路管理局必须考虑到高水平服务的交通带来的好处往往会对环境有害，并且由于资源有限，快速交通会对慢行交通（弱势交通）造成损害。因此，在设定服务目标时，在充分考虑交通重要性的同时，也应考虑其对周围环境的影响。

交通功能比较重要的道路主要在以下区域：

◎ 交通流量较大的道路；

◎ 特定的区域或功能定位的道路；

◎ 特殊的交通需求，例如定期医疗运输或学校道路。

2. 指南

道路管理局编制了《冬季服务指南》，以便在大多数冬季情况下都能满足服务目标。

指南可以在附录要求的"冬季车道服务水平"基础上编制，用于指导车道或小径达到冬季服务目标，具体见第38.4节。

道路管理局的《冬季服务指南》的条款内容是《冬季服务规定》中的一部分，该规定还包括土地所有者的义务，以及道路管理局关于私人公共道路冬季服务的规定。

　　道路管理局必须确保道路使用者可以适当了解道路管理情况。可以在冬季开始之前通过公布一般信息的方式让道路使用者了解道路状况，公布的内容包括清扫道路明细（含交通流量稳定的道路，以及可能清扫的其他道路）。此外，其他冬季道路状况的最新信息，可以由广播、电视或道路管理局网站进行提供。

38.2.1　材料

1. 一般规定

最佳的冬季服务需要使用最新的设备，设备至少能够满足服务指南的要求。

　　道路管理局应定期检测撒播设备，确保该设备的撒播能力满足安全和环境的要求。

　　道路管理局确保提供用于防滑控制的设备，除了满足功能和经济方面的考虑外，还应考虑到环境因素，最大限度地减少盐的消耗。

　　道路管理局应确保拥有必要的通信设备，以便工作管理人员可以随时与现场工作的人员取得联系。

　　道路管理局应拥有或有权获取畅通道路预警系统的信息。较小规模的道路管理局可以通过连接较大规模的道路管理局来获取此类信息。

2. 盐

使用盐的主要目的是通过预防性措施为道路提供适宜的摩阻力。通常通过将盐撒在路面上实现。

　　交通量能加速盐的融雪作用。汽车的通行可以将盐散播并分散在车道上，同时产生热量，促进反应。大量汽车的摩擦，特别是来自卡车的摩擦力，会促使盐作用发挥得更快。

　　在人行道和小径上，因为盐不会像在车道上那样被分散，应该使用相对较多的盐来达到与机动车道相同融雪效果。

3. 沙子和砾石

使用沙子和砾石的原理是每个砂粒可以在冰中冻结或压入雪中，从而提高摩擦力。

　　砾石不适合交通繁忙的道路，因为砾石会被车辆碾压后推挤到路边。同样，针对路面湿滑的道路，它也不能起到有效的防滑作用。为了防止砾石聚集在一起，根据储存条件要求，在每立方砾石中添加约 25~50kg 的盐。通常情况下砾石不应与盐混合，当对交通和环境条件的评估表明不应加盐时，应该严格执行。此外，砾石必须在冰冻温度之上储存，避免结冰。当在每立方米砾石中添加 25~50kg 的盐时，此时添加盐的含量与正常盐化融雪时盐的含量相同，为 2%~4%。

38.2.2 方法和执行

1. 在机动车道上防滑

对于机动车道防滑方法适用于所需的服务目标，根据附录"车道和路径的冬季服务目标"，具体见第 38.4 节的要求，则可以通过播撒盐粒或增加摩擦力的方式在非通行时段对结冰道路处理。

无论选择何种防滑融雪方法，道路管理局都应确保盐的使用量不超过规定最大值。

由于人行道和小径上的交通量有限，材料不会被行人移动。因此，有必要尽可能均匀地撒播。

对于特殊设备设施，例如视力障碍信号系统和公共汽车站，冬季服务工作尤其重要。

2. 在小径和人行道上除雪

在人行道，自行车道、公共汽车站和行人过街处，应在清理邻近道路的同时进行除雪，以防止道路使用者在道路上滑倒。

应尽量地在车道清洁完后，立即对小径进行清洁，以防止雪被扔回仅用分隔带与车道进行分隔的小径上。

38.3 清洁

道路及其设备必须保持洁净，以便保持道路良好的使用状态，确保排水功能正常，并且不会因为有脏污和路面脏物而造成交通标线标记不可识别，从而引起交通风险的情况。

如果道路上存在有害物质，会对出行者健康、周围环境和邻近环境产生负面影响。如果道路整洁程度超出周边居民的容忍限度，相关部门将因为缺乏措施而造成失职。

如果污垢积聚在道路上并遇到潮湿环境，也会导致路面铺装破损。

1. 服务目标

道路管理局应对人行道、机动车道、街道、场所和小径的清洁度设定服务目标。服务目标与道路所属位置（农村或城市地区）和交通强度（包括行人和自行车量）有关。

对于机动交通而言，清洁度设定的服务目标主要受安全性和可达性的影响，而对于行人和骑行者来说，影响清洁度服务目标主要决定于卫生水平和环境美学影响。

2. 指南

道路管理局应制定"清洁指南",指南设置时应充分考虑到道路的清洁度服务水平要求,以及各种道路上发生的污染的情况,需要重点考虑以下情况:

◎ 存在碎石或砾石、垃圾填埋场以及农业等区域的道路;

◎ "汉堡店／酒吧"附近的区域,可能存在道路使用者丢弃的垃圾废纸和其他一次性包装的情况;

◎ 存在树木、落叶的交通道路区域。

该指南主要针对公共道路上的生活垃圾清理方法,但也可以作为道路管理局编制的服务准则的一部分内容,用来指导私人道路和小径以及公共人行道和小径的清洁度管理。

38.3.1　规划

自行车道、步行道、步行街和广场

必须尽快清除可能对道路使用者造成危害的废物(特别是危险、存在隐患的废物和有害废物)。应以固定的清扫频率去除污垢和其他废物(图 38.2)。关于将管理义务转加给土地所有者的相关要求,见第 38.1 节。

在自行车道、小径、人行道、步行街和广场上的交通,包括具有自行车道功能的边缘车道,与在车道上运行的机动车不同,机动车可以将松散的泥土和少量尘土带离车道,因此,必须将这些区域的清扫纳入道路管理局的清扫计划中。自行车道应该在清扫中优先被考虑,因为骑行者与路径的最小接触面会使摩擦力不足,而增加滑倒的风险。

图 38.2　落叶后对自行车道进行清扫

38.4 附录

冬季道路服务水平见表 38.1。

表 38.1　冬季道路服务水平

道路类型	服务水平	基于给定服务水平，在不同状况下，道路运行所能接受的最长时间	
● 高速公路； ● 高速公路匝道（与高速公路连接）； ● 欧洲道路	● 旨在一天中的任何时间都保持安全，不会造成严重的干扰。 ● 积雪在通行中被自动清除，或存在 3~5cm 的积层后开始除雪。 ● 道路状况： - 干燥； - 潮湿	● 道路湿滑，无雪	
		- 霜冻	0h
		- 冰	0h
		- 冰霜	2h
		● 降雪后	
		- 雪泥	2~3h
		- 松散的雪	2~3h
		- 积雪	0h
		● 积雪后	
		- 除雪车	3h
		- 道路封闭	0h
● 交通道路高服务水平	● 旨在一天中的任何时间都保持安全，不会造成严重的干扰。 ● 积雪在通行中被自动清除，或存在 3~5cm 的积层后开始除雪。 ● 道路状况： - 干燥； - 潮湿	● 道路湿滑，无雪	
		- 霜冻	1h
		- 冰	1h
		- 冰霜	3h
		● 降雪后	
		- 雪泥	3~4h
		- 松散的雪	3~4h
		- 积雪	0h
		● 积雪后	
		- 除雪车	4h
		- 道路封闭	0h

道路类型	服务水平	基于给定服务水平，在不同状况下，道路运行所能接受的最长时间	
● 交通道路中等服务水平	● 在一天中的任何时间都保持安全，不会造成严重的干扰。 ● 积雪在通行中被自动清除，或存在 5~8cm 的积层后开始除雪。 ● 道路状况： - 干燥； - 潮湿； - 砾石	● 道路湿滑，无雪	
		- 霜冻	2h
		- 冰	2h
		- 冰霜	4h
		● 降雪后	
		- 雪泥	6h
		- 松散的雪	6h
		- 积雪	6h
		● 积雪后	
		- 除雪车	6h
		- 道路封闭	夜间